프리스트레스트 콘크리트의 설계와 시공

윤우현 · 최재진 · 최연왕 · 김기형 · 정지승
안영수 · 신영각 · 박정배 · 민대홍

도서출판 동화기술

머 리 말

프리스트레스트 콘크리트(PSC)의 이론과 설계는 매우 어려운 것으로 인식되어 건설공학을 전공한 대부분의 학생들이 본 과목에 대해서 매우 부담스럽게 생각하는 경향이 있다. 특히 PSC의 이론을 구조물 설계에 직접 적용하는 경우에 단계별 해석 및 응력손실 개념이 도입되어 대부분의 학생이 PSC 설계에 대해 매우 난해한 것으로 판단한다. 이러한 문제를 해소하기 위해서 본 교재에서는 PSC의 기본이론을 가능한 간략하고 평이하게 서술함으로써 대학생을 위한 교재 또는 초급 건설기술자들을 위한 PSC지침서로 사용되도록 집필하였다. 특히, 본 교재는 국내의 설계기준(콘크리트 설계기준, 도로교 설계기준)을 참조하여 기술하였으며, 최근 설계되어지는 PSC교량에 대한 소개 및 PSC교량의 설계계산예도 함께 소개하여, PSC이론이 구조물에 직접 적용되는 과정을 자세히 기술하였다.

본 교재는 2007년 초판을 발간 후 2008년에 『콘크리트 구조설계기준』이 개정되어 본 교재에 대해서도 개정의 필요성이 부각되었다. 금년에 2008년 『콘크리트 구조설계기준』을 적용하여 전면적으로 2번째 개편을 하게 되었다.

본 교재는 총 9장으로 구성되어 있다.

1장부터 3장까지는 프리스트레스트 콘크리트의 기초가 되는 기본개념, 재료 및 프리스트레싱 방법에 대해 기술하였으며, 4장에서는 프리스트레스의 손실, 5장에서는 PSC 설계에 기본이 되는 휨부재의 해석에 대한 내용을 다루었다. 상기의 내용을 기초로 하여 6장에서는 PSC교량의 설계 방법에 대해 기술하였으며, 7장에서는 설계에서 자주 소개되어지는 PSC교량에 대해 기술하였다. 마지막으로 8장에서는 PSC교량의 시공에 대해서 간략하게 기술하였으며, 본 교재의 부록에는 PSC교량의 설계 계산예를 첨부하였다.

본 교재를 통하여 PSC를 공부하게 되는 건설공학도들은 PSC의 이론과 설계, 시공에 대한 기초 지식을 확고히 하여 PSC설계에 대한 두려움을 떨쳐내고, 당장은 아니더라도 향후 PSC 설계에 대한 자신감을 갖게 되기를 기대한다.

저자들은 이 책을 집필하면서 학문의 부족함을 통감하였으며, 여러 가지의 오류가 있을 것으로 사료된다. 부디 독자들은 이러한 점에 대해 이해해주기를 부탁하며, 저자들도 계속하여 본 교재에 대해 많은 애정과 노력을 기울여 보다 좋은 도서가 되도록 계속하여 수정, 보완할 것을 약속한다.

끝으로 본 교재의 출판을 허락하신 도서출판 동화기술의 정우용 사장님과 이 책이 나오기까지 많은 수고를 해주신 이재영 부장님, 편집부 여러분들께 깊이 감사를 드린다.

저자 일동

차 례

Chapter 1. 서 론

Chapter 2. 재 료

Chapter 3. 프리스트레싱의 방법

Chapter 7. 최근의 프리스트레스 콘크리트 교량

Chapter 8. 프리스트레스 콘크리트 교량의 시공

부 록

Chapter 1

서 론

1.1 프리스트레싱의 개념

프리스트레싱(prestressing)이란 구조물이나 구조부재에서 자중 등 각종 하중의 작용에 의해 발생하는 응력을 상쇄시키도록 역방향의 응력을 미리 주는 것이다. 미리 준 응력을 프리스트레스(prestress)라고 하며 이 원리를 콘크리트에 응용하여 인장이 생길 곳에 미리 압축응력을 주어서 나중에 발생하는 인장응력과 미리 준 콘크리트 압축응력이 상쇄되어 콘크리트에 인장응력이 생기지 않도록 한 것이 프리스트레스트 콘크리트(prestressed concrete)이다. 프리스트레스트 콘크리트는 약하여 PS콘크리트 또는 PSC라 부르기도 한다.

프리스트레스트 콘크리트는 주어지는 프리스트레스의 정도에 의해 2종류로 구분된다.

설계하중을 받았을 때 단면의 어느 부분에도 인장응력이 생기지 않도록 프리스트레스를 주는 것을 풀 프리스트레싱(full prestressing)이라 한다. 이에 반해 설계하중을 받았을 때 단면의 일부에 인장응력이 생기는 경우는 파셜 프리스트레싱(partial prestressing)이라 한다. 프리스트레싱의 기본원리는 수세기 전부터 나무통의 제작에 이용되어왔다.

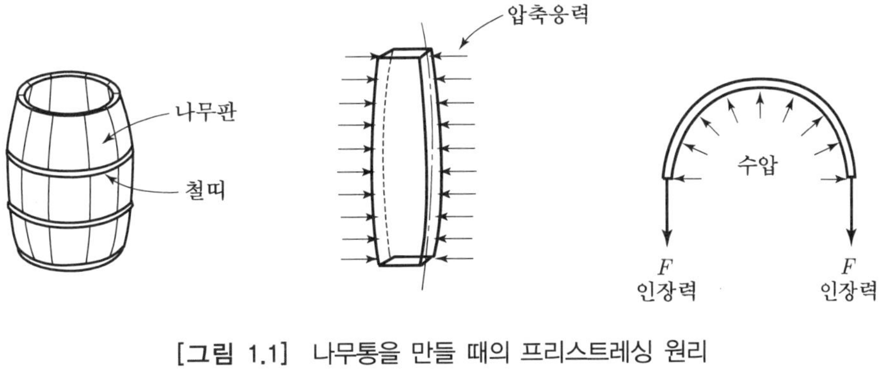

[그림 1.1] 나무통을 만들 때의 프리스트레싱 원리

[그림 1.1]과 같이 나무통에 철 띠를 두르면 철 띠는 인장응력을 받고 나무판 사이에는 압축응력이 작용하여 철 띠와 나무판은 프리스트레스를 받는 상태가 되고 이 때문에 액체를 담았을 때 생기는 응력에 저항하게 된다. 또 리벳접합에서는 가열된 리벳이 냉각될 때 수축에 의해 프리스트레스가 발생되며, 나무로 수레바퀴를 만들 때는 나무 살(spoke)과 테를 미리 가열시킨 금속바퀴에 결합시킨 다음 냉각시켜서 금속의 수축에 의한 인장응력이 나무 살과 테를 압축시킴으로써 프리스트레스가 가해진다. 이러한 것들이 초기의 프리스트레싱 이론의 응용 예이다.

1.2 프리스트레스트 콘크리트의 원리

프리스트레싱의 원리를 실내놀이인 마작 패(麻雀 牌)로 설명할 수 있다. 마작을 할 때 양단을 눌러 여러 패를 들어 올리는 경우 어느 정도의 힘이 필요한지 계산해 보자. [그림 1.2]에 나타낸 바와 같이 패 20개를 들어 올리는 경우 패 한 개의 치수는 15 mm × 17 mm × 24 mm이고 무게는 0.13 N으로 가정한다.

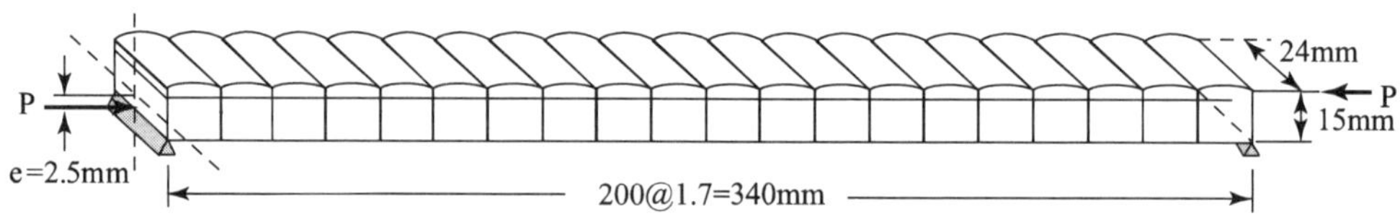

[그림 1.2] 마작 패(프리스트레스트 빔)

단순보로 가정하면,

지간 : $l = 1.7 \times 200 = 340$ mm

단위길이당 무게 : $w = 0.13 \times 20 / 340 = 0.0076$ N/mm

지간 중앙에서의 휨모멘트 : $M = w \cdot l^2 / 8 = 110.5$ N·mm

편심거리 $e = 0$인 경우와 2.5 mm인 경우

다음으로 들어 올린 패가 무너지는 것은 지간 중앙부에 서로 접한 패 사이의 밑면이 벌어지는 순간으로 자중에 의한 지간중앙의 밑면응력을 사전에 도입한 압축응력과 같다고 놓으면,

$$\frac{M}{Z} = \frac{P}{bh} + \frac{Pe}{Z} \tag{1.1}$$

(편심이 있는 경우) $$P = \frac{b\,h\,M}{Z + e\,b\,h} \tag{1.2}$$

(편심이 없는 경우) $$P = \frac{b\,h\,M}{Z} \tag{1.3}$$

이 된다. 식 (1.2), 식 (1.3) 각각에 상기의 값을 대입하여 계산하면 편심이 2.5 mm인 경우는 $P = 22\,\mathrm{N}$, 편심이 없는 경우는 $P = 44\,\mathrm{N}$가 얻어진다. 즉, 단면 중심에 힘을 가한 경우가 44 N, 중심에서 2.5 mm 떨어진 약간 아래쪽을 누를 때는 22 N으로 됨을 알 수 있다. 실제로는 손가락으로 누르는 요령에 따라 이 계산값보다도 더 작은 힘으로 들어 올릴 수 있을 것이다.

프리스트레싱 원리는 콘크리트 구조물에서 가장 널리 이용되고 있다. [그림 1.3]은 휨을 받는 부재를 예로 하여 프리스트레스트 콘크리트의 원리를 설명한 것이다. 콘크리트는 압축강도가 크나 인장강도가 매우 작으며 신장능력이 작다. 그래서 하중에 의해 인장응력을 일으키는 부분에 미리 압축응력을 주어 인장응력을 소멸시키면 콘크리트는 균열이 발생하지 않게 되므로 전단면이 유효하게 되어 투박하지 않고 날씬한 구조물을 만드는 것이 가능해진다.

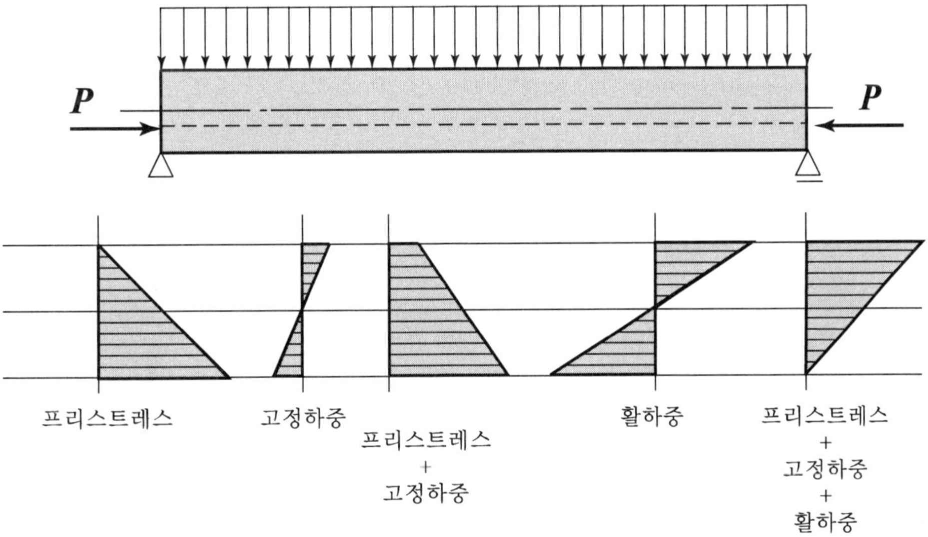

[그림 1.3] 프리스트레스트 콘크리트의 원리

프리스트레스트 콘크리트 구조물에 사용하는 콘크리트는 철근콘크리트 구조물에 사용하는 콘크리트에 비해 고강도를 필요로 한다. 이것은 높은 프리스트레스를 도입하는 경우 고강도이어야 하며, 프리텐션 방식(pretensioning system) 방식의 경우는 부착강도가 커야하기 때문이다. 철근콘크리트의 경우 인장응력을 일으키는 부분의 콘크리트는 설계상 무시되지만 프리스트레스트 콘크리트의 경우는 전체단면을 유효하게 설계할 수 있기 때문에 콘크리트의 압축강도를 높이면 그만큼 단면을 얇게 할 수 있다.

프리스트레싱을 위해서는 보통의 철근은 부적당하며 고강도의 강재(PS강재)가 필요하다. 프리스트레스트 콘크리트에서는 프리스트레스가 영구적으로 지속되어야 하는데 저강도 강재를 사용하면 도입한 프리스트레스가 콘크리트의 건조수축과 크리프 등에 의해 모두 소멸된다. 또 프리스트레스트 콘크리트의 경우 PS강재를 높은 응력수준에서 사용할 수 있는 것은 주로 활하중에 의한 PS강재의 응력변동이 작기 때문이다. 그러나 철근콘크리트의 경우는 균열 폭의 문제가 있어 고강도의 강재를 사용하여도 그 응력을 충분히 이용할 수 없는 점이 다르다.

1.3 프리스트레싱 방법

콘크리트에 프리스트레스를 주는 방법에는 여러 가지가 있지만 통상 고강도의 강재(prestressing tendon)가 사용된다. PS강재를 긴장하는 시기에 따라 프리텐션 방식(pretensioning system)과 포스트텐션 방식(post-tensioning system)으로 구분된다.

1.3.1 프리텐션 방식

프리텐션 방식은 PS강재에 인장력을 준 상태에서 콘크리트를 치고, 콘크리트가 경화한 후에 PS강재에 준 인장력을 PS강재와 콘크리트의 부착에 의해 콘크리트에 전하여 프리스트레스를 주는 방법이다. 제조설비에 따라 단일몰드 방식(unit mold system)과 롱라인 방식(long line method)으로 나누어진다. 전자는 몰드 자체를 고정대로 하는 것으로 PS강재의 반력을 몰드가 받는다. 이 방식에 의해 제조되는 제품으로는 말뚝(pile), 전주(pole), 관 등이 있다. 후자는 고정대의 간격을 크게 하고 같은 모양의 몰드 여러 개를 종 방향으로 배치하여 동시에 프리스트레스를 주는 방법이다. 그 개요는 [그림 1.4]에 보인 바와 같다.

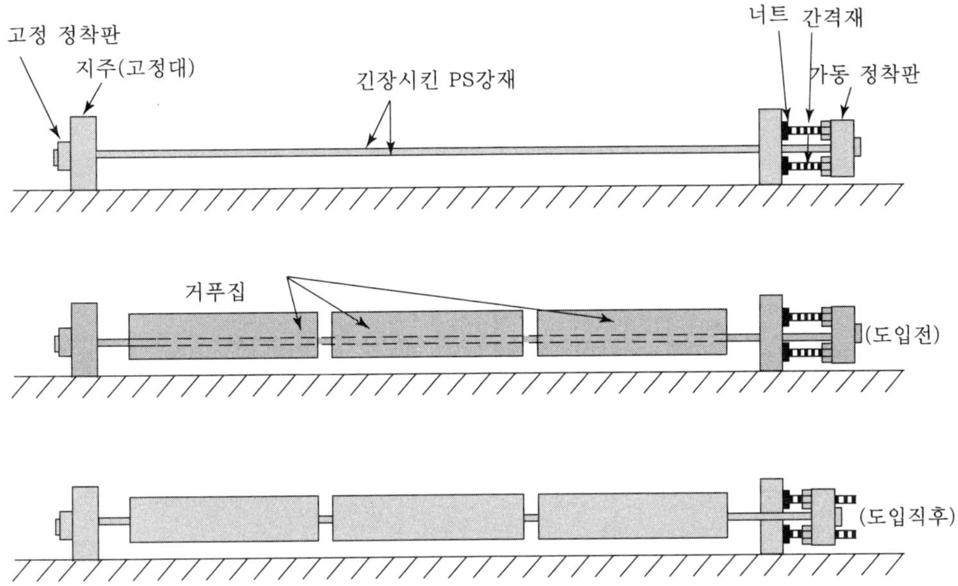

[그림 1.4] 프리텐션 방식

프리텐션 방식의 특성은 다음과 같다.

① 일반적으로 설비를 갖춘 공장 내에서 제조되기 때문에 제품의 품질에 대한 신뢰성이 높다.
② 같은 모양의 콘크리트 공장제품을 대량으로 생산할 수 있다.
③ 포스트텐션 방식에서 필요한 정착장치가 불필요하다.
④ PS강재를 곡선 모양으로 배치하는 것이 곤란하기 때문에 대형의 부재에는 적합하지 않다.
⑤ 부재 끝부분(정착구역)에는 소정의 프리스트레스가 도입되지 않기 때문에 설계상 주의가 필요하다.

1.3.2 포스트텐션 방식

포스트텐션 방식은 콘크리트가 경화한 후에 PS강재에 인장력을 주고 그 끝을 콘크리트에 정착시켜 프리스트레스를 주는 방법이다. 그래서 프리텐션 방식과 달리 포스트텐션 방식에서는 콘크리트에 프리스트레스를 주기 위해 PS강선 또는 PS강봉을 기계적 정착장치에 의해 콘크리트 부재의 양단에 정착시키기 위한 단(端) 정착장치가 필요하다. 또한 포스트텐션 방식을 사용하는 경우는 [그림 1.5]와 같이 PS강재를 긴장하기 전에 PS

강재와 콘크리트가 부착되지 않도록 PS강재의 주위에 쉬스(sheath)를 배치한다.

포스트텐션 방식을 사용하는 경우의 장점은 PS강재를 곡선으로 배치하는 것이 용이하고, 현장에서 프리스트레스를 도입시킬 수 있기 때문에 일반적으로 대형 구조물에 적합하며 프리캐스트(precast) 부재의 결합에도 편리하다는 점이다.

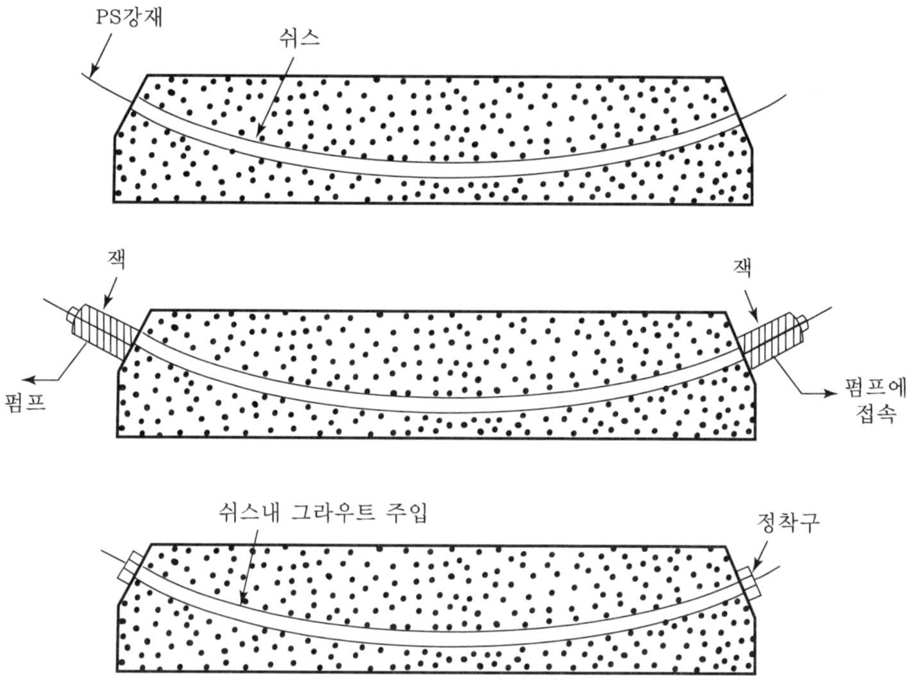

[그림 1.5] 포스트텐션 방식

프리스트레스를 도입한 후에 쉬스 속에 시멘트풀 등으로 그라우팅(grouting)하여 콘크리트와 간접적으로 부착시킨 것을 부착시킨 포스트텐션 부재라 하며 그라우팅하지 않은 것을 부착시키지 않은 포스트텐션 부재라 한다. 일반적으로는 포스트텐션 방식에서 인장응력이 주어진 PS강재를 콘크리트와 부착시키기 위해 그라우팅을 실시한다. 부착시키지 않은 프리스트레스트 콘크리트는 PS강재를 다시 긴장시킬 수 있는 장점이 있으나 녹 발생을 막기 위한 조치가 필요하며, 부착시킨 경우에 비해 파괴휨모멘트가 작고 균열폭이 증가하는 등 역학적 성능이 떨어지기 때문에 특별한 경우가 아니면 잘 사용되지 않는다.

1.4 프리스트레스트 콘크리트의 기초이론

프리스트레스트 콘크리트가 철근콘크리트와 다른 점은 설계하중의 작용으로 발생하는 인장력을 상쇄 또는 제어할 목적으로 고강도 강재를 효율적으로 배치하고 긴장시킴으로써 부재의 탄성거동이 개선되고 저항우력이 커지며 설계하중을 상쇄시키는 등가재하의 효과가 있다는 점이다.

프리스트레스트 콘크리트의 원리는 응력개념(stress concept), 강도개념(strength concept) 그리고 하중평형개념(load balancing concept)의 세 가지로 설명할 수 있다.

1.4.1 응력개념

응력개념이란 프리스트레스를 준 콘크리트는 탄성재료가 되며 그의 해석은 탄성이론으로 가능해진다는 것이다. 이 이론은 프랑스의 Eugene Freyssinet에 의해 제창되었고 현재 프리스트레스트 콘크리트의 해석에 가장 널리 사용되고 있다.

콘크리트에 프리스트레스를 주기 위해 PS강선 또는 PS강봉이 사용된다. 콘크리트는 프리스트레싱과 하중에 의한 두 가지 하중을 받는데, 하중에 의해 일어나는 인장응력이 프리스트레싱에 의해 생기는 압축응력에 의해 소거된다고 생각한다. 콘크리트에 균열이 발생하지 않는 한 하중과 프리스트레싱에 의해 생기는 응력, 변형, 처짐 등은 별도로 계산하여 합산할 수 있다. 가장 간단한 예로서 직사각형 단면의 보에 있어서 그 단면의 도심위치에 PS강재를 배치하여 프리스트레싱 한 것을 보인 것이 [그림 1.6]이다.

이때 PS강재에는 P의 인장력이 작용하고 콘크리트 단면에는 P의 압축력이 PS강재 배치위치에 작용하며 프리스트레스에 의한 콘크리트의 응력은 다음 식으로 구해진다.

$$f = \frac{P}{A} \tag{1.4}$$

휨모멘트 M에 의한 휨응력은 다음 식으로 구하며, 부호는 압축응력을 정(+), 인장응력을 부(−)로 한다.

$$f_c = \pm \frac{M}{I} y \tag{1.5}$$

여기서, I : 도심축에 대한 단면2차모멘트

y : 단면도심으로부터의 거리(중립축 위는 (+), 중립축 아래는 (−)의 부호로 한다)

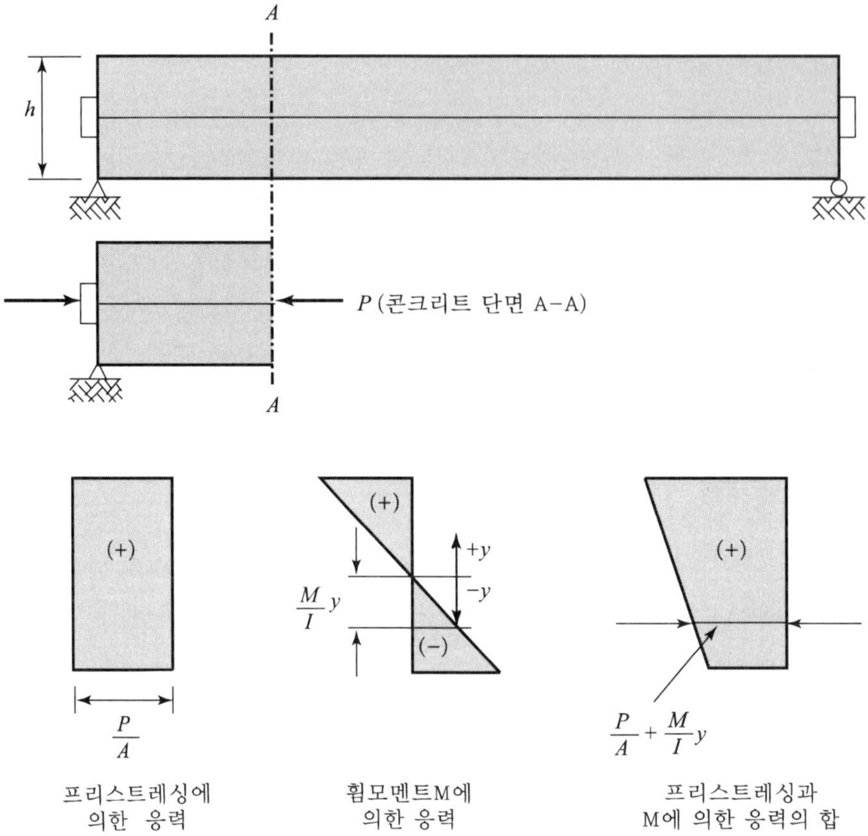

[그림 1.6] 콘크리트 단면의 도심위치에 PS강재를 배치한 경우

따라서 프리스트레스를 준 보에 휨모멘트 M이 작용하였을 때 보에 생기는 응력은 다음 식과 같이 된다.

$$f_c = \frac{P}{A} \pm \frac{M}{I} y \tag{1.6}$$

PS강재가 콘크리트 부재 단면의 도심위치에 배치되지 않은 경우는 [그림 1.7]에 나타낸 바와 같이 프리스트레싱의 작용을 둘로 나누어 생각할 수 있다. 즉 단면도심에 작용하는 축방향력 P와 휨모멘트 $P \cdot e_p$이다. 여기서, e_p는 콘크리트 단면의 도심위치로부터 PS강재 도심까지의 거리로서 편심이라 한다. [그림 1.7]의 경우 $P \cdot e_p$는 부(−)모멘트가 된다. 따라서 e_p의 부호는 PS강재가 도심 축으로부터 하향 편심 배치된 경우를 (−)로 보고, 상향 편심 배치된 경우를 (+)로 보면 편리하다.

프리스트레싱에 의해 일어나는 응력과 휨모멘트 M에 의한 응력을 합한 응력은 다음과 같다.

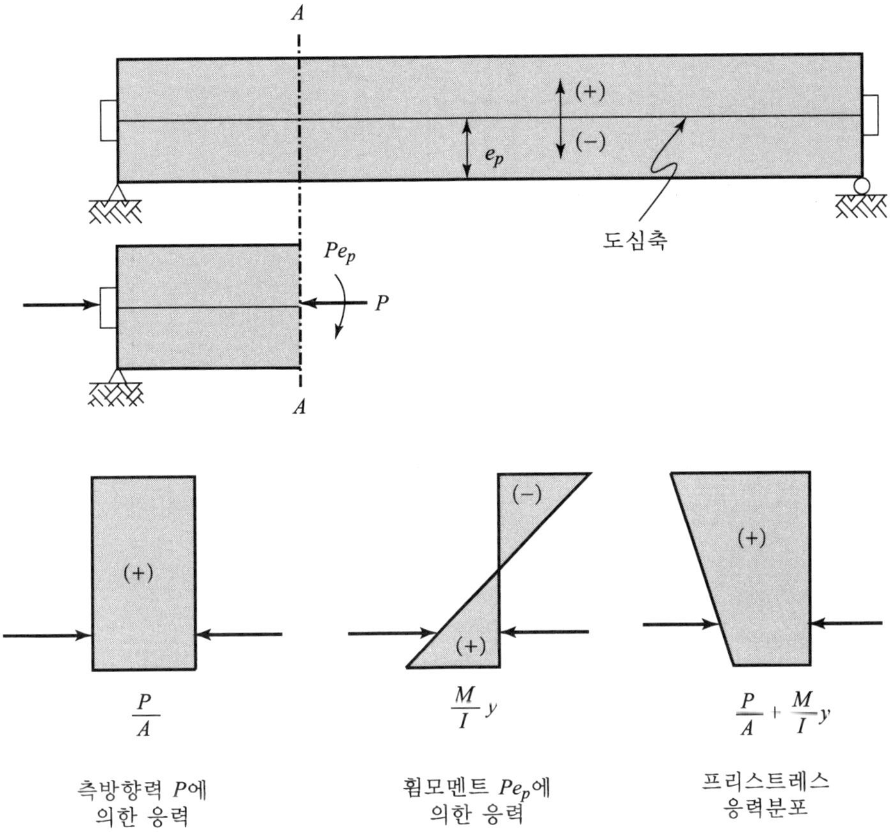

[그림 1.7] PS강재를 편심 배치한 경우

$$f_c = \frac{P}{A} \pm \frac{P \cdot e_p}{I}y \pm \frac{M}{I}y \tag{1.7}$$

예제 1.1

높이 60 cm, 폭 1.0 m의 프리스트레스트 콘크리트 보에서 경간 $l=15.0$ m, 활하중 $w_l=20$ kN/m가 작용하는 경우의 경간 중앙 상하연의 콘크리트 응력을 계산하여라. 프리스트레스 힘 $P=3.5$ MN, 편심 $e_p=20$ cm이다.

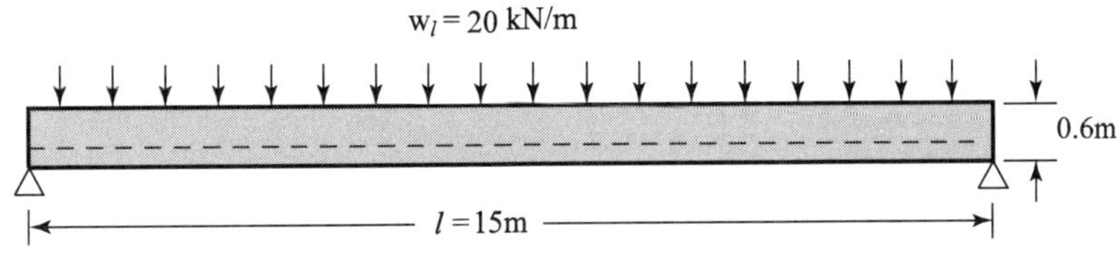

[그림 1.8]

풀이

콘크리트 단위중량	$2{,}500\ \text{kg/m}^3 = 24{,}500\ \text{N/m}^3$
자중	$w_d = 24{,}500\ \text{N/m}^3 \times 0.6\ \text{m} \times 1\ \text{m} = 14{,}700\ \text{N/m}$
경간 중앙의 휨모멘트	$M = \dfrac{(20{,}000\ \text{N/m} + 14{,}700\ \text{N/m}) \times (15\ \text{m})^2}{8} = 975{,}938\ \text{N·m}$
부재의 단면적	$A = 1.0\,\text{m} \times 0.6\,\text{m} = 0.6\,\text{m}^2$
단면2차모멘트	$I = \dfrac{bh^3}{12} = \dfrac{1.0\,\text{m} \times (0.6\,\text{m})^3}{12} = 0.018\,\text{m}^4$
보의 상 하연응력	$f_c = \dfrac{P}{A} \pm \dfrac{P \cdot e_p}{I} y \pm \dfrac{M}{I} y$

$$\therefore f_c(\text{상연}) = \frac{3{,}500{,}000\,\text{N}}{0.6\,\text{m}} - \frac{3{,}500{,}000\,\text{N} \times 0.2\,\text{m} \times 0.3\,\text{m}}{0.018\,\text{m}^4} + \frac{975{,}938\,\text{N} \times 0.3\,\text{m}}{0.018\,\text{m}^4}$$

$$= 10{,}432{,}300\ \text{N/m}^2 = 10.43\ \text{MPa}$$

$$\therefore f_c(\text{하연}) = \frac{3{,}500{,}000\,\text{N}}{0.6\,\text{m}} + \frac{3{,}500{,}000\,\text{N} \times 0.2\,\text{m} \times 0.3\,\text{m}}{0.018\,\text{m}^4} - \frac{975{,}938\,\text{N} \times 0.3\,\text{m}}{0.018\,\text{m}^4}$$

$$= 1{,}230{,}000\ \text{N/m}^2 = 1.23\ \text{MPa}$$

응력의 분포는 다음 그림과 같다.

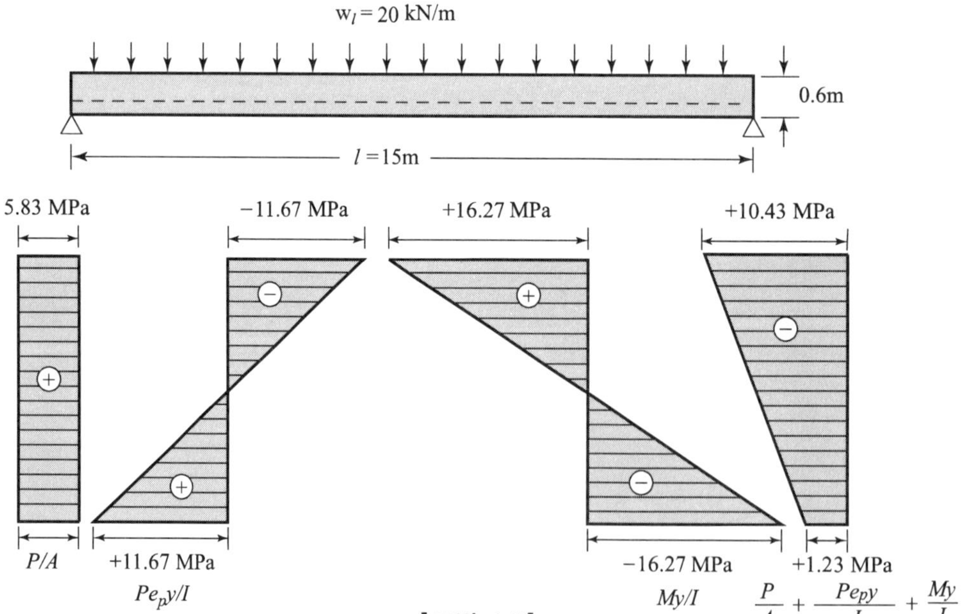

[그림 1.9]

1.4.2 강도개념

강도개념은 콘크리트가 압축력을 받고, PS강재가 인장력을 받음으로써 이들 우력이 외력에 의한 휨모멘트에 저항하게 된다고 보는 것이다. 즉, 프리스트레스트 콘크리트를 고강도의 강재를 사용하여 균열발생을 방지할 수 있도록 한 철근콘크리트의 일종으로 보고 해석하는 방법으로 이 개념에 의하면 강도설계법에 의한 설계가 가능해진다.

[그림 1.10]에서 단면에 작용하는 하중에 의한 휨모멘트를 M이라 하고, PS강재에 작용하는 인장력을 P라 하면 단면에서의 힘의 평형식은 다음과 같이 된다.

$$C = T$$

$$M = C \cdot Z = T \cdot Z = P \cdot Z \tag{1.8}$$

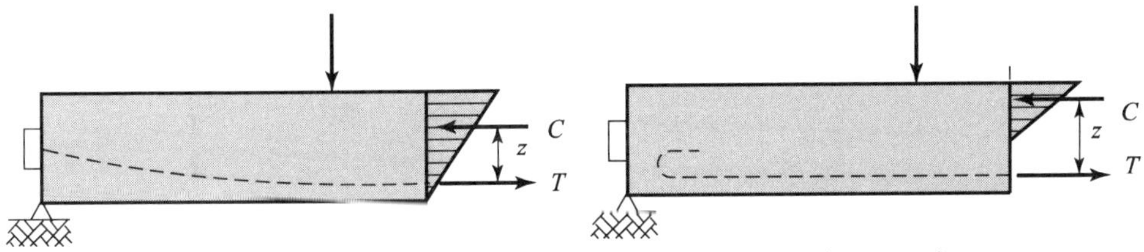

[그림 1.10] 프리스트레스트 콘크리트 보와 철근콘크리트 보의 저항모멘트

예제 1.2

그림과 같이 폭 1.0 m, 높이 60 cm의 단면을 가지는 경간 15.0 m의 프리스트레스트 콘크리트 보로서 경간 중앙에서 집중하중 $P_c = 0.3$ MN을 받는다. PS강재의 편심은 20 cm이고 프리스트레스 힘이 3.5 MN 일 때 경간 중앙단면의 응력을 강도개념으로 계산하여라.

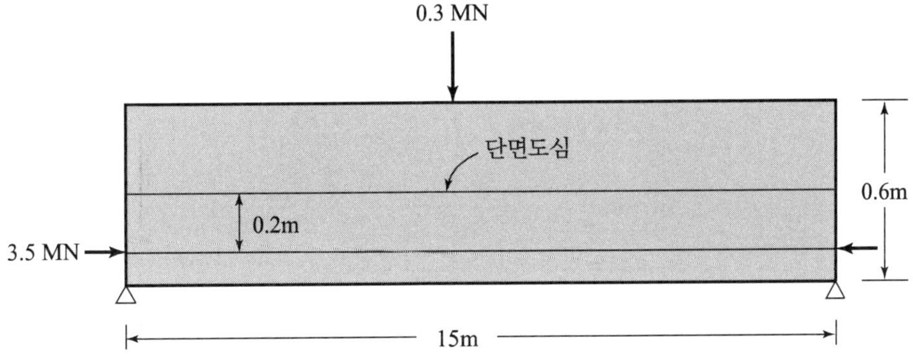

[그림 1.11]

풀 이

콘크리트 단위중량 $2{,}500\,\text{kg/m}^3 = 24{,}500\,\text{N/m}^3$

보의 자중 및 하중에 의한 경간 중앙의 휨모멘트 M_1

$$M_1 = \frac{300{,}000\,\text{N}}{4}\times 15\,\text{m} + \frac{(15\,\text{m})^2}{8}\times 24{,}500\,\text{N/m}^3\times 0.6\,\text{m}\times 1\,\text{m} = 1{,}538{,}438\ \text{N}\cdot\text{m}$$

PS강재의 편심배치에 의한 휨모멘트 M_2

$$M_2 = -P\cdot e_p = -3{,}500{,}000\,\text{N}\times 0.2\,\text{m} = -700{,}000\ \text{N}\cdot\text{m}$$

$$\therefore\ M_1 + M_2 = 838{,}438\ \text{N}\cdot\text{m}$$

$T = P = 3.5\,\text{MN}$에서 상당하는 저항모멘트의 팔 길이 Z는

$$Z = \frac{M}{P} = \frac{838{,}438\,\text{N}\cdot\text{m}}{3{,}500{,}000\,\text{N}} = 0.24\ \text{m}$$

P의 작용점은 하연으로부터 0.3 m − 0.2 m = 0.1 m의 위치에 있기 때문에 C의 작용점은 하연으로부터 0.1 m + Z = 0.1 m + 0.24 m = 0.34 m의 위치가 된다.
콘크리트 응력의 분포를 구하기 위해서는 콘크리트 단면에 작용하는 편심축방향력 C에 의한 것으로 하여 이것을 구할 수 있다.

즉, C = 3.5 MN, 편심 0.34 m − 0.3 m = 0.04 m이다.

따라서 이 편심에 의한 휨모멘트 M_i는

$$M_i = 3{,}500{,}000\,\text{N}\times 0.04\,\text{m} = 140{,}000\ \text{N}\cdot\text{m}$$

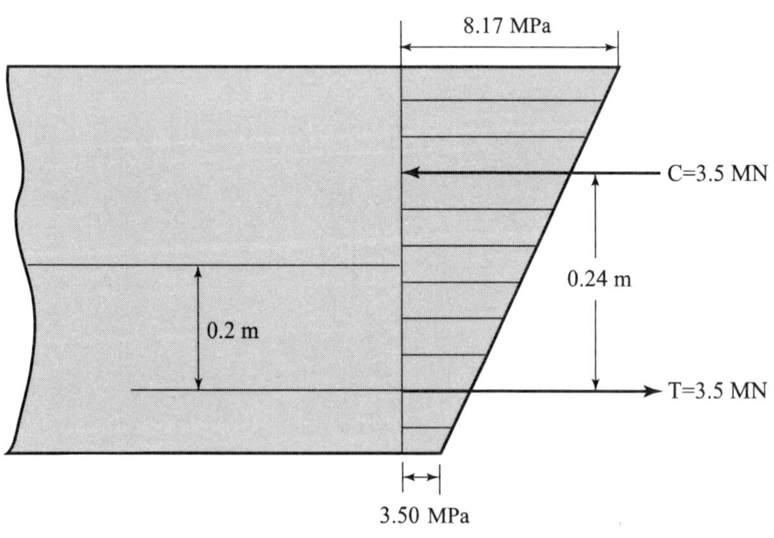

[그림 1.12]

콘크리트 단면의 상 하연 응력은 다음 식으로 계산된다.

$$f_c = \frac{P}{A} \pm \frac{M_i}{I} y$$

$$\therefore f_c(\text{상연}) = \frac{3{,}500{,}000\,\mathrm{N}}{0.6\,\mathrm{m}^2} + \frac{140{,}000\,\mathrm{N \cdot m} \times 0.3\,\mathrm{m}}{0.018\,\mathrm{m}^4} = 8{,}166{,}667\ \mathrm{N/m^2} = 8.17\ \mathrm{MPa}$$

$$\therefore f_c(\text{하연}) = \frac{3{,}500{,}000\,\mathrm{N}}{0.6\,\mathrm{m}^2} - \frac{140{,}000\,\mathrm{N \cdot m} \times 0.3\,\mathrm{m}}{0.018\,\mathrm{m}^4} = 3{,}500{,}000\ \mathrm{N/m^2} = 3.50\ \mathrm{MPa}$$

1.4.3 하중평형개념

하중평형개념은 작용하는 하중의 일부 또는 전부를 콘크리트에 준 프리스트레스에 의해 평형이 되도록 한 것이 프리스트레스트 콘크리트라고 보는 것이다. 이러한 개념은 경간이 길고 PS강선이 현저한 만곡을 이루도록 배치되어 있는 경우에 이용하면 편리하다.

[그림 1.13]과 같이 PS강재를 포물선으로 배치한 경간 l의 단순보에서 PS강재의 전 인장력을 P, PS강재의 새그(sag)를 s라 하면 프리스트레스에 의한 등분포 상향력 u는 다음과 같이 구해진다.

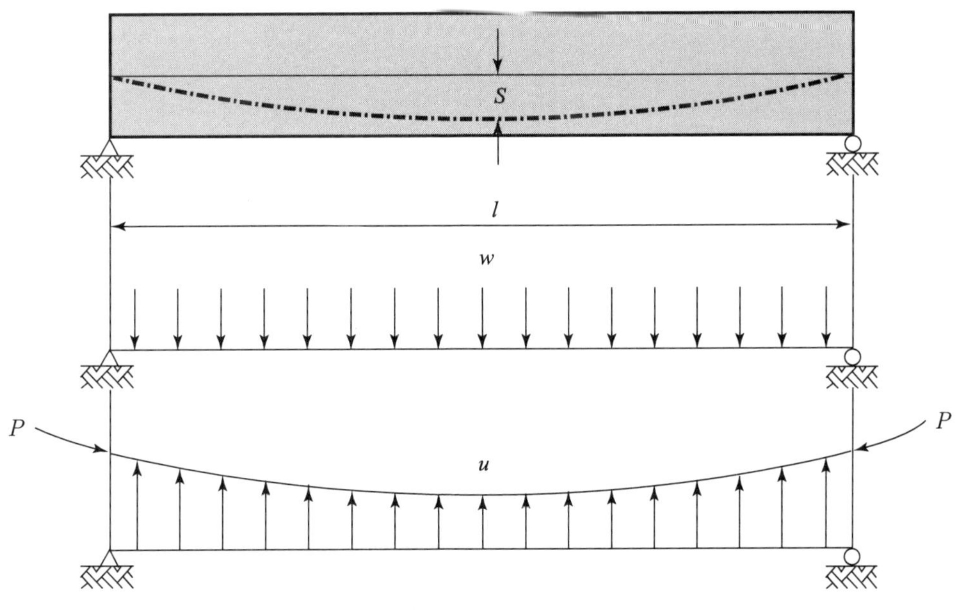

[그림 1.13]

$$P \cdot s = \frac{u \cdot l^2}{8} \tag{1.9}$$

$$\therefore u = \frac{8P \cdot s}{l^2} \tag{1.10}$$

예제 1.3

높이 60 cm, 폭 1.0 m의 프리스트레스트 콘크리트 보에서 경간 $l = 15.0$ m, 활하중 $w_l = 20$ kN/m가 작용하는 경우의 경간 중앙 상하연의 콘크리트 응력을 하중평형개념으로 계산하여라. PS강재는 포물선 모양으로 배치되었으며 보의 중앙단면에서의 편심량 e_p는 20 cm이고 프리스트레스 힘 P는 3.5 MN이다.

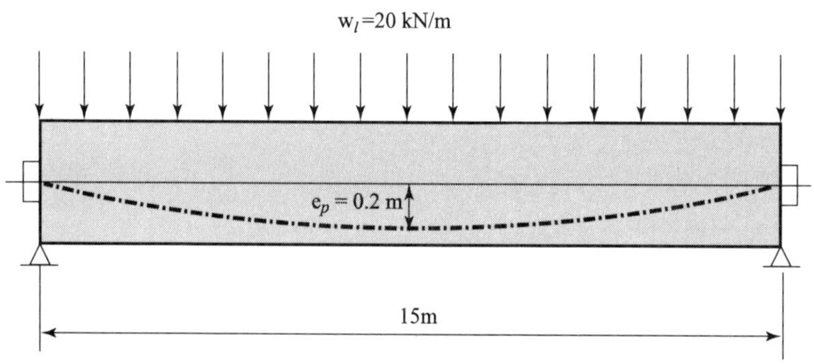

[그림 1.14]

풀 이

프리스트레스 힘 P에 의한 등분포 상향력 u는

$$u = \frac{8P \cdot s}{l^2} = \frac{8 \times 3{,}500{,}000 \text{ N} \times 0.2 \text{ m}}{15 \text{ m}^2} = 24{,}889 \text{ N/m}$$

콘크리트 단위중량 $2{,}500 \text{ kg/m}^3 = 24{,}500 \text{ N/m}^3$

하중 $w = w_d + w_l = 24{,}500 \text{ N/m}^3 \times 0.6 \text{ m} \times 1 \text{ m} + 20{,}000 \text{ N/m} = 34{,}700 \text{ N/m}$

따라서 보에 작용하는 순 하향하중은

$$w - u = 34{,}700 \text{ N/m} - 24{,}889 \text{ N/m} = 9{,}811 \text{ N/m}$$

이 하중에 의한 경간 중앙에서의 휨모멘트 M은

$$M = \frac{9{,}811\ \mathrm{N/m} \times (15\mathrm{m})^2}{8} = 275{,}934\ \mathrm{N\text{-}m}$$

부재의 단면적 $A = 1.0\ \mathrm{m} \times 0.6\ \mathrm{m} = 0.6\ \mathrm{m}^2$

단면2차모멘트 $I = \frac{bh^3}{12} = \frac{1.0 \times 0.6^3}{12} = 0.018\ \mathrm{m}^4$

보의 상·하연응력은 다음 식으로 계산한다.

$$f_c = \frac{P}{A} \pm \frac{M}{I} y$$

$$\therefore f_c(\text{상연}) = \frac{3{,}500{,}000\ \mathrm{N}}{0.6\ \mathrm{m}^2} + \frac{275{,}934\ \mathrm{N{\cdot}m} \times 0.3\ \mathrm{m}}{0.018\ \mathrm{m}^4} = 10{,}432{,}233\ \mathrm{N/m}^2 = 10.43\ \mathrm{MPa}$$

$$\therefore f_c(\text{하연}) = \frac{3{,}500{,}000\mathrm{N}}{0.6\ \mathrm{m}^2} - \frac{275{,}934\ \mathrm{N{\cdot}m} \times 0.3\ \mathrm{m}}{0.018\ \mathrm{m}^4} = 1{,}234{,}433\ \mathrm{N/m}^2 = 1.23\ \mathrm{MPa}$$

1.5 프리스트레스트 콘크리트의 장점과 단점

프리스트레스트 콘크리트를 철근콘크리트와 비교할 때 장점과 단점은 다음과 같다.

1.5.1 장점

① 프리스트레스트 콘크리트의 가장 큰 장점은 균열에 대한 안전도를 높일 수 있는 것으로 균열이 전혀 생기지 않도록 할 수 있다는 점이다. 그래서 프리스트레스트 콘크리트는 내구성과 수밀성이 크다.

② 프리스트레스트 콘크리트 부재는 과다한 하중으로 인하여 일시적인 균열이 발생하더라도 하중이 제거되면 균열이 다시 복원되므로 탄성력과 복원성이 우수하다.

③ 프리스트레스트 콘크리트 구조는 전단면을 유효하게 이용할 수 있고 또 얇은 복부(web)의 사용이 가능하여 가볍기 때문에 자중이 설계를 지배하는 장대교 등에 특히 유리하다.

④ 프리스트레스트 콘크리트는 고강도의 강재와 콘크리트로 만들어지기 때문에 철근콘크리트보다 본질적으로 우수하며 또 이것을 고응력 수준에서 유효하게 이용할 수 있다.

⑤ 프리스트레스트 콘크리트 구조는 재하시험을 끝낸 구조와 마찬가지이므로 안전성

이 우수하다. 이것은 강재와 콘크리트 모두 프리스레싱 중에 대단히 높은 응력을 받으므로 이 단계에서 만족스러운 거동을 나타내면 다른 단계에서도 그 안전성을 보증할 수 있기 때문이다.

⑥ 포스트텐션 방식을 사용하는 경우 프리캐스트 부재의 접합이 용이해진다. 또 현장치기 콘크리트에서도 분할시공 등이 가능하여 교량건설에서 캔틸레버식이나 압출(밀어내기)공법이 널리 사용되고 있다.

1.5.2 단점

① 프리스트레스트 콘크리트 부재의 설계나 해석 원리는 철근콘크리트의 경우와 근본적으로 같은 것이지만 부재가 받는 응력은 제작 시공하는 각 단계별로 각기 다르기 때문에 철근콘크리트에 비하여 여러 단계의 응력검토를 필요로 한다.

② 프리스트레스트 콘크리트는 철근콘크리트에 비하여 단면이 작기 때문에 변형이 크게 일어나고 진동하기 쉽다.

③ 고강도 강재는 고온에 접하면 갑자기 강도가 감소하므로 프리스트레스트 콘크리트는 철근콘크리트보다 내화성에 있어서 불리하다.

④ 프리스트레스트 콘크리트는 하중의 크기와 방향에 민감하기 때문에 설계, 제작, 운반, 가설에 있어서 보다 많은 주의가 필요하다.

⑤ 프리스트레스트 콘크리트는 고강도의 재료를 사용함으로 같은 설계하중에 대하여 철근콘크리트보다 재료는 절약되지만 단가가 비싸고, 보조재료(쉬스, 그라우팅 작업, 정착장치와 재킹작업 등)가 많이 소요되므로 철근콘크리트에 비하여 일반적으로 공사비가 많이 든다.

1.6 프리스트레스트 콘크리트의 발전과정

콘크리트에 프리스트레스를 응용하려는 것은 1872년 Jackson(미국)에 의해 최초로 시도되었다고 하며 이는 철근콘크리트의 발명(1850년, Lambot(프랑스)과 비교하여 약 20년 뒤의 일이다.

그 후 구미에서 각종의 시험연구가 이루어졌지만 초기의 시도는 성공하지 못하여 실용화를 이루지 못했다. 그 이유는 사용한 콘크리트와 긴장재의 강도가 작아서 프리스트레스가 콘크리트의 건조수축과 크리프에 의해 소멸되는 문제와 더불어 긴장재를 콘크리트에 정착하는 데 어려움이 있었기 때문이다.

근년에 와서 재료의 발전에 힘입어 프리스트레스트 콘크리트가 많은 발전을 하였다.

프리스트레스트 콘크리트의 실용화에 가장 공헌한 사람은 프랑스의 Freyssinet으로 1928년 그는 콘크리트의 건조수축, 크리프에 의한 프리스트레스의 손실을 이론적으로 고찰하고 프리스트레스를 영구적으로 이용하기 위해서는 고강도 콘크리트가 필요하고 8000~1,000 N/mm^{2}의 인장응력을 줄 수 있는 고강도 강재의 사용이 특히 중요하다는 것을 명확히 하였다. 그 후 프리텐션 방식에서의 Freyssinet 공법의 개발(1939년) 및 PS 강재의 릴랙세이션(relaxation)현상의 발견(1940년, Magnel)등이 이루어졌다.

제2차 세계대전 이후 비약적인 발전으로 말미암아 프리스트레스트 콘크리트의 이용이 토목의 각 분야에 두드러지게 나타나기 시작했다. 예를 들어 보통지간의 교량은 대부분 프리스트레스트 콘크리트로 가설되고 있으며 강재에 의존해 왔던 장대교량이 프리스트레스트 콘크리트로도 가능하게 되었다. 또 최근에는 경간 200~300 m의 교량을 프리스트레스트 콘크리트 거더교(prestressed concrete girder bridge)로 건설한 예도 쉽게 찾아볼 수 있다.(그림 1.15, 표 1.1)

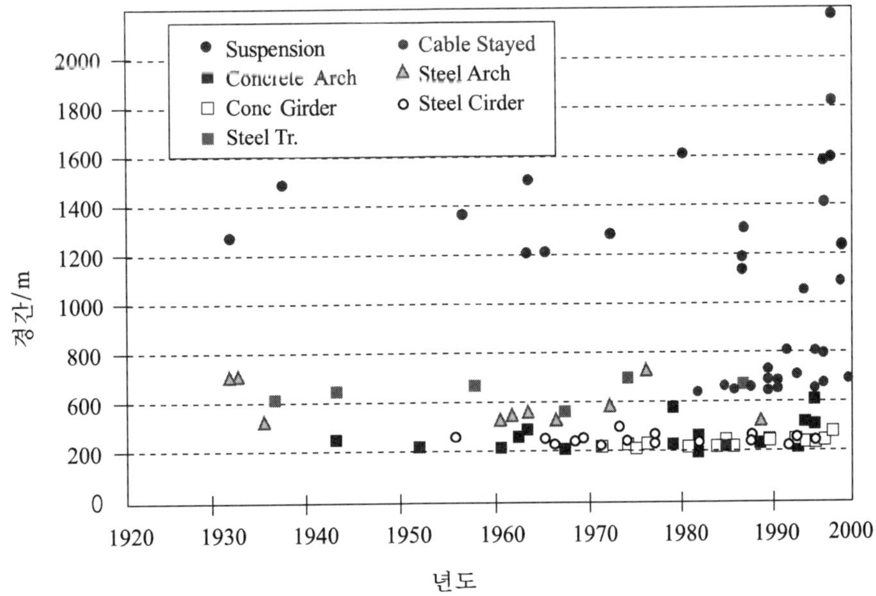

[그림 1.15] 세계의 장대교량

표 1.1 세계의 장대 프리스트레스트 콘크리트 거더교

이름	위치	나라	연도	경간(m)
Stolmasundet	Austevoll	Norway	1998	301
Raftsundet	Lofoten	Norway	1998	298
Humen	Pearl River	China	1998	279
Varodd	Kristiansand	Norway	1994	260
Gateway	Brisbane	Australia	1986	260
Skye	Skye Island	Britain	1995	250
Schottwien	Semmering	Austria	1989	250
Ponte de S. Joao	Oporto	Portugal	1991	250
Northumberland	New Brunswick	Canada	1997	250
Huangshi	Hubei	China	1996	245
Koror – Babelthuap	Toagel Channel	Palau	1977	241
Hamana	Imagiri – Guchi	Japan	1976	240
Hikoshima	Shimonoseki	Japan	1975	236
Norddalsfjord	Sogn – Fjordane	Norway	1987	231
Urato	Kochi	Japan	1972	230
Houston Ship Channel	Texas	USA	1982	229
Puente International	Fray Bentos	Uruguay/Argentina	1976	220
Ponte Tancredo Neves	Iguacu River	Brazil/Argentina	1985	220
Mooney Creek	Mount White	Australia	1986	220
Agi – Gawa	Gifu	Japan	1985	220

건축물에서는 조립식 구조를 비롯하여 넓은 공간을 요구하는 쉘 등에 프리스트레스트 콘크리트가 이용되고 있다. 또한 항타할 때의 인장응력 및 휨모멘트에 강한 말뚝이 요구됨에 따라 고강도 PSC말뚝의 사용이 크게 증가하였고 누수의 방지가 특별히 중요시되는 수조와 도수관 등에서는 균열을 막기 위해 프리스트레스트 콘크리트를 사용한다.

콘크리트 자체가 차폐 벽으로서의 효과를 발휘할 뿐만 아니라 구조체로서도 충분한 내력을 가지기 때문에 프리스트레스트 콘크리트를 사용한 원자로구조물(압력용기, 격납용기)의 건설이 전 세계적으로 크게 증가하고 있다. 그밖에 철도에서는 반복하중에 대한 내구성이 뛰어난 PSC침목이 널리 사용되고 있고 콘크리트 포장에서는 구조상 약점인 줄눈을 적게 할 수 있어 최근 공항, 도로 등의 시공에도 사용된다.

우리나라에서의 프리스트레스트 콘크리트의 역사는 1957년 침목을 프리텐션 방식으로 만든 것으로부터 시작된 것으로 알려져 있다. 교량은 1961년에 서울의 청량리역 동북쪽에서 중앙선을 횡단하는 육교를 B.B.R.V 공법으로 가설한 것이 처음이며, 1962년에는 경춘국도상의 구운교(경기도 가평군 소재)가 Freyssinet 공법으로 착공되었고 현재는 프리스트레스트 콘크리트로 만들어진 구조물을 어디서나 쉽게 볼 수 있을 정도로 널리 사용되고 있다.

연습문제

1.1 일상생활 속에서 프리스트레싱의 원리를 응용한 예를 세 가지 들고, 그 원리를 설명하시오.

1.2 프리스트레스트 콘크리트와 철근콘크리트의 역학적 거동을 비교 설명하시오.

1.3 프리스트레스트 콘크리트 구조의 장・단점을 기술하시오.

1.4 긴장재를 직선으로 배치하였을 때와 곡선으로 배치하였을 때의 차이점을 설명하시오.

1.5 세계적인 프리스트레스트 콘크리트 구조물을 소개하고, 그의 구조 등 특징을 설명하시오.

Chapter 2

재 료

2.1 콘크리트

PSC용 콘크리트로서는 ① 그 이점을 충분히 발휘시키기 위해 압축강도가 높을 것 ; 인장강도와 프리텐션방식에서는 PS강재와의 부착강도가 높을 것도 필요하지만, 이들은 압축강도가 높아지면 향상된다. ② 프리스트레스 감소의 주요인이 되는 크리프와 건조수축변형률이 작을 것이 특히 요구된다. 경우에 따라서는 ③ 조강성과 수화발열이 적을 것 등도 요구된다.

2.1.1 콘크리트용 재료

(1) 시멘트

원칙적으로 포틀랜드시멘트(KS L 5201)가 이용되며, 일반적으로 보통포틀랜드시멘트가 사용된다. 또한, 프리스트레스의 조기도입을 필요로 하는 경우에는 조강포틀랜드시멘트를 사용한다. 최근, 초조강포틀랜드시멘트가 실용화되고 있지만, 분말도나 SO_3 함유량 등이 상당히 다르기 때문에 사용할 경우에는 크리프나 건조수축 등에 대해서 충분한 검토가 필요하다.

PSC용 콘크리트는 RC용보다 부배합으로 하고, 최소단위시멘트량을 포스트텐션과 프리텐션방식에서 각각 300 kg/m^3, 350 kg/m^{3}으로 하고 있다. 이 때문에 수화발열이 크고, 단면 내의 온도경사나 시공이음부에서 신구콘크리트간의 온도차 등으로 인해 예기치 못한 균열의 발생을 초래하는 경우가 있다. 특히, 프리스트레스를 도입하기까지는 무근에 가까운 상태에 있고, 단면도 얇기 때문에 시공방법과 함께 신중한 주의가 필요하다.

(2) 골재

PSC용 골재는 고강도 콘크리트를 얻기 위해 강하고 단단하며 시멘트 페이스트 경화체와의 부착이 좋아야 한다. 보통골재 원석의 압축강도는 100 MPa 이상의 것이 많아,

통상의 압축강도에서는 문제가 되는 경우가 적지만, 인공경량골재에서는 [그림 2.1]과 같이 콘크리트 강도가 한계점에 달하는 현상이 나타나기 때문에 주의해야 한다.

잔 · 굵은골재 입도의 표준은 RC의 경우와 동일하게 해도 좋지만, 일반적으로 부배합이기 때문에 0.3 mm 및 0.15 mm 체의 통과중량 백분율의 최소치는 각각 5%, 0%로 해도 지장은 없다.

굵은골재의 최대치수는 클수록 소요의 워커빌리티를 얻기 위한 단위수량이 적고, 시멘트량도 절약할 수 있어 경제적이지만, [그림 2.2]의 굵은골재 최대치수와 28일 콘크리트 압축강도와의 관계와 같이 단위시멘트량이 280 kg/m^3 이하인 경우와 달리 390 kg/m^{3}에서 콘크리트 강도는 굵은골재 최대치수가 커질수록 저하율이 커진다. 이 때문에 통상은 굵은골재 최대치수 25 mm 이하에서 부재최소두께의 1/3 및 프리스트레싱 긴장재 또는 덕트 사이의 최소 순간격의 3/4 이하의 것이 적용되고 있다.

PSC에 사용되는 인공경량골재는 [표 2.1]의 「구조용 경량골재」(KS F 2534)에 적합한 것이어야 한다.

해사(海砂)는 강재부식에 악영향을 미치는데 특히, PS강재는 항상 고응력하에 있기 때문에 응력부식을 받기 쉽다. 염분에 의한 강재의 녹 발생 부식은 증기양생이나 오토클레이브 양생에 동반되는 가열에 의해 한층 촉진된다. 해사 중의 염분허용한도로서는 다음 값이 기준이 된다.

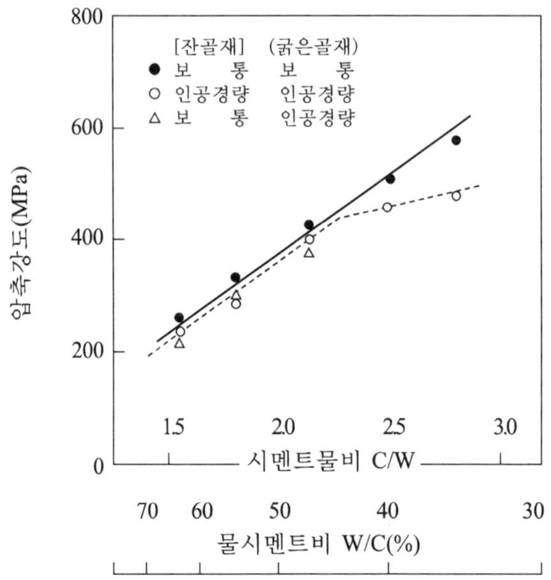

[그림 2.1] 골재종류와 압축강도의 관계

① 주구조용 프리텐션 부재와 포스트텐션 부재의 PSC그라우트에는 잔골재 절건질량의 0.03% 이하(NaCl환산)

② 간이 프리텐션 부재, PSC말뚝, 포스트텐션 부재에서는 시멘트 질량의 0.1% 이하(통상의 PSC용 배합에서는 잔골재량의 0.06~0.08%에 상당)로 하고, 구조물의 중요도나 환경조건 등을 고려하여 적절히 정한다.

표 2.1 구조용 경량골재(KS F 2534)

(a) 입 도

체의 호칭치수(2)(mm)		각 체를 통과하는 질량 백분율(%)								
구분	골재의 치수(mm)	25	20	13	10	5	2.5	1.2	0.3	0.15
잔골재	5~0	–	–	–	100	85~100	–	40~80	10~35	5~25
굵은골재	25~5	95~100	–	25~60	–	0~10	–	–	–	–
	20~5	100	90~100	–	10~50	0~15	–	–	–	–
	13~5	–	100	90~100	40~80	0~20	0~10	–	–	–
	10~2.5	–	–	100	80~100	5~40	0~20	0~10	–	–
잔골재와 굵은 골재의 혼합물	13~0	–	100	95~100	–	50~80	–	–	5~20	2~15
	10~0	–	–	100	0~100	65~90	35~65	–	10~25	5~15

주 : 여기에서 체는 각각 KS A 5101에 규정한 표준체 26.5 mm, 19 mm, 13.2 mm, 9.5 mm, 4.75 mm, 2.36 mm, 1.18 mm, 300 μm 및 150 μm에 해당한다.

(b) 단위용적질량

치 수	건조된 상태의 최대 단위 용적 질량(kg/m³)
잔골재	1,120
굵은골재	880
잔골재와 굵은 골재의 혼합물	1,040

(c) 콘크리트 압축강도 및 단위용적질량

단위 용적 질량 (kg/m³)	재령 28일에서의 인장 강도 MPa(N/mm²)	재령 28일에서의 압축 강도 MPa(N/mm²)
1,840 이하	2.0 이상	27.0 이상
1,760 이하	2.0 이상	21.0 이상
1,680 이하	2.0 이상	18.0 이상

주 : 인장 강도에 적합하지 않은 재료는 설계시 보다 낮은 값으로 수정 사용할 수 있다.

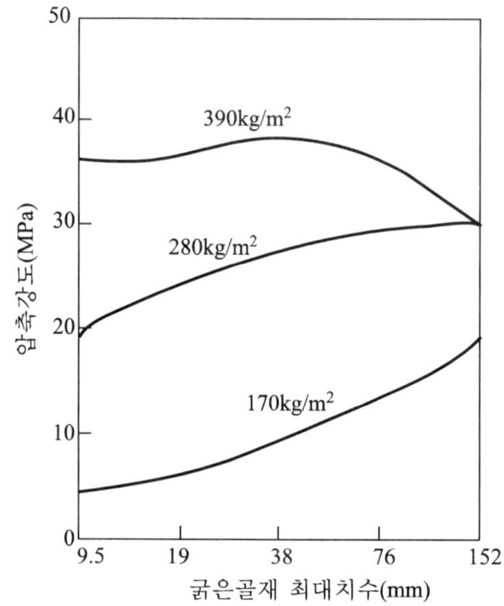

[그림 2.2] 굵은골재 최대치수와 압축강도의 관계

(3) 혼화재료

AE제, 감수제, 플라이애쉬 등 다양한 혼화재료의 사용할 경우에는 PS강재의 부식이나 부착성능 등에 대해서 사전에 충분한 검토가 필요하다. PS강재는 응력부식을 받기 쉽기 때문에, 직접 접촉하는 콘크리트나 그라우트에는 염화칼슘 또는 염소이온을 다량 포함하는 혼화제를 사용하여서는 안된다.

2.1.2 콘크리트의 강도

(1) 압축강도

설계기준강도로서 프리텐션 방식에서는 PS강재의 정착이 콘크리트와의 부착에 의해 이루어지는 것을 고려하여 35 MPa 이상, 포스트텐션 방식에서는 PS강재 정착부의 지압강도 등으로부터 30 MPa 이상으로 하고 있다. 통상은 이 값을 10~15 MPa 상회하는 것을 사용하고 있다. 그러나, PSC도로교의 가로보에서는 24 MPa까지, PSC거더를 병렬로 연결한 슬래브교의 거더간 채움 콘크리트에서는 21 MPa까지 낮게 하여도 좋다.

최근, 공기 연행성 없이 20~30%의 감수가 가능한 고성능 감수제의 개발로 인해 단위 시멘트량 500~700 kg/m^{3}에서 80~100 MPa의 초고강도를 통상의 방법으로 얻을 수 있어, PSC말뚝이나 PSC트러스교에서 실용화가 가능하여 향후 그 이용이 기대되고 있다.

(2) 기타 강도

인장, 휨, 전단강도는 압축강도에 비해 훨씬 작아, 이들 강도비는 대략 [표 2.2]에 나타낸 바와 같다. 고강도가 될수록 압축강도에 대한 이들 강도비는 작아진다.

표 2.2 압축강도와 각종 강도와의 비

콘크리트	f_t/f_c	f_b/f_c	f_s/f_c
보통 콘크리트	$\frac{1}{9} \sim \frac{1}{13}$	$\frac{1}{5} \sim \frac{1}{7}$	$\frac{1}{4} \sim \frac{1}{7}$
경량골재 콘크리트	$\frac{1}{9} \sim \frac{1}{15}$	$\frac{1}{6} \sim \frac{1}{10}$	$\frac{1}{6} \sim \frac{1}{10}$

*f_c : 압축강도, f_t : 인장강도, f_b : 휨강도, f_s : 직접전단강도

인공경량골재 콘크리트의 인장 및 휨강도는 건조 상태에서는 상당히 저하된다. 골재 전부로 인공경량골재로 한 경우와 잔골재만을 인공경량골재로 한 경우의 보통골재 콘크리트에 대한 강도비는 일본토목학회에서는 각각 70%, 80%이고, ACI기준에서는 75%, 85%로 하고 있다.

(3) 피로강도

재료가 반복응력을 받으면, 정적 강도보다 낮은 응력에서도 파괴된다. 이와 같은 파괴 현상을 피로파괴라 한다. 콘크리트의 피로파괴는 정적파괴와 같이 골재와 매트릭스간의 접착균열이나 모르타르균열의 발달전파에 의해 발생된다. 반복작용응력(정적 강도에 대한 비 : $S_{\max}/S_0$)과 파괴까지의 반복회수 N(대수표시)의 관계(S-N선도)의 일례를 [그림 2.3]에 나타내었다. 도시한 바와 같이 양자의 관계는 근사적으로 직선으로 나타낼 수 있다. 그러나, 콘크리트는 강재와 같이 어느 응력 이하에서는 피로수명이 무한이 되는 소위 피로한도는 존재하지 않는다.

피로특성은 내부결함에 대해 예민하여 변동이 크기 때문에 확률론적인 취급이 필요하다. 한쪽 반복재하시험에 의해 얻어진 1,000만회에 대한 압축, 인장 및 휨피로강도는 어느 경우도 정적 강도의 55% 정도가 되고 있다.

구조물에 실제로 작용하는 반복하중은 정해진 하중과 진폭이 아니다. 이와 같은 랜덤 하중하에서의 피로의 간편한 취급으로서 마이너법칙이라 불리는 가정이 적용되어, 피로강도는 식 (2.1)인 때 생기는 것으로 알려져 있다.

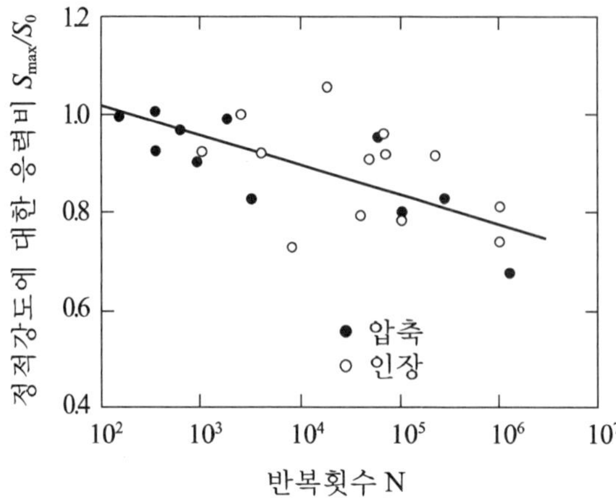

[그림 2.3] S-N선도

$$\sum_i \frac{n_i}{N_i} = 1 \tag{2.1}$$

여기서, n_i : 어느 응력하에서의 반복횟수

N_i : n_i와 같은 응력하에서의 파괴까지의 반복횟수(피로수명)

이 가정은 금속재료에 대해서는 실용적으로 적용할 수 있지만, 콘크리트에 대해서 그대로 적용하는 것은 문제가 있어 수정이 시도되고 있다.

예제 2.1

프리텐션과 포스트텐션 부재에서 콘크리트 설계기준 강도는 얼마 이상이어야 하는가?

풀 이

프리텐션 : 35 MPa
포스트텐션 : 30 MPa

2.1.3 탄성 및 소성성질

콘크리트의 압축응력-변형률 관계는 엄밀히는 저응력 단계부터 비선형이 되지만, 허용응력 범위 내에서는 근사적으로 선형인 탄성체로 간주해도 좋다.

콘크리트 구조설계기준에서 규정된 콘크리트의 탄성계수는 다음과 같다.

(1) 콘크리트의 단위질량 m_c = 1,450~2,500 kg/m^{3}인 콘크리트의 탄성계수

$$E_c = 0.077\, m_c^{\ 1.5}\ \sqrt[3]{f_{cu}}\ \ (\mathrm{MPa}) \tag{2.2}$$

여기서, m_c : 콘크리트의 단위질량 (kg/m^3)

f_{cu} : $f_{ck} + 8$ (MPa)

f_{ck} : 콘크리트의 설계기준강도 (MPa)

(2) 보통의 골재를 사용하고, 콘크리트의 단위질량 m_c = 2,300 kg/m^{3}인 콘크리트

$$E_c = 8{,}500\ \sqrt[3]{f_{cu}}\ \ (\mathrm{MPa}) \tag{2.3}$$

파괴에 이르기까지의 응력-변형률관계는 강도, 골재종류, 재하속도 등에 따라 다르지만, [그림 2.4]와 같이 변형률속도 일정조건하에서는 응력속도 일정하의 시험으로부터는 얻을 수 없는 최대응력 이후의 하강영역을 포함한 관계를 구할 수 있다. 이는 후술하는 바와 같이 단면의 휨파괴강도를 산정하는 상에서 극히 중요하다.

콘크리트의 푸아송비 μ는 파괴점 근처를 빼면 1/5~1/7의 범위에 있고, 단위시멘트량이 많은 PSC용 고강도 콘크리트에서는 1/5로 해도 좋다. 전단탄성계수 G_c는 E_c와 μ를 이용해 식 (2.4)로부터 추정할 수 있다.

$$G_c = \frac{E_c}{2(1+\mu)} \tag{2.4}$$

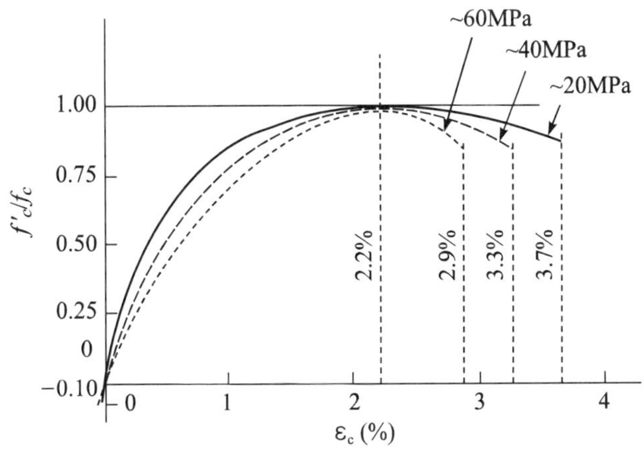

[그림 2.4] 콘크리트의 압축응력-변형률 관계

2.1.4 크리프

콘크리트에 지속하중 P_w가 작용하면, [그림 2.5]와 같이 재하 순간에 발생하는 탄성변형률(순간 변형률) 외에 시간적으로 증대하는 유동 변형률이 발생한다. 이를 크리프 변형률이라 한다. 콘크리트 시편에 추를 올려놓으면 순간 변형률(편의상 탄성 변형률이라고도 함)이 일어난다. 추를 올려놓은 채로 두면 응력은 변하지 않음에도 불구하고 변형률은 시간과 함께 쌍곡선적으로 증대한다. 이와 같이 지속하중(압축, 인장에 관계없이)하에 변형률만이 서서히 증가하는 현상을 크리프(creep)라고 한다.

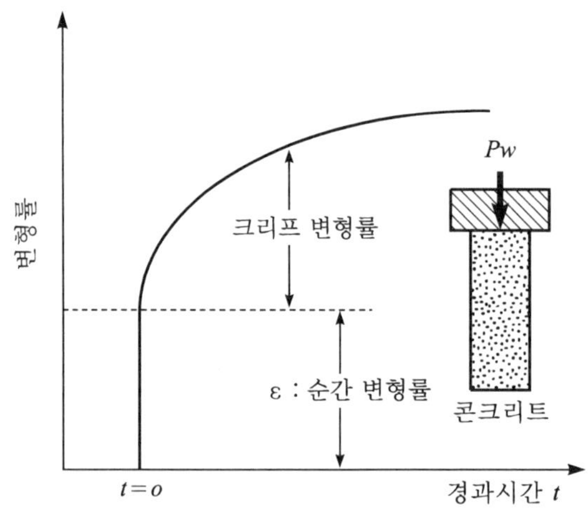

[그림 2.5] 지속하중하의 콘크리트 변형률

크리프 변형률은 탄성 변형률보다 훨씬 크고, 그 극한치는 탄성 변형률의 2배 이상이다.

(1) 크리프의 발생기구

크리프의 발생원인은 시멘트 수화에 따라서 생긴 겔 간극수(흡착수)의 압출 및 결정간의 미끄러짐에 기인한다.

(2) 크리프 곡선

콘크리트 크리프의 진행상황은 [그림 2.5]에 따라 식 (2.5)로서 나타낼 수 있다.

$$\epsilon_{\varphi} = \frac{t}{A + Bt} \tag{2.5}$$

여기서, ϵ_φ : 크리프 변형률

t : 재하기간

A, B : 실험정수

식 (2.5)에 의해 크리프 변형률의 극한치는 식 (2.6)과 같이 계산된다.

$$\max \epsilon_\varphi = \lim_{t \to \infty} \frac{t}{A + Bt} = \lim_{t \to \infty} \frac{1}{\frac{A}{t} + B} = \frac{1}{B} \tag{2.6}$$

즉, 극한 크리프 변형률은 실험정수 B의 역수로서 주어진다.

또한 크리프 변형률은 식 (2.7)과 같이 나타낼 수 있다.

$$\epsilon_\varphi = K \log(1 + t) \tag{2.7}$$

여기서, K : 실험상수

식 (2.7)은 극한치가 없고 이론상 모순되지만, 직선으로 표시되기 때문에 실용상 편리하다. 지속 재하한 후 하중을 세거하면 크리프곡선은 [그림 2.6]과 같이 된다. 즉, 하중제거시에 순간적으로 탄성회복(하중제거시 탄성변형률)이 일어나고, 다음에 시간과 더불어 서서히 변형률이 회복된다. 이를 회복성 크리프라 한다. 잔류 변형률이 남는 것을 비회복성 크리프라 한다.

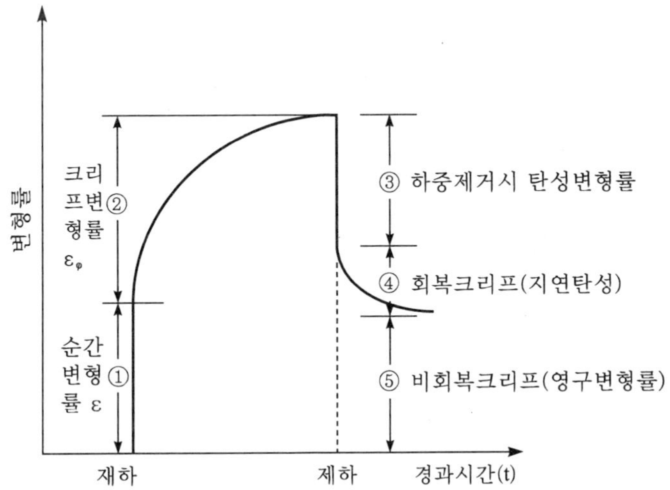

[그림 2.6] 회복성 크리프와 비회복성 크리프

(3) 크리프 계수

순간 변형률에 대한 크리프 변형률의 비를 크리프계수라고 하며, 식 (2.8)과 같이 나타낸다.

$$\varphi = \epsilon_{\varphi} / \epsilon \tag{2.8}$$

여기서, φ : 크리프계수

지속하중을 받는 콘크리트 구조물의 어떤 단면에서의 크리프 변형률은 그 단면에 작용하는 응력 f 가 계산되면 식 (2.9)로부터 구할 수 있다.

$$\epsilon_{\varphi} = \varphi\epsilon = \varphi \frac{f}{E} \tag{2.9}$$

따라서, 전변형률량은 식 (2.10)과 같이 되어, 설계상 크리프계수 ϕ가 필요하다.

$$\frac{f}{E} + \varphi \frac{f}{E} = \frac{f}{E}(1+\phi) \tag{2.10}$$

[콘크리트구조설계기준]에서는 크리프계수를 프리스트레스 도입 시기 4~7일에서 보통 콘크리트에 대해 2.8, 인공경량골재 콘크리트에 대해 2.1로 정하고 있다.

콘크리트의 크리프계수는 [표 2.3]을 참고로 한다.

표 2.3 콘크리트의 크리프계수

지속하중을 재하할 때의 콘크리트 재령(일)		4~7	14	28	90	365
크리프계수	조강시멘트 사용	3.8	3.2	2.8	2.0	1.1
	보통시멘트 사용	4.0	3.4	3.0	2.2	1.3

(4) 크리프에 관한 법칙

1) Davis-Glanville의 법칙

콘크리트에 가해지는 지속응력이 파괴강도의 1/3 정도 이하인 경우, 크리프 변형률은 식 (2.11)과 같이 재하응력에 비례한다. 이는 재하응력이 압축, 인장에 관계없이 성립한다.

$$\epsilon_{\varphi} = K_{\varphi} f_w \quad \left(f_w < \frac{f_c}{3} \text{ 또는 } f_w < \frac{f_t}{3} \right) \tag{2.11}$$

여기서, ϵ_{φ} : 크리프 변형률

f_w : 지속응력 (MPa)

K_{φ} : 비례상수

f_c, f_t : 압축강도 및 인장강도 (MPa)

따라서, 재하응력이 강도의 1/3 이하 범위에서는, 재하응력으로 나눈 단위응력당의 크리프 변형률은 재하응력 크기에 따라 변화하지 않는데, 이를 단위크리프 변형률이라 하며, 식 (2.12)와 같이 나타낸다.

$$\epsilon_{\varphi 0} = \epsilon_{\varphi} / f_w \tag{2.12}$$

여기서, $\epsilon_{\varphi 0}$: 단위크리프 변형률

2) Whitney의 법칙

동일 콘크리트에서는 단위크리프 변형률의 진행상황은 일정하다. 즉, [그림 2.7]에서 재하재령을 t_1 및 t_2로 한 경우의 단위크리프 곡선을 AB 및 CD라 하면, 곡선 CD는 곡선 AB를 f_0만큼 아래로 평행 이동한 것과 같다. 엄밀히 옳지는 않지만, 실용상 극히 편리한 법칙이다. 예를 들면, 곡선 AB를 알면, 재하재령, 재하응력이 다른 곡선 CD상의 f_2는 식 (2.13)으로 추정가능하다.

$$f_2 = f_1 - f_0 \tag{2.13}$$

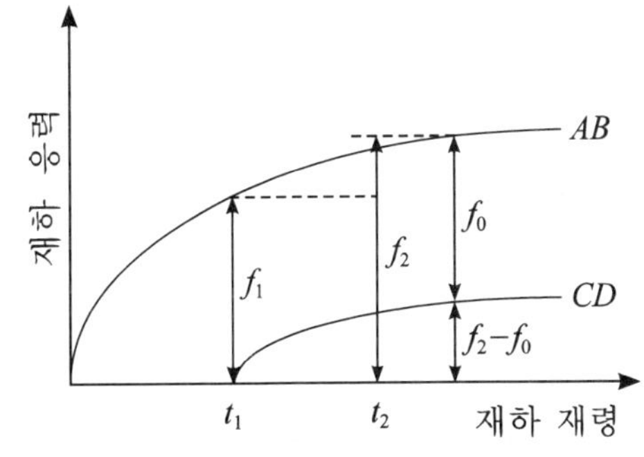

[그림 2.7] Whitney의 법칙

(5) 크리프에 영향을 미치는 요인

① 재령 : 재하시 재령이 짧을수록 또 재하기간이 길수록 크리프 변형률은 크게 된다. 실용상, 재하기간 3개월에서 전 크리프의 약 50%, 1년에서 80%가 종료된다.

② 재하응력 : 재하응력이 클수록 크리프 변형률은 커진다(Davis-Glanville의 법칙 참조). 콘크리트 강도의 75% 이상 하중을 계속 가하면 크리프로 파괴되고, 80%이면 7일에, 95%이면 100분에 파괴된다. 30% 정도이면 탄성변형률은 0.0004 정도이나, 20년 후에는 0.0015 정도가 된다.

③ 콘크리트의 품질 : 고강도 콘크리트일수록 크리프 변형률은 작다.

④ 콘크리트의 온도 : 콘크리트의 온도가 높을수록 크리프 변형률은 크고, 온도 20~80℃의 범위에서는 온도에 거의 비례한다.

⑤ 부재치수 : 부재 단면적에 비해 표면적이 클수록 크리프 변형률은 크다.

⑥ 습도 : 습도가 낮을수록 크리프 변형률은 커진다. 수중에서의 크리프 변형률은 가장 작고, 이를 기본 크리프라 한다.

(6) 크리프의 득실

크리프 변형률을 고려한 겉보기 탄성계수 E_φ 는 식 (2.14)와 같이 나타낼 수 있다.

$$E_\varphi = \frac{f}{\epsilon + \epsilon\varphi} = \frac{f}{\epsilon(1+\varphi)} = \frac{E}{(1+\varphi)} \tag{2.14}$$

즉, 크리프의 영향은 콘크리트 탄성계수가 $1/(1+\varphi)$로 저하하는 것에 상당하므로 콘크리트에 대해 다음과 같은 득실이 있다.

① 장기간에 걸쳐 서서히 진행되는 건조나 온도변화, 지반의 부등침하 등에 기인하는 변형에 대해 응력이 작아져 균열발생이 적어진다.

② 지속하중에 의해 보, 슬래브의 처짐이 증대된다.

③ PSC에서 프리스트레스는 지속하중으로 작용하기 때문에 부재단축이 일어나 프리스트레스가 감소한다.

2.1.5 건조수축

크리프의 발생과 동시에 수분의 증발과 더불어 건조수축 변형률도 발생한다. 콘크리트의 건조수축도 크리프와 같이 영향을 받는 요인이 된다.

PSC구조에서는 콘크리트의 크리프와 건조수축은 프리스트레스의 시간적 감소의 주요 원인이 될 뿐만 아니라 부정정 구조에서는 2차 응력발생의 원인도 되기 때문에, 단면설계에서 무시할 수 없는 중요한 성질이다.

도로교와 철도교 설계기준에서 규정된 보통 PSC부재에서 콘크리트의 건조수축으로 인한 프리스트레스의 손실을 고려하는 경우의 건조수축 변형률은 [표 2.4]와 같다.

표 2.4 콘크리트의 건조수축 변형률

프리스트레스를 도입할 때의 콘크리트 재령	4~27일	28일	90일	365일
건조수축 변형률	27×10^{-5}	20×10^{-5}	14×10^{-5}	7×10^{-5}

2.1.6 단위질량

설계계산에 이용하는 보통콘크리트의 단위질량은 2,300~2,350 kg/m^3, 인공경량골재 콘크리트에서는 [표 2.5]의 값으로 한다. 여기에 강재의 질량을 가산한다.

표 2.5 경량골재 콘크리트의 단위질량

골재 종류	단위질량(kg/m^3)
골재 전부를 경량골재로 한 경우	1,700
골재 일부로 보통골재를 사용한 경우	1,900

2.1.7 고성능 콘크리트

PSC용 콘크리트는 일반적으로 국내의 경우 고강도 콘크리트로 제조하게 된다. 콘크리트 표준시방서의 고강도 콘크리트는 일반적으로 40 MPa 이상의 압축강도를 가지는 콘크리트로 정의 하고 있지만 현재 세계 각국 및 국내의 경우 압축강도 뿐만 아니라 유동성 및 내구성 측면도 동시에 한층 개선된 고성능 콘크리트(High Performance Concrete)에 대한 연구 및 현장적용 실적이 보고되고 있다.

고강도 콘크리트와 고성능 콘크리트는 혼동하기 쉬우나 일반적으로 고강도, 고유동성 및 고내구성을 동시에 갖춘 콘크리트를 고성능 콘크리트라고 정의하고 있다.

고성능 콘크리트는 고강도 콘크리트에서 진일보한 콘크리트로 1980년대 말 캐나다,

미국 및 일본을 중심으로 발전하여 현재는 크게 두 가지 흐름으로 발전하고 있다. 북미 및 유럽 지역에서는 주로 고강도를 발현하는 고성능 콘크리트에 중점을 두고 있는 반면, 일본의 경우 현장 작업성을 강조한 다짐이 필요 없는 고유동성을 가진 고성능 콘크리트에 역점을 두고 있다.

고성능 콘크리트는 보통콘크리트와 비교하여 다음과 같은 일반적인 특성을 가진다.

① 초기재령에서 높은 강도를 가짐
② 장기재령에서 역학적 특성이 향상됨
③ 타설과 다짐시 재료분리 없이 작업이 용이함(자기 충전성 확보)
④ 체적 안정성이 높음
⑤ 가혹한 환경하에서 사용성이 확보됨(내구성 개선)

이러한 고성능 콘크리트는 국내의 경우 1999년 타워펠리스 현장에 압축강도 80MPa의 고성능 콘크리트가 적용된 이후 초고층 건축물을 중심으로 지속적으로 적용되고 있어 향후 PSC용 콘크리트에 적용이 확대 될 것으로 기대된다.

2.2 PS강재

PS강재로서는 ① 인장강도 및 항복비(인장강도에 대한 항복점의 비)가 높을 것, ② 적당한 신장(伸張)과 인성(靭性)을 가질 것, ③ 릴랙세이션이 작을 것, ④ 응력부식 및 피로저항성이 높을 것, ⑤ 콘크리트 또는 그라우트와의 부착강도가 높을 것 등이 요구된다.

PSC에서 프리스트레싱 인장을 가하는데 가장 일반적으로 이용되고 있는 것은 고강도 강재로 된 강선, 강봉 등이다. PSC에 이용되는 PS강선 또는 강봉은 요구되는 성질은 많지만, 특히 중요한 사항은 다음과 같다.

PSC에 이용되는 PS강선 또는 강봉은 그 인장강도가 당연히 커야한다. 예를 들면, 최초에 부여될 수 있는 인장응력 허용치가 1,100 MPa인 경우와 300 MPa인 경우와를 비교하여 보자. 양 강재를 이용해서 프리스트레싱 할 때의 프리스트레스의 크기를 동일하게 한 PSC에서 콘크리트의 건조수축, 크리프에 의한 PS강선 또는 강봉 인장응력의 감소량은 대체로 동일하기 때문에 이것을 100 MPa로 가정한다. 따라서, 유효인장응력은 전자에서 1,000 MPa, 후자에서 200 MPa로 된다. 즉, 최초에 부여된 인장응력에 비해 전자에서는 10%, 후자에서는 33%의 인장응력 감소량이 된다. 이에 따라, 최초에 부여된 인장응력 감소율은 최초에 부여된 인장응력이 클수록 작아짐을 알 수 있어, 허용응력이 큰 강재일수록 이용률이 좋아짐을 명백히 알 수 있다.

이 허용응력은 PS강선 인장강도, 항복점 응력 등에 관계하는 것이다. 특히, 최초에 부여할 수 있는 인장응력 허용치는 사용 강재의 항복점 응력에 관계되는 경우가 많다. PS강선 또는 강봉의 단가는 반드시 그 인장강도, 항복점 응력에 비례하는 것은 아니기 때문에, 이들 강재 이용의 유리성을 비교할 경우, 강재 단가/항복점 응력 비가 작을수록 유리해진다. 상기와 같은 강도상의 성질뿐만 아니라, 다음과 같은 제 성질이 동시에 요구된다.

(1) 콘크리트와의 부착이 양호해야 한다.

프리텐셔닝 공법인 경우, 프리스트레스는 PS강선과 콘크리트와의 부착에 의해 주어지는 것이기 때문에, 부착이 완전하지 않으면 프리스트레스를 부여할 때 PS강선이 콘크리트 내에서 활동(滑動)하여 소정의 프리스트레스가 부여되지 않거나 PS강선 응력의 전달길이(PS강선 끝부터 계산 상의 PS강선 응력으로 되는 점까지의 거리)가 매우 커지는 경우가 있다.

부착을 양호하게 하기 위해서는 PS강선 표면에 기름이나 그 밖의 윤활재 피막이 있어서는 안된다. 보통의 경우, 프리텐셔닝에서는 PS강선 표면에 녹붙이기를 해서 이용하는 경우가 많다. 또한, 적극적으로 PS강선 표면에 연속적으로 모양을 넣어 이형 PS강선으로 하거나 연선으로 하는 경우도 많다.

(2) PS강선에는 꺽임이 없이 펴짐성이 좋아야 한다.

PS강선은 운반할 때에의 편리함을 위해 적당한 직경의 코일감기를 하고 있지만, 이 코일을 풀었을 때 꺽임이 없이 펴짐성이 양호하여야 한다. PS강선의 코일을 풀고 나서 신장기에 걸어 꺽임을 피는 작업을 하면 PS강선의 기계적 성질이 나빠지게 된다. 특히, 그 항복점 응력의 저하가 현저해진다.

이 펴짐성은 프리텐셔닝 시공의 경우에는 그만큼 중대한 문제는 되지 않지만, 포스트텐셔닝 시공에서 여러 가닥의 PS강선을 묶음으로 이용하는 경우에는 중요한 성질이 된다.

(3) 릴랙세이션이 작아야 한다.

PS강선 또는 강봉에 인장응력을 부여하여 그 길이를 일정하게 유지하면, 시간의 경과에 따라 인장응력이 감소한다. 이 감소를 릴랙세이션이라 한다. 이 릴랙세이션이 작을수록 최초에 부여된 인장응력의 감소량이 작아, 그만큼 유효인장응력을 크게 할 수 있어

강재 사용량 측면에서 유리하다.

(4) PS강선 또는 강봉의 정착이 느슨해지는 재질을 사용하지 말아야 한다.

PS강선의 정착장치부근에서는 보통 이용되고 있는 프리스트레싱 작업방식에 있어서 다소의 굴곡을 갖기 때문에, 이로 인해 쉽게 꺾여 절단되는 것이어서는 안 된다. PS강봉도 정착부분에서 긴장 작업중 발생되는 다소의 편심에 의해 용이하게 꺾여 절단되어서는 안 된다. 이와 같은 성질을 시험하기 위해 굴곡시험을 실시해서 그 품질을 판정하는 것이 좋다.

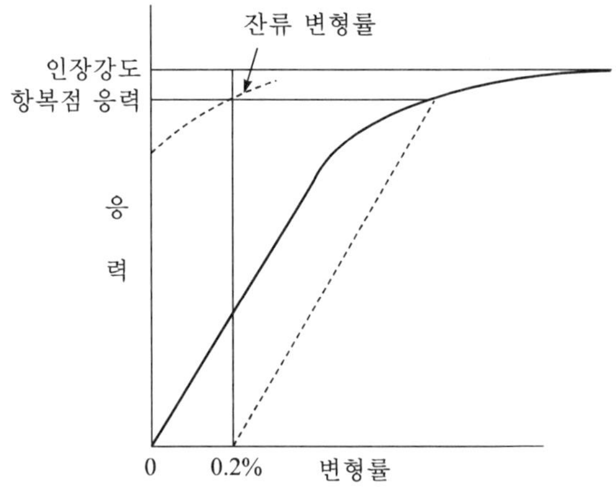

[그림 2.8] PS강재의 응력 – 변형률 관계와 항복점 응력도

PS강재의 응력-변형률관계는 [그림 2.8]과 같이 명료한 항복점이 존재하지 않기 때문에 잔류변형률 0.2%의 응력을 편의적으로 항복점으로 부르고 있다. 설계에 이용하는 PS강재의 탄성계수는 $E_{ps} = 2.0 \times 10^5$ MPa로 한다.

강재의 기계적 성질은 그 화학성분 뿐만 아니라 그 제조방법 및 그 후의 처리에 관계가 있다.

각 제조법 등에 따라 탄소(C)의 함유량을 1.0% 이하로 한 고탄소강은 그 함유량에 따라 그 성질이 현저히 달라져, C의 함유량이 0~0.85%로 증가하면 그 인장강도는 340 MPa부터 900 MPa까지 증가한다. 이에 반해 파단신장은 [그림 2.9]와 같이 35%에서 6%로 감소한다. 즉, 이와 같은 고탄소강에 의해 인장강도가 900 MPa 정도의 것을 얻을 수 있다.

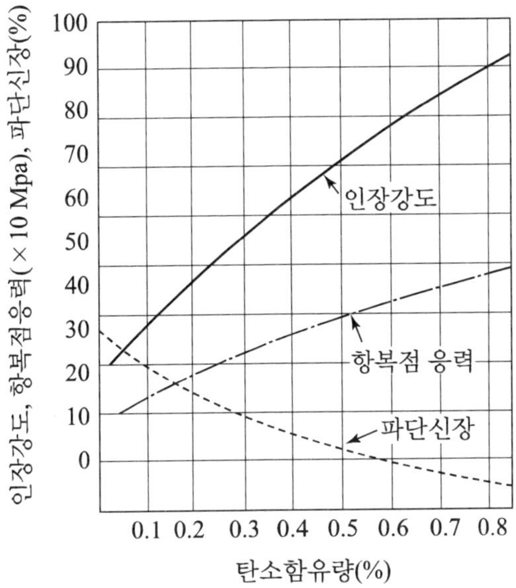

[그림 2.9] 탄소함유량에 따른 기계적 성질의 변화

강재는 변형가공에 의해 그 조직이 변화하는 것이어서 이와 같은 가공에 의해서도 기계적 성질을 개선할 수 있다. 예를 들면, 800℃ 이상의 고온에서 롤링(rolling)함으로써 적당한 성질을 부여할 수도 있다. 이와는 역으로 냉간가공도 인장강도, 항복점 응력 등을 상승시키는 것이지만, 이에 의해 파단신장이 감소되는 경향이 있다. 이 냉간가공으로서는 일반적으로 인발(직경이 작은 PS강선의 경우)과 비틀림 가공이 있다.

열처리는 강재의 성질을 본질적으로 바꾸는 것으로 800℃ 이상의 고온에서 급격히 냉각함으로써 인장강도가 상승된다. 예를 들면, 0.4%의 탄소 함유량 강재에서는 이 열처리에 의해 인장강도가 1,800 MPa 이상이 되지만, 파단신장이 매우 작아진다.

이상의 열처리 후 다시 700℃ 이하의 온도에서 가열하고 냉각을 하면 인장강도는 감소하지만, 파단신장은 증가한다. 즉, PS강선 또는 강봉으로서는 다음과 같은 종류의 것으로 분류할 수 있다.

① 고탄소강(C의 함유량이 0.6~0.8%인 것)을 냉간가공 또는 열처리를 실시하지 않고 열간 롤링에 의해 소정의 선 직경으로 하고 소정의 강도를 얻을 수 있도록 한 것
② 냉간가공에 의해 제조되는 것으로, 냉간 롤링 또는 인발에 의해 소요의 강도 및 선 직경을 얻을 수 있도록 한 것
이 ②의 제조법은 가장 일반적으로 PS강선 제조에 이용되는 것으로, 고탄소강재(0.75~0.85% C)에 패턴팅(patenting)처리를 하여 솔바이트 조직으로 하고, 이를

냉간에서 수회에 걸쳐 다이스를 이용해 인발직경을 감소시켜 소정의 직경으로 함과 더불어 인장강도를 함께 상승시키는 것이다. 즉, 처음 8~10 mm의 직경 선재를 5~8회 다이스로 인발하고, 직경 3 mm, 2 mm, 1 mm 등으로 하는 것이다.

이와 같이 하여 얻어진 ϕ1 mm의 피아노선에서는 그 인장강도가 2,500 MPa에 달한다. ϕ3 mm의 경우에는 210 MPa의 인장강도를 얻을 수 있다.

③ 열처리에 의해 소정의 강도가 되도록 하는 것. 이들 강재에서는 연속 열처리에 의해 강도를 상승시키는 방법에 의한 것이다. 이 방법에 의한 것은 인장강도와 더불어 그 항복점 응력이 높은 것이 특징이다. 이러한 종류의 PS강선 예로서 오일템퍼드 와이어라 불리는 것은 소정의 선 직경이 되기까지 1, 2회 인발하고 나서 열처리한 것으로서, 선 직경이 큰 PS강선 제조에 주로 이용된다.

이들의 응력-변형률 곡선을 비교하면, 오일템퍼드 와이어와 같이 열처리에 의한 강재에서는 그 인장강도의 90% 가까이까지의 인장응력에 대해서는 거의 잔유변형률을 나타내지 않는다. 이에 대해 냉간인발 PS강선(인발가공만의 경우)에서는 그 탄성한도(0.01%의 잔류변형률을 일으키는 인장응력)가 인장강도의 35~45%이다. 이와 같은 냉간인발 PS강선을 250~300℃에서 열처리함으로써 그 탄성한도, 항복점 응력 모두 현저하게 상승시킬 수 있다. 이와 같은 열처리는 블루잉처리(저온 열처리)라 불리어진다.

특히 연선과 같이 2묶음 이상의 PS강선을 꼰 것에서는 이 연선(꼬기)작업에 따라 내부응력이 잔유됨으로써 응력-변형률 곡선은 현저하게 만곡(彎曲)되어, 항복점 응력이 현저하게 저하됨과 더불어 릴랙세이션도 증가하게 된다. 이들 악영향을 제거하기 위해서는 연선(꼬기)가공을 한 후 블루잉처리를 하면 연선의 기계적 성질을 현저하게 개선할 수 있다.

이상과 같은 블루잉처리 대신에 스트레칭에 의해서도 강재의 기계적 성질을 개선할 수 있다. 즉, 냉간인발 PS강선을 실제 시공에 이용하는 인장응력보다 큰 인장응력을 부여하여 한번 인장함으로써, 인장강도에는 거의 변화가 없지만, 항복점 응력을 상승시키고 릴랙세이션을 감소시킬 수 있다. 이와 같은 작업을 공장에서 하는 것은 좀처럼 곤란하기 때문에, 현장에서 PS강선 또는 강봉의 긴장 작업시에 실시하는 것이 좋다.

예제 2.2

PS강선이 갖추어야 할 일반적인 성질은 무엇인가?

풀 이

- 인장강도가 클 것
- 항복비가 클 것
- 릴랙세이션이 적을 것
- 부착강도가 좋을 것
- 피로에 대한 저항성이 클 것

예제 2.3

강재의 부식 방지 방법은 무엇인가?

풀 이

① 프리텐션 부재
  - 콘크리트에 방청제를 혼합시켜 사용할 수 있다. 단, PS강재에 직접 도포하지는 않는다.

② 포스트텐션 부재
  - 부착시키는 경우 : 시멘트를 주된 재료로 하여 그라우팅한다.
  - 부착시키지 않는 경우 : 아스팔트, 그리스, 기타 도포제를 사용한다.

2.2.1 PS강재의 종류

(1) PS강선 및 이형PS강선

PC강선은 피아노선재(KS D 3509)를 패턴팅(patenting)한 후, 냉간 가공하고 잔유변형률을 제거하기 위해 블루잉을 한 것으로, 직경 9 mm정도까지의 것을 말한다. 이형 PS강선은 주로 프리텐션방식에 이용되고 있다.

KS에 규격화 (KS D 7002)되어 있는 것을 [표 2.6]에 나타내었다. 이들 외에 인장상태에서 블루잉(핫스트레칭)하여 릴랙세이션을 현저히 작게 한 것과 PSC탱크나 폴 등에 자주 사용되는 인장강도가 작은 PS경강선(KS D 7009)도 있다.

(2) PS강연선 및 이형PS강연선

KS D 7002(표 2.6)에는 2가닥 연선, 7가닥 연선 및 19가닥 연선이 규격화되어 있고, 굵은 직경은 주로 포스트텐션방식에 이용되고 있다.

KS화 되어 있는 것 이외에 [그림 2.10]에 나타낸 다층 연선이나 KS규격의 7가닥 연선을 [그림 2.11]과 같이 복수 가닥으로 합친 다중 연선도 개발되어 있어, 대용량의 프리스트레스력을 필요로 하는 경우에 이용되고 있다.

표 2.6 PS강선 · 강연선(KS D 7002)

(a) 종류 및 기호

종 류			기 호	단 면
PC 강선	원 형 선	A종	SWPC 1AN, SWPC 1AL	○
		B종	SWPC 1BN, SWPC 1BL	○
	이 형 선		SWPD 1N, SWPD 1L	○
PC 강연선	2연선		SWPC 2N, SWPC 2L	
	이형 3연선		SWPD 3N, SWPD 3L	
	7연선	A종	SWPC 7AN, SWPC 7AL	
		B종	SWPC 7BN, SWPC 7BL	
	19연선		SWPC 19N, SWPC 19L	

비고 1. 원형선 B종은 A종보다 인장 강도가 100 N/mm^2 높은 종류를 나타낸다.
2. 7연선 A종은 인장 강도 1,720 N/mm^{2}급을, B종은 1,860 N/mm^2 급을 나타낸다.
3. 릴랙세이션 규격값에 따라 보통선은 N, 낮은선은 L의 기호를 끝에 붙인다.
4. 19연선에서 단면이 28.6 mm인 것은 실형이나 워링톤형으로 하고, 그 외의 19연선 단면은 실형으로 한다.

(b) 호 칭

기 호	호 칭
SWPC 1L SWPC 1AL SWPC 1BN SWPC 1BL SWPD 1N SWPD 1L	(2,9 mm) (3.5 mm) (4 mm) (4.5 mm) 5 mm (6 mm) 7mm 8mm 9mm
SWPC 2N SWPC 2L	2.9 mm 2연선
SWPD 3N SWPD 3L	2.9 mm 3연선
SWPC 7AN SWPC 7AL	(7연선 6.2 mm) (7연선 7.9 mm) 7연선 9.3 mm 7연선 10.8 mm 7연선 12.4 mm 7연선 15.2 mm
SWPC 7BN SWPC 7BL	7연선 9.5 mm 7연선 11.1 mm 7연선 12.7 mm 7연선 15.2 mm
SWPC 19N SWPC 19L	19연선 17.8 mm 19연선 19.3 mm 19연선 20.3 mm 19연선 21.8 mm 19연선 28.6 mm

비고 : ( )를 붙인 호칭의 선 및 연선은 사용하지 않는 것이 좋다.

(c) 기계적 성질

기 호	호 칭	0.2% 영구 연신율에 대한 하중(kN)	인장 하중 (kN)	연신율 (%)	릴랙세이션 값 %	
					N	L
SWPC 1AN SWPC 1AL SWPD 1N SWPD 1L	(2.9 mm) (3.5 mm) (4 mm) (4.5 mm) 5 mm (6 mm) 7 mm 8 mm 9 mm	11.3 이상 14.2 이상 18.6 이상 22.6 이상 27.9 이상 38.7 이상 51.0 이상 64.2 이상 78.0 이상	12.7 이상 16.2 이상 21.1 이상 25.5 이상 31.9 이상 44.1 이상 58.3 이상 74.0 이상 90.2 이상	3.5 이상 3.5 이상 3.5 이상 4.0 이상 4.0 이상 4.0 이상 4.5 이상 4.5 이상 4.5 이상	8.0 이하 8.0 이하 8.0 이하 8.0 이하 8.0 이하 8.0 이하 8.0 이하 8.0 이하 8.0 이하	2.5 이하 2.5 이하 2.5 이하 2.5 이하 2.5 이하 2.5 이하 2.5 이하 2.5 이하 2.5 이하
SWPC 1BN SWPC 1BL	5 mm 7 mm 8 mm	29.9 이상 54.9 이상 69.1 이상	33.8 이상 62.3 이상 78.9 이상	4.0 이상 4.5 이상 4.5 이상	8.0 이하 8.0 이하 8.0 이하	2.5 이하 2.5 이하 2.5 이하
SWPC 2N SWPC 2L	2.9 mm 2연선	22.6 이상	25.5 이상	3.5 이상	8.0 이하	2.5 이하
SWPD 3N SWPD 3L	2.9 mm 3연선	33.8 이상	38.2 이상	3.5 이상	8.0 이하	2.5 이하
SWPC 7AN SWPC 7AL	(7연선 6.2 mm) (7연선 7.9 mm) 7연선 9.3 mm 7연선 10.8 mm 7연선 12.4 mm 7연선 15.2 mm	33.8 이상 54.9 이상 75.5 이상 102 이상 136 이상 204 이상	40.2 이상 64.7 이상 88.8 이상 120 이상 160 이상 240 이상	3.5 이상 3.5 이상 3.5 이상 3.5 이상 3.5 이상 3.5 이상	8.0 이하 8.0 이하 8.0 이하 8.0 이하 8.0 이하 8.0 이하	2.5 이하 2.5 이하 2.5 이하 2.5 이하 2.5 이하 2.5 이하
SWPC 7BN SWPC 7BL	7연선 9.5 mm 7연선 11.1 mm 7연선 12.7 mm 7연선 15.2 mm	86.8 이상 118 이상 156 이상 222 이상	102 이상 138 이상 183 이상 261 이상	3.5 이상 3.5 이상 3.5 이상 3.5 이상	8.0 이하 8.0 이하 8.0 이하 8.0 이하	2.5 이하 2.5 이하 2.5 이하 2.5 이하
SWPC 19N SWPC 19L	19연선 17.8 mm 19연선 19.3 mm 19연선 20.3 mm 19연선 21.8 mm 19연선 28.6 mm	330 이상 387 이상 422 이상 495 이상 807 이상	387 이상 451 이상 495 이상 573 이상 949 이상	3.5 이상 3.5 이상 3.5 이상 3.5 이상 3.5 이상	8.0 이하 8.0 이하 8.0 이하 8.0 이하 8.0 이하	2.5 이하 2.5 이하 2.5 이하 2.5 이하 2.5 이하

(d) 치수 및 허용차

기 호	호 칭	표준지름(mm)	허용차(mm)	심선 지름과 측선 지름의 차
SWPC 1AN SWPC 1AL SWPC 1BN SWPC 1BL	(2.9 mm)	2.90	±0.03	–
	(3.5 mm)	3.50	±0.04	–
	(4 mm)	4.00	±0.04	–
	(4.5 mm)	4.50	±0.05	–
	5 mm	5.00	±0.05	–
	(6 mm)	6.00	±0.05	–
	7 mm	7.00	±0.05	–
	8 mm	8.00	±0.06	–
	9 mm	9.00	±0.06	–
SWPC 2N SWPC 2L	2.9 mm 2연선	2.90	±0.03	–
SWPC 7AN SWPC 7AL	(7연선 6.2 mm)	6.2	+0.4 −0.2	0.03 이상
	(7연선 7.9 mm)	7.9	+0.4 −0.2	0.04 이상
	7연선 9.3 mm	9.3	+0.4 −0.2	0.05 이상
	7연선 10.8 mm	10.8	+0.4 −0.2	0.07 이상
	7연선 12.4 mm	12.4	+0.4 −0.2	0.08 이상
	7연선 15.2 mm	15.2	+0.4 −0.2	0.08 이상
SWPC 7BN SWPC 7BL	7연선 9.5 mm	9.5	+0.4 −0.2	0.05 이상
	7연선 11.1 mm	11.1	+0.4 −0.2	0.07 이상
	7연선 12.7 mm	12.7	+0.4 −0.2	0.08 이상
	7연선 15.2 mm	15.2	+0.4 −0.2	0.08 이상
SWPC 19N SWPC 19L	19연선 17.8 mm	17.8	+0.6 −0.25	–
	19연선 19.3 mm	19.3	+0.6 −0.25	–
	19연선 20.3 mm	20.3	+0.6 −0.25	–
	19연선 21.8 mm	21.8	+0.6 −0.25	–
	19연선 28.6 mm	28.6	+0.6 −0.25	–

비고 : 7연선 및 19연선의 표준 지름은 연선의 외접원의 지름으로 한다.

(e) 공칭 단면적 및 단위 무게

기 호	호 칭	공칭 단면적(mm^2)	단위 무게(kgf)
SWPC1AN SWPC1AL SWPC1BN SWPC1BL SWPD1N SWPD1L	(2.9 mm)	6.605	51.8
	(3.55 mm)	9.621	75.5
	(4 mm)	12.57	98.7
	(4.5 mm)	15.90	125
	5 mm	19.64	154
	(6 mm)	28.27	222
	7 mm	38.48	302
	8 mm	50.27	395
	9 mm	63.62	499
SWPC2N SWPC2L	2.9 mm 2연선	13.21	104
SWPD3N SWPD3L	2.9 mm 3연선	19.82	156
SWPC7AN SWPC7AL	(7연선 6.2 mm)	23.23	182
	(7연선 7.9 mm)	37.42	293
	7연선 9.3 mm	51.61	405
	7연선 10.8 mm	69.68	546
	7연선 12.4 mm	92.90	729
	7연선 15.2 mm	138.7	1,101
SWPC7BN SWPC7BL	7연선 9.5 mm	54.84	432
	7연선 11.1 mm	74.19	580
	7연선 12.7 mm	98.71	774
	7연선 15.2 mm	138.7	1,101
SWPC19N SWPC19L	19연선 17.8 mm	208.4	1,652
	19연선 19.3 mm	243.7	1,931
	19연선 20.3 mm	270.9	2,149
	19연선 21.8 mm	312.9	2,482
	19연선 28.6 mm	532.4	4,229

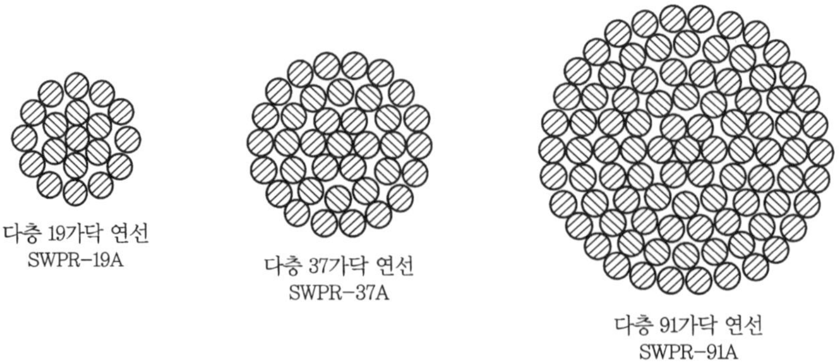

[그림 2.10] 다층 PS연선

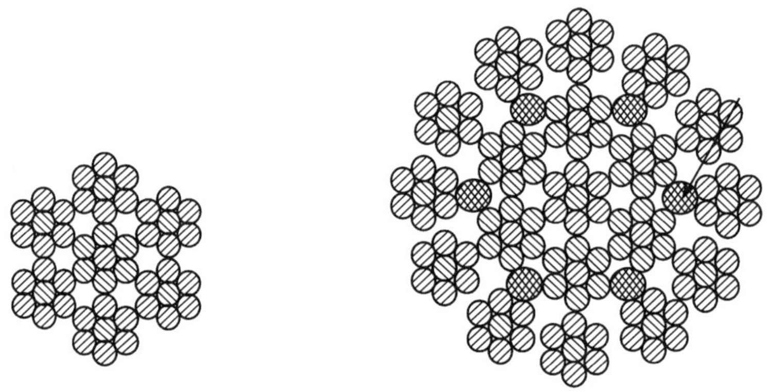

[그림 2.11] 다중 PS강연선

특수한 것으로서, PS강연선을 이형(異形)으로 한 것과 원형(圓形) 다이스로 빼 내어 강도를 높인 다이 성형품도 제조되어 사용되고 있다.

PS강연선은 가소성(可撓性)이 있기 때문에 휨배치가 용이하고 시공성도 좋아 최근 사용범위가 현저히 확대되고 있다.

(3) PS강봉 및 이형PS강봉

PS강봉은 직경 9~32 mm, 이형PS강봉은 직경 7.4~13 mm 정도의 것으로, 주로 전자는 포스트텐션방식, 후자는 프리텐션방식의 말뚝 등에 이용된다. 킬드강을 열간 압연한 후 스트래칭, 인발, 열처리 등의 방법으로 제조된다.

1) 종류 및 기호

PS강봉에는 7종류가 있고, 그 기호는 [표 2.7]과 같다.

표 2.7 PS강봉의 종류와 기호(KS D 3505)

종 류			기 호
원형 봉강	A종	2호	SBPR 785/1 030
	B종	1호	SBPR 930/1 080
		2호	SBPR 930/1 180
	C종	1호	SBPR 1 080/1 230
이형 봉강	B종	1호	SBPD 930/1 080
	C종	1호	SBPD 1 080/1 230
	D종	1호	SBPD 1 275/1 420

2) 호칭명

PS강봉의 호칭명은 [표 2.8]과 같다.

표 2.8 PS강봉의 호칭명

종 류	호칭명						
원형 봉강	9.2 mm	11 mm	13 mm	(15 mm)	17 mm	(19 mm)	(21 mm)
	23 mm	26 mm	(29 mm)	32 mm	36 mm	40 mm	
이형 봉강	7.4 mm	9.2 mm	11 mm	13 mm			

3) 화학 성분

PS강봉의 화학 성분 중 불순물로서의 P, S 및 Cu의 용강 분석값은 [표 2.9]와 같다.

표 2.9 PS강봉의 화학 성분

P	S	Cu
0.030 이하	0.035 이하	0.30 이하

4) 기계적 성질

PS강봉의 기계적 성질은 [표 2.10]과 같다.

표 2.10 PS강봉의 기계적 성질

기 호	0.2% 항복 강도 (N/mm^2)	인장 강도 (N/mm^2)	연 신 율 (%)	릴랙세이션 값 (%)
SBPR 785/1,030	785 이상	1,030 이상	5 이상	4.0 이하
SBPR 930/1,080	930 이상	1,080 이상	5 이상	4.0 이하
SBPR 930/1,180	930 이상	1,180 이상	5 이상	4.0 이하
SBPR 1,080/1,230	1,080 이상	1,230 이상	5 이상	4.0 이하
SBPD 930/1,080	930 이상	1,080 이상	5 이상	1.5 이하
SBPD 1,080/1,230	1,080 이상	1,230 이상	5 이상	1.5 이하
SBPD 1,275/1,420	1,275 이상	1,420 이상	5 이상	1.5 이하

5) 모양 및 치수

① 모양 : PS강봉은 봉 모양 또는 코일 모양의 것이 있다. 원형 봉강은 평활한 표면을 가진 것이고, 이형 봉강은 거의 둥근 단면을 가지며, 일정한 돌기 혹은 오목함을 연속 또는 일정 간격으로 붙인 것이다.

② 치수 및 허용차, 공칭 단면적 : 원형 봉강의 표준 지름 치수 및 허용차, 공칭 단면적은 [표 2.11]에 따른다. 또한, 이형 봉강의 공칭 지름 및 공칭 단면적은 [표 2.12]에 따른다. 다만, 이형 봉강의 지름 허용차는 규정하지 않는다.

표 2.11 원형 봉강의 표준 지름, 허용차 및 공칭 단면적

호칭명	표준 지름 (mm)	허 용 차 (mm)	공칭 단면적 (mm^2)
9.2 mm	9.2	−0.2 플러스쪽(+)은 규정하지 않는다.	66.48
11 mm	11.0		95.03
13 mm	13.0		132.7
(15 mm)	15.0		176.7
17 mm	17.0		227.0
(19 mm)	19.0		283.5
(21 mm)	21.0	−0.6 플러스쪽(+)은 규정하지 않는다.	346.4
23 mm	23.0		415.5
26 mm	26.0		530.9
(29 mm)	29.0		660.5
32 mm	32.0		804.2
36 mm	36.0		1,018.0
40 mm	40.0		1,257.0

표 2.12 이형 봉강의 공칭 지름 및 공칭 단면적

호칭명	공칭지름(mm)	공칭 단면적(mm²)
7.4 mm	7.4	40.0
9.2 mm	9.2	64.0
11 mm	11.0	90.0
13 mm	13.0	125.0

2.2.2 릴랙세이션

릴랙세이션이란 PS강재를 긴장해 일정 길이로 유지한 경우, 시간의 경과와 더불어 긴장응력이 감소되는 현상을 말하고, 초기의 긴장응력에 대한 응력감소량의 백분율을 순릴랙세이션값이라 한다.

릴랙세이션의 시험방법으로서 KS D 0301에 규정이 있고, 규격항복하중(0.2%의 영구신장에 대한 것)의 80%의 인장하중을 가해서 10시간 후의 하중감소량을 측정한다. 실제로는 더욱 장기간의 릴랙세이션값이 필요하고, 일본토목학회 PSC시방서의 「PS강재의 장시간 릴랙세이션 시험방법(안)」에서는 120시간과 1,000시간의 순릴랙세이션 시험방법을 정하고 있다.

종래의 많은 연구에 의하면, 비교적 단기간의 시험결과로부터 장기간의 순릴랙세이션값은 다음 식과 같은 형으로 추정할 수 있다.

$$\log\frac{\Delta f_{pt}}{f_{pi}} = \log\frac{\Delta f_{PT}}{f_{pi}} + k(\log t - \log T) \tag{2.15}$$

여기서, f_{pi} : 초기응력

T, Δf_{PT} : 어느 정해진 단기간의 시간과 그 사이의 응력 감소량

t, Δf_{pt} : 장기간에 걸친 임의 시간과 그 때의 응력 감소량

k : 0.15~0.25(초기 응력이 높으면 k값은 작다)

식 (2.17)에서, $t \to \infty$ 로 고려하면 50년 후의 릴랙세이션값은 1,000시간값의 2.5~4.5배로 추정되고, 실용상으로는 3배 정도로 가정하는 것이 적당하다.

실제의 PSC부재에서는 콘크리트의 크리프와 건조수축에 따라 PS강재길이가 감소하기 때문에, 상기와 같이 정해진 변형률하의 순릴랙세이션과는 다르다.

정해진 변형률하의 순릴랙세이션값 γ_0 와 부재중의 겉보기 릴랙세이션값 γ 의 관계로

서 예를 들면 CEB-FIP에서는 다음 식을 제시하고 있다.

$$\gamma = \gamma_0 \left(1 - 3\frac{\Delta f_{P(c+s)}}{f_{pi}}\right) \tag{2.16}$$

여기서, f_{pi} : 초기긴장응력

$\Delta f_{P(c+s)}$: 콘크리트의 건조수축과 크리프에 의한 긴장응력의 감소량

이에 의하면, $\dfrac{\Delta f_{P(c+s)}}{f_{pi}}$ =0.1~0.2인 경우의 겉보기 릴랙세이션값은 순릴랙세이션값의 70~40%로 감소하게 된다. 일본토목학회해설에서는 최근의 FIP보고에 따라 식 (2.16)의 계수 3을 2로 하고 있다.

프리스트레스 감소의 계산에 이용하는 PS강재의 겉보기 릴랙세이션값으로서는 [표 2.13]을 이용하고 있다. 단, 이는 PS강재가 허용인장응력 이하에서 상온하에 놓인 부재에 대한 것이다.

표 2.13 PS강재의 겉보기 릴랙세이션값 γ

PS강재의 종류	겉보기 릴랙세이션률 γ
PS강선 및 PS강연선	5%
PS강봉	3%

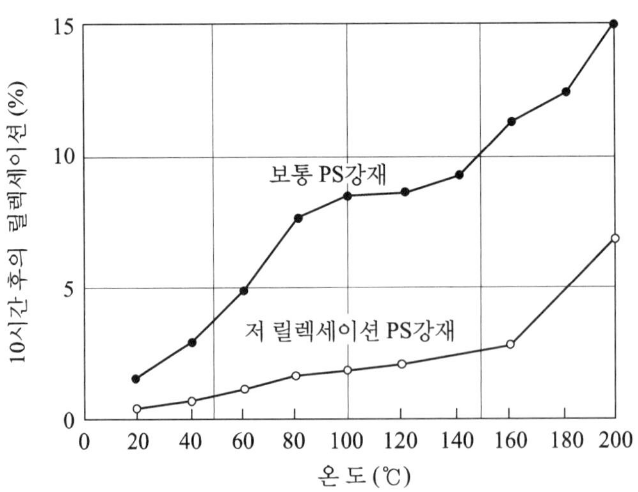

[그림 2.12] 릴랙세이션에 미치는 온도의 영향

릴랙세이션은 고온 하에서는 현저히 증대된다. 그 일례를 [그림 2.12]에 나타내었다. 따라서, 프리텐션부재에서 증기양생 등을 실시하는 경우에는 주의를 요하지만, PCI위원회는 증기양생을 실시하는 부재에서는 초기 긴장시부터 응력 도입시까지의 릴랙세이션 값의 계산치에 [표 2.14]의 계수를 곱하는 것을 제안하고 있다.

표 2.14 증기양생시의 릴랙세이션 증가계수(PCI위원회)

초기인장응력과 항복점 응력의 비*	0.6	0.7	0.8
곱해야 할 계수	2.5	1.9	1.3

*중간값인 때는 직선보간에 의해 구한다.

2.2.3 크리프

PS강재에 인장응력을 작용시키고, 정해진 응력상태로 유지하면 시간의 경과와 더불어 변형률이 증대하는 현상을 크리프라 한다.

일반적으로, 크리프는 PS강재 인장강도의 1/2 정도 이하의 응력수준에서는 발생되지 않지만, 그 이상이 되면 응력수준이 높아질수록 또 고온이 됨에 따라 현저히 증대된다. 종래, PS부재에서는 릴랙세이션 쪽이 문제가 되어 왔지만, 콘크리트 사장교의 PS사재에서는 크리프가 중요한 문제로 된다.

통상의 냉간인발 PS강재의 크리프변형률 실험치의 일례를 [표 2.15]에 나타내었다. 낮은 릴랙세이션재에서는 이 값보다 상당히 작아지는 것으로 알려져 있다.

[그림 2.13]에는 PS강재에 대해서 측정한 크리프와 릴랙세이션의 예를 나타내었다. 일반적으로, 최초에 부여한 인장응력이 클수록 PS강재의 릴랙세이션은 크다. PS강재의 릴랙세이션 값은 PS강선의 릴랙세이션보다 다소 작다.

표 2.15 PS강재의 크리프(20℃, 냉간인발강재)

지속재하응력과 인장강도의 비	0.55	0.60	0.65	0.70
1000시간 후의 크리프변형률(%)	0.006	0.010	0.020	0.040

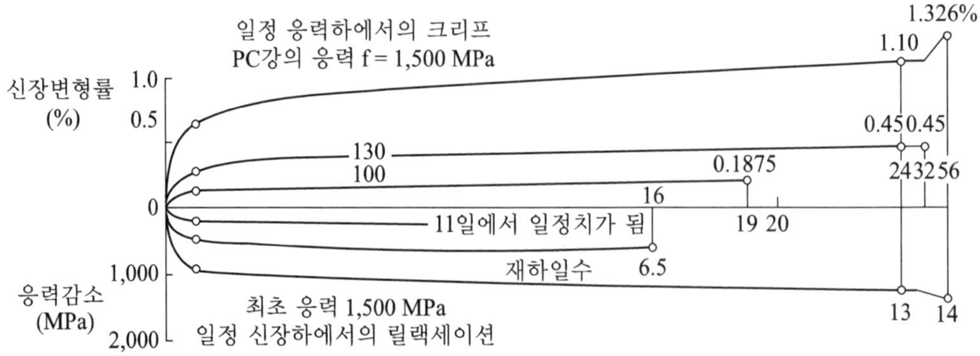

[그림 2.13] PS강재의 크리프와 릴랙세이션

2.2.4 피로강도

(1) PS강선

[그림 2.14]에 각국의 PS강선의 2.0×10^6회 피로강도를 나타내었다. 단면 하연의 인장응력을 ACI기준의 $1.59\sqrt{f_{ck}}$ MPa 이하(II종 PSC)와 $3.18\sqrt{f_{ck}}$ MPa 이하(III종 PSC)

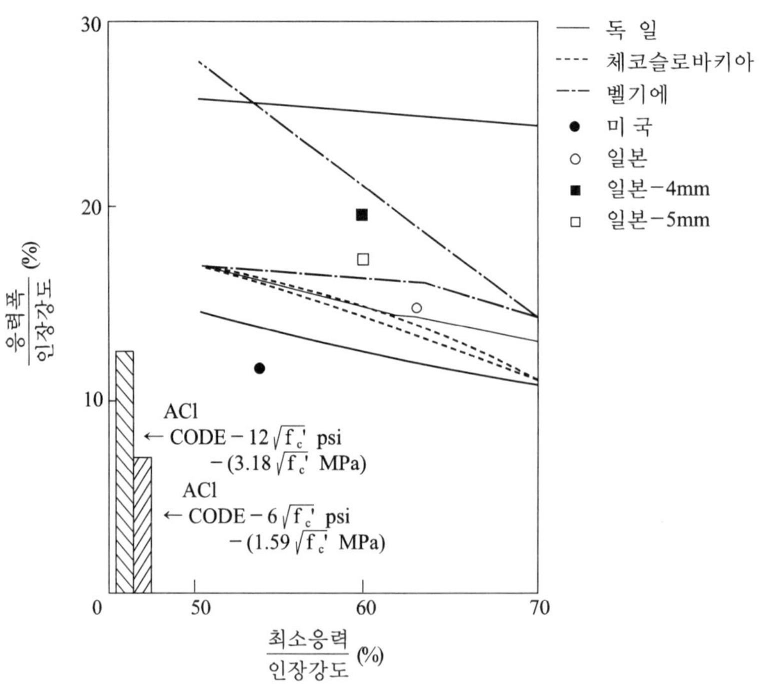

[그림 2.14] PS강선의 2×10^6회 피로강도

로 제한할 때에 발생되어 얻어지는 PS강재의 최대응력진폭이 병기되어 있지만, 후자의 경우라도 피로강도는 실용상 문제가 되지는 않는 것으로 알려져 있다. 그러나, 이형강선에서는 리브장착부의 반경에 따라 피로특성이 현저히 다르기 때문에 주의가 필요하다.

(2) PS강연선

[그림 2.15]에 각국의 PS강연선의 2.0×10^6회 피로강도를 나타내었다. PS강연선의 설계상 허용가능한 응력진폭은 PS강선에 비하면 작아진다. 이는 반복하중하에서 강선 상호간에 마찰이 발생하기 때문으로 알려져 있다. PS강연선에서는 일반적으로 소선(素線) 직경이 증대하면 피로강도가 저하하고, 이형강선을 소선(素線)으로 이용하면 피로강도가 15%정도 감소한다고 한다.

(3) PS강봉

직경 35 mm 이하의 PS강봉에 관한 시험결과에 의하면 최소응력이 인장강도의 60%인 경우의 10^6회 피로강도는 응력진폭에서 인장강도의 10% 이상이지만, 그 피로특성은 PS강연선과 유사한 것으로 알려져 있다. PS강봉에서 스트레스릴리프재는 피로강도가 향상된다.

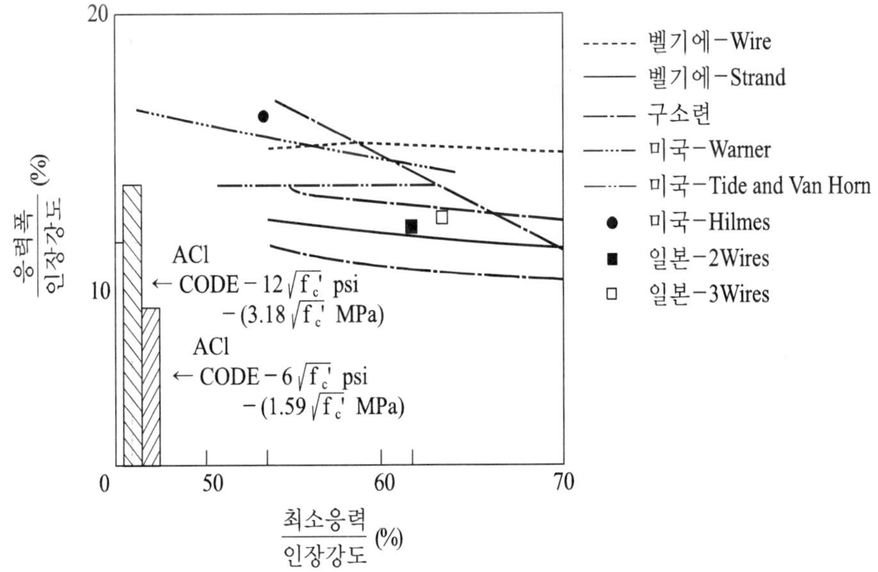

[그림 2.15] PS강연선의 2×10^6회 피로강도

2.2.5 PS강재 특성에 미치는 온도의 영향

PS강재의 제 특성에 미치는 온도의 영향을 [그림 2.16]에 나타내었다. 도시한 바와 같이 저온에서는 취성(脆性)을 보이고, 충격저항 등이 감소한다.

한편, 고온이 되면 강도와 탄성계수가 현저히 감소되어 화재를 받으면 돌연 파단되는 경우가 있다.

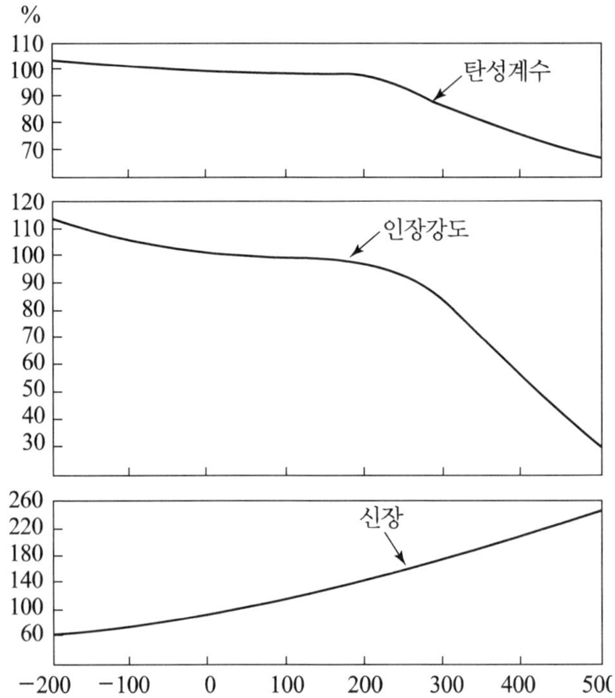

[그림 2.16] PS강재의 제 특성에 미치는 온도의 영향

2.3 기타 재료

2.3.1 철근

KS D 3504 「철근콘크리트용 봉강」에 규정되어 있는 것을 이용한다.

2.3.2 쉬스

포스트텐션방식에서 PS강재를 통하는 관을 쉬스라 하고, 일반적으로는 두께 0.2~0.4 mm의 강제(鋼製)로 표면에 리브를 갖는 파형관을 이용한다.

2.3.3 그라우트

포스트텐션방식에서는 통상 쉬스와 PS강재와의 간극에 다음과 같은 모르타르 또는 시멘트페이스트를 주입하여, PS강재와 부착시킴과 더불어 부식을 방지한다. 이것을 그라우트라 하는데 매우 중요한 작업이다.

① 시멘트 : 통상은 포틀랜드시멘트를 이용한다.

② 골재 · 강도 및 수축을 고려해서 세립의 세골재를 섞는 것이 바람직하다.

③ 물시멘트비 : 적당한 유동성을 갖는 범위내에서 물시멘트비는 가능한 작은 것이 바람직하고, 45% 이하를 표준으로 하고 있다.

④ 혼화재료 : 단위수량을 줄이고, 재료분리를 적게 유동성을 좋게 하기 위해서 감수제를 사용한다. 서중(暑中)에는 지연작용을 겸한 것이 좋다. 충전성을 좋게 하기 위해서, 시멘트 중량의 0.005~0.015%의 알루미늄분말도 첨가한다. 유동성을 개선하는 상에서 플라이애쉬의 혼입도 유효한 것으로 알려져 있다.

2.3.4 접착제

프리캐스트 블록의 접합에 이용하는 접착제로서는 일반적으로 에폭시수지가 이용되고 있다. 그 품질규격의 대략의 표준을 [표 2.16]에 나타내었다.

표 2.16 에폭시 수지계 접착제(교량 거더용)의 품질규격 표준

구분	품질항목	단 위	품질규격	시험조건	양생조건
미경화접착제	외 관	–	유해하다고 인정되는 이물의 혼입이 없고, 재료분리가 생기지 않을 것	–	–
	밀도(g/cm^3)	–	1.2~1.6	상온[1]	–
	점 도	cP	1×10^4~5×10^4	사용시 기준온도[2]	–
	사용가능시간[3]	h	2 이상	사용시 기준온도[2]	–
	흘림최소두께[4]	mm	0.3 이상	사용시 기준온도[2]	–
경화접착제	인장강도	MPa	12.5 이상	재령 7일, 상온[1]	상온[1]
	압축강도	MPa	70 이상	재령 7일, 상온[1]	상온[1]
	접착강도[5]	MPa	6 이상	재령 7일, 상온[1]	상온[1]

(주) 1) 상온이란 20±2 ℃로 한다.

2) 사용시 온도에 따라 여름형, 봄가을형 및 겨울형의 3단계로 나눈 때의 사용시 기준온도는 각각 30±2 ℃, 20±2 ℃ 및 10±2 ℃로 한다.

3) 사용가능시간은 겔화 개시까지의 시간의 70%로 한다.

4) 흘림 최소두께는 연직면에 두께 약 1 mm로 도포된 접착제가 아래 방향으로 흐른 후의 최소두께로 한다.

5) 접착강도는 전단시험에 따라 구한 것으로 한다.

연습문제

2.1 PSC용 콘크리트에 요구되는 성질과 사용재료(시멘트, 골재, 혼화재료)에 대해서 특히 유의하여야 할 점을 기술하시오.

2.2 콘크리트의 크리프에 관한 2대 법칙에 대하여 설명하시오.

2.3 [그림 2.17]과 같이 시간 $t = t_1$에서의 크리프계수가 1.0, 그 극한치($t \rightarrow \infty$)가 2.5인 콘크리트에 $t = t_1$인 때부터 $f_{ck} = 14$ MPa의 압축지속응력을 작용시킨 때의 최종적인 크리프변형률을 구하여라. 단, 콘크리트의 탄성계수 $E_c = 3.0 \times 10^4$ MPa으로 한다.

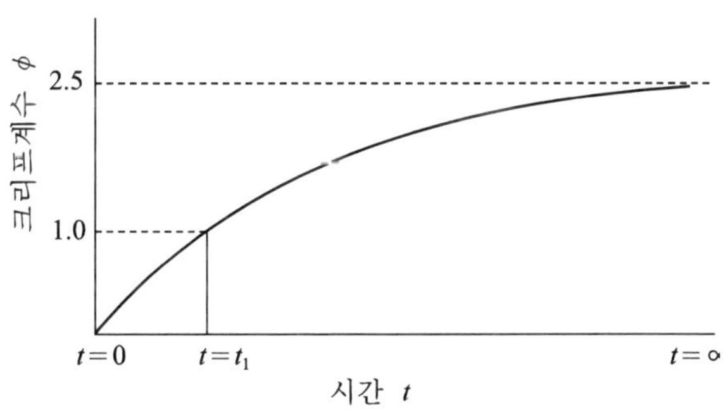

[그림 2.17] 시간경과에 따른 크리프계수

2.4 PS강재로서 필요한 제 성질을 열거하시오.

2.5 PS강재의 종류와 각각의 특징을 간단히 설명하시오.

2.6 PS강재의 릴랙세이션에 대하여 기술하시오.

2.7 포스트텐션방식에서의 그라우트의 역할을 기술하고, 그라우트의 사용재료와 배합에 대하여 간단히 설명하시오.

Chapter 3

프리스트레싱의 방법

3.1 PS강재의 프리스트레스의 도입

프리스트레스트 콘크리트에서 프리스트레스의 도입은 PS강재를 긴장하는 방법에 따라서 다음과 같이 구분된다. 기계적인 방법으로서 잭(jack)을 이용하는 방법, 팽창성 시멘트 등을 이용하는 화학적인 방법, 전기저항에 의한 발열을 이용하는 전기적인 방법 등이 있다. 이 중에서 가장 넓게 이용되고 있는 것은 잭을 이용한 기계적 방법이지만, 다른 방법도 보조적으로 유효하게 적용되고 있다.

3.1.1 기계적 방법

기계적인 방법(mechanical prestressing)이란 잭(jack)을 사용해서 PS강재를 긴장하는 것으로 PS강재를 긴장하여 고정시킬 때는 여러 조건을 만족시켜야 한다. 첫째로 강재를 고정할 때 긴장력의 손실이 없어야 하며, 둘째로 고정 후에도 수시로 긴장력을 조정하여 재 긴장 등을 할 수 있어야 하며, 셋째로 단부의 고정 작업이 쉬워야 하고 고정부의 부속품이 경제적인 것이어야 좋다. 이 방법은 프리텐션 방식 및 포스트텐션 방식에서 가장 보편적으로 쓰이는 긴장방법이다. 프리텐션 방식은 인장대(stressing bed)의 격벽(隔壁)이나 거푸집 자체를 지지대로 하여 긴장하지만, 포스트텐션 방식에서는 경화한 콘크리트를 받침으로 하여 강재를 긴장한다.

3.1.2 화학적 방법

콘크리트에 팽창시멘트를 이용하여 그 팽창을 강재로 구속하면 프리스트레스를 도입할 수 있다. 이것은 케미컬 프리스트레싱(chemical prestressing)이라 불리고, Lossier (프랑스)의 제안에 의한 것으로, 1953년경부터 주로 소련에서 압력관의 제조개발을 목적으로 실행되어 왔다.

실용범위에서 적당한 구속을 부여하면 최대 5 MPa정도의 프리스트레스를 얻을 수 있다. 그러나 콘크리트의 건조수축과 크리프 때문에 프리스트레스를 장기간 지속할 수 없는 점과 팽창 성상이 화학적 및 물리적인 다양한 요인에 의해 현저히 변동되어 부재에 정확한 프리스트레스를 도입하기 어렵고 도입응력에 대한 정확한 관리가 용이하지 않은 점 등이 있어서 넓게 실용화되지 못하고 있다.

3.1.3 전기적 방법

유황이나 저 융점 금속 등으로 피복된 PS강재를 전기로 가열시켜 신장시킨 후에 이를 부재 단부에 고정시키는 방법이다. 소련과 동구유럽에서는 이형 PS 강봉에 3~5분간 전류를 흘려 300~400℃로 가열하고, 이를 고정지주에 정착하여 인장력을 부여하는 프리텐션 방식에 의해 바닥판, 지붕판, 폴 등 제조에 실용화되고 있다. 그러나 큰 인장력을 부여하기 위해서 가열온도를 높이면 PS강재의 특성이 열화되어 재질에 손상이 미치는 문제점이 있어서 실용성에 문제가 있다.

3.2 PS강재의 정착방법

PS강재의 정착방법은 시공상으로 프리텐션 방식과 포스트텐션 방식의 2종류로 분류되며 각각 콘크리트 압축강도 f가 적어도 다음 값 이상이 된 때에 프리스트레스를 도입한다.

$$\text{프리텐션 방식} : f \geqq 1.7 f_{ct} \; (f \geq 35\,\text{MPa}) \tag{3.1}$$

$$\text{포스트텐션 방식} : f \geqq 1.7 f_{ct} \; (f \geq 30\,\text{MPa}) \tag{3.2}$$

여기서, f_{ct} : 도입직후의 최대압축응력

3.2.1 프리텐션 방식

프리텐션 방식에 의한 긴장재의 정착은 다음과 같은 방식으로 한다. PS강재를 [그림 3.1]과 같이 강제(鋼製)지주(支柱)에 긴장 정착하고, 그것을 둘러싼 거푸집 내에 콘크리트를 타설하여 식 (3.1)이상의 강도에 달하면 PS강재단의 정착을 서서히 느슨하게 한 후

절단한다. 그렇게 하여 PS강재와 콘크리트의 부착에 의해 프리스트레스가 도입된다. 정착 판은 한쪽 방향을 고정으로 하고 지주에 직접 설치하며 다른 방향은 [그림 3.1] (a)와 같이 가동으로 하며 PS강선 또는 연선을 정착할 때에는 [그림 3.1] (b)와 같이 쐐기가 사용된다.

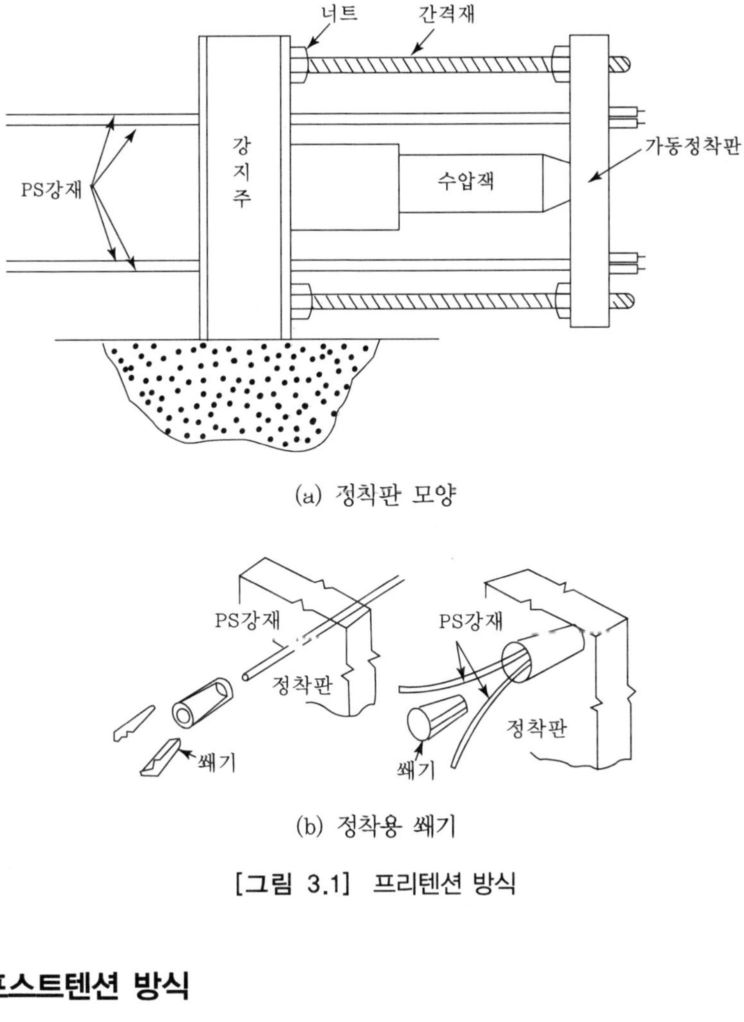

(a) 정착판 모양

(b) 정착용 쐐기

[그림 3.1] 프리텐션 방식

3.2.2 포스트텐션 방식

콘크리트의 압축강도가 식 (3.2)의 값 이상에 도달하면 부재단면의 소정 위치에 배치된 쉬스 관 내의 PS강재를 잭을 이용해 긴장하고 적당한 방법으로 PS 강재단을 정착하는 방식이다. 정착 후에는 일반적으로 PS강재와 쉬스의 간극에 그라우트(grout)를 주입하여 PS강재와 콘크리트를 부착시키기도 하지만 최근에는 내식보호를 실시한 PS강재를 이용하여 그라우트를 생략하는 방법(언본드 공법)도 자주 채택되어 사용된다.

표 3.1 포스트텐션 공법

명 칭	정착방식	PS강재의 종류, 개수, 직경(mm)	케이블의 인장하중(kN)	항복점 하중(kN)
후레시네 (Freyssinet)	쐐기고정 12가닥 1조	PS강선 12-ø5 〃 12-ø7 〃 12-ø8 PS강연선 12-ø12.4 〃 12-ø12.7	4.14 76.2 96.6 195.6 224	36.6 67.2 84.6 166.8 190.8
BBRV	강선 머리 고정	PS강선 7-ø7 〃 16-ø7 〃 24-ø7 〃 34-ø7 〃 55-ø7	41.8 95.5 143.2 202.9 328.2	36.4 83.1 124.6 176.5 285.9
레오바 (Leoba)	정착 강편 루트 고정 쐐기고정	PS강선 12-ø5 〃 8-ø8 〃 16-ø8 PS강연선 16-ø8	38.9 62.3 124.7 124.7	34.1 54.3 108.5 108.5
바우어 레온하르트 (Baur Leonhardt)	콘크리트 상에 루프 고정	PS강연선 ø9.3 ø12.4		1000～5000 (단, 도입값)
디비닥 (Dywidag)	나사 맺음, 너트 고정	PS강봉 ϕ26 (A종 2호) ϕ32 (A종 2호) ϕ26 (B종 2호)	54.5 82.8 62.3	41.5 63.1 49.3
VSL	쐐기 고정 및 정착 강편루프 고정	PS강연선 ø12.4 (1～31가닥) ø12.7	16.3～505 18.7～580	13.9 15.9
SEEE	슬리브를 냉간압출하고 압착하여 정착	PS강선 ϕ4, PS강연선 ϕ9.5, ϕ11.1, ϕ12.7을 조합시킴	51.0～355.3	43.5～302.1
프리로드	시단, 종단을 원형탱크로 고정(탱크에 강선을 감아 붙임)	PS강선, 통상 ϕ5를 현장에서 ϕ4.5로 인발함	2.6	2.1
CCL	각 크기 1개씩 쐐기 고정 또는 모아서 정착	PS강선 ϕ7, PS강연선 각 크기	～1106	-
S/H	연선 3개를 단위로 하여 쐐기고정	PS강연선 ϕ12.7 (3～54가닥)	561～009	-

정착방법에 대해서 국내외에 사용되고 있는 것을 합하면 약 70여종으로 추정되고 있으며 각각 독특한 특징을 가지고 있지만 최근에는 대용량의 PS케이블과 기기개발이 두드러지고 있다.

일반적으로 정착방식으로는 쐐기식, 너트식(버튼헤드) 및 루프식으로 대별된다. 주요한 공법을 [표 3.1]에 나타내었는데 몇 가지 방법을 설명하면 다음과 같다.

(1) 쐐기 정착법

1) 후레시네(Freyssinet) 공법

PS강선 12가닥을 한 묶음으로 하여 [그림 3.2]와 같이 긴장과 쐐기의 압입을 동시에 할 수 있는 후레시네 잭을 이용한다. PS강재를 긴장한 후 모르타르제 쐐기 콘을 정착부 내에 끼워 넣은 쐐기 접수 콘에 눌러 넣어 정착한다. 정착 완료 후는 쐐기 콘 중앙부의 그라우트용 구멍으로부터 그라우트를 주입한다. PS강선 대신에 PS강연선을 사용하고 강제의 정착구를 이용하면 더욱 큰 인장력을 부여할 수 있다.

최근에는 직경 15.2 mm 또는 17.8 mm의 굵은 직경 PS강연선을 수십 가닥 모아 한 묶음으로 하면 인장강도 15,000 kN 정도의 케이블 긴장도 가능하다.

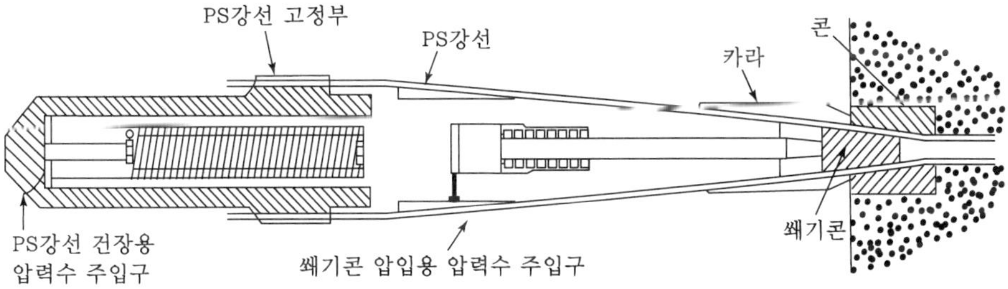

[그림 3.2] 후레시네 공법

2) CCL공법

PS강선 ϕ7 mm와 PS강연선을 1가닥씩 긴장하고 쐐기로 정착하는 방법으로서 소형 잭을 사용할 수 있어서 작업성이 양호하다. 다수의 PS강선을 동시에 긴장하는 방법도 있고 19개 가닥으로 꼬아 묶은 것도 있으며 ϕ17.8 mm를 28가닥 모은 것은 11,000 kN 정도의 인장강도를 발휘한다.

3) VSL공법

PS강연선을 이용하여 ϕ12.4 mm 또는 ϕ12.7 mm의 것을 1~31가닥 묶어 긴장한 후에 [그림 3.3]과 같은 앵커헤드와 글리퍼의 쐐기작용에 의해 정착한다. 최근에는 55가닥을 한 묶음으로 한 인장강도 10,300 kN의 케이블도 사용할 수 있어서 ϕ15.2 mm, ϕ17.8 mm, ϕ20.3 mm, ϕ21.8 mm 등의 굵은 직경 PS강연선의 사용도 실용화되고 있다.

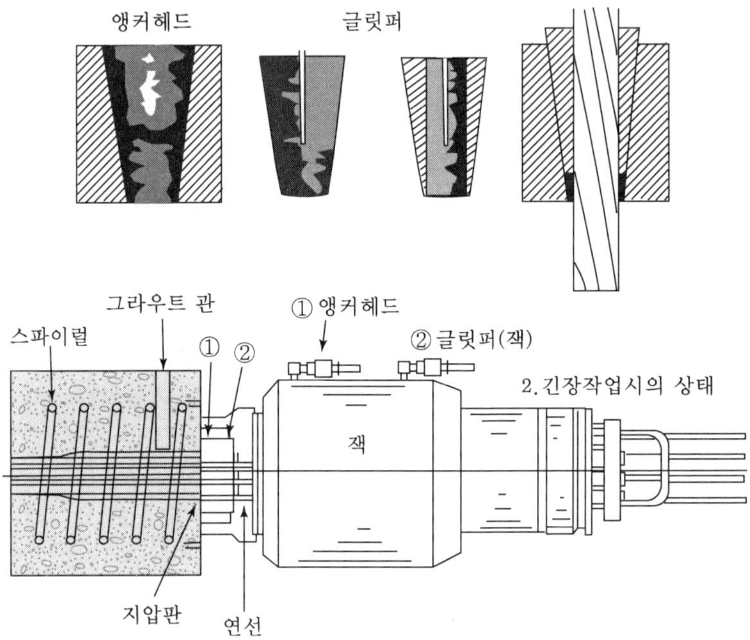

[그림 3.3] VSL공법

4) S/H공법

ϕ12.7 mm의 PS강연선을 3가닥 1조로 하여 [그림 3.4]와 같이 쐐기로 정착하는 방법이다. PS강연선의 가닥수는 3~54가닥 범위에서 사용할 수 있고 최대로 인장강도 10,000 kN 정도의 케이블이 된다.

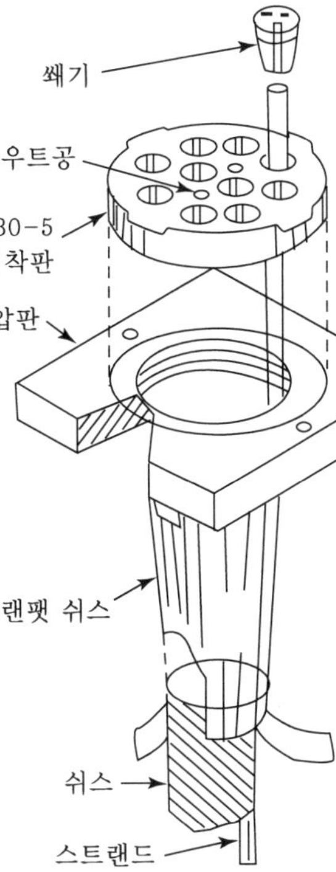

[그림 3.4] S/H공법

(2) 너트 정착법

1) BBRV공법(스위스)

[그림 3.5]와 같이 원통형 정착체 내에 버튼헤드가공을 실시한 통상 ϕ7 mm의 PS강선을 통해 정착체 내의 내부 나사부에 끼워 넣은 텐션로드를 센터홀 잭으로 긴장한 후, 외부나사부의 너트로 정착한다. 현재는 PS강선 가닥수를 늘려서 약 15,000 kN의 인장강도를 갖는 케이블도 마련되어 있다.

[그림 3.6]과 같이 케이블을 폴리에틸렌관으로 피복하고 앵커헤드부에 에폭시수지를 주입한 HiAm 및 DINA앵커라 불리는 것으로서 피로저항과 내식성이 매우 뛰어나고 고긴장이 가능한 정착장치도 최근 개발되어 있다. 이들은 PSC사장교의 케이블이나 언본드공법의 정착부에 유효하다.

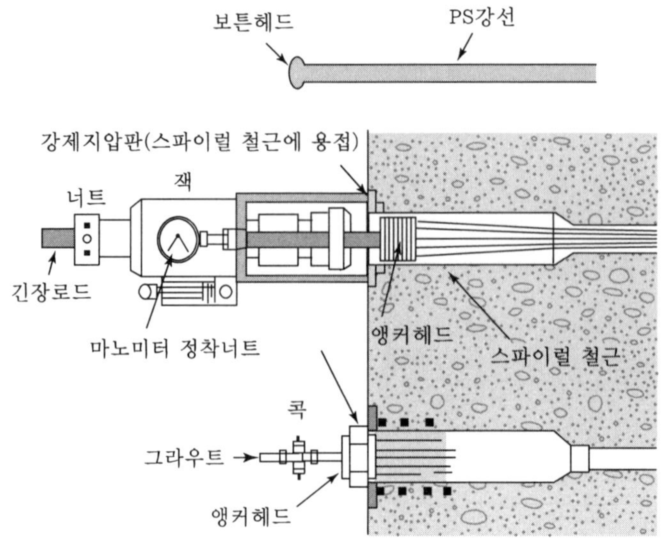

[그림 3.5] BBRV공법

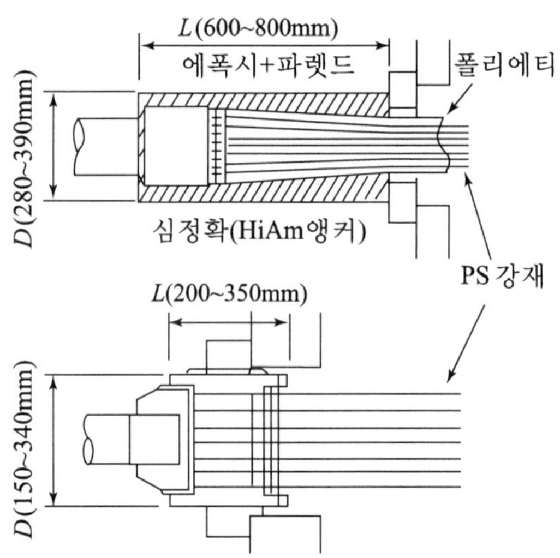

[그림 3.6] HiAm 및 DINA앵커

2) 디비닥(Dywidag)공법 (독일)

이 공법의 특징은 PS 강봉을 이용하는 점이며, 강봉 단부의 나사 돌림조 부분에 강제(鋼製)너트를 끼워 넣어 정착한다. 이 공법에서는 일시 정착 후, 이음(커플러)을 이용하여 PS 강봉을 용이하게 연장할 수 있기 때문에 캔틸레버보 가설공법에 최적으로 사용된다.

3) SEEE공법

통상은 7가닥 PS강연선에 더하여 7가닥 또는 19가닥 묶어 합쳐, [그림 3.7]과 같이 그 단부에 맨션이라 부르는 강제(鋼製) 슬리브를 끼워 냉간으로 외부로부터 압착한 후, 그 외측에 나사맺음가공을 하여 너트로 정착하는 방법이다.

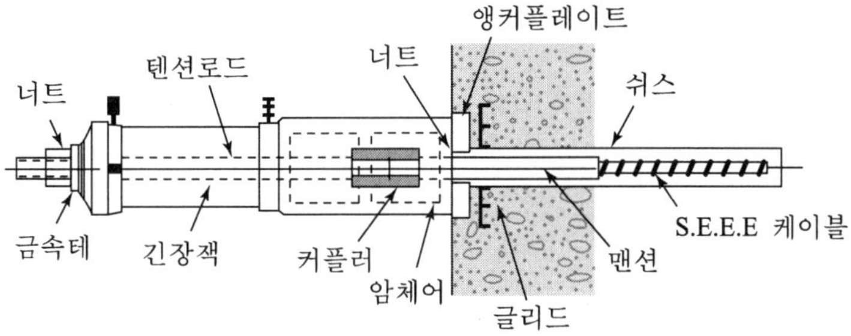

[그림 3.7] SEEE공법

(3) 루프식 정착법

1) 바우어 레온하르트(Baur-Leonhardt)공법(독일)

[그림 3.8]과 같이 부재 양단에 PS강재를 루프형 또는 부채형으로 정착한 가동블록을 만들고, 부재와 블록의 간극에 잭을 삽입해서 눌러 넓혀 콘크리트를 충전한다. 콘크리트가 경화한 후 잭을 제거하면 프리스트레스가 도입된다.

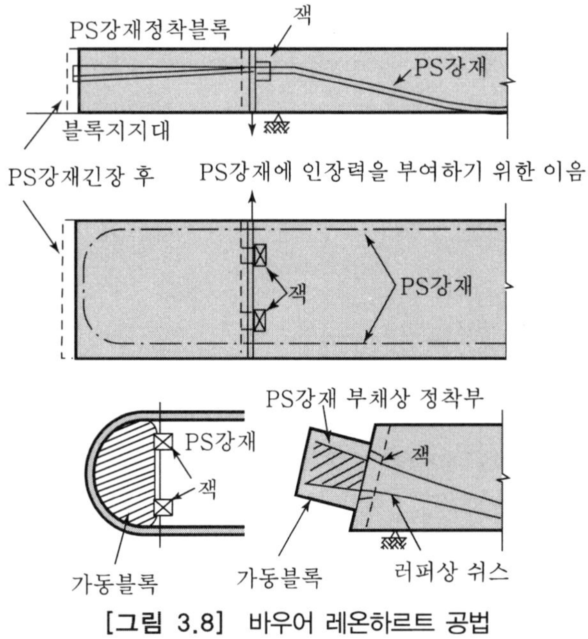

[그림 3.8] 바우어 레온하르트 공법

이 밖에 PS강선을 강제(鋼製)블록에 U형으로 걸어 블록에 끼워 넣은 강봉을 긴장하고, 공간에 그라우트를 주입해서 정착하는 레오바 공법도 있다.

(4) 기타 공법

1) 와이어 와인딩공법

탱크 등의 원형 구조물에 PS강선 또는 PS강연선을 긴장하면서 감아 붙여 가는 공법으로, 다이스를 통해 인발하면서 감아 붙이는 프리로드방식과 PS강재의 송출속도와 감아 붙임기의 이동속도와의 차에 의해 신장(伸張)을 부여하여 긴장하는 방법이 있다.

2) 프리플렉스(preflex)공법

강재보에 소정의 솟음(camber)을 갖도록 미리 제작하여 보의 1/4점에 프리플렉션 하중(preflexion load)재하를 실시한다. 하중의 크기는 설계하중 정도이며 잭에 의해서 주어진다. 재하된 상태에서 보의 하부 플랜지에 콘크리트를 타설해서 소정의 강도에 도달했을 때 프리플렉션 하중을 제거함으로써 프리스트레스를 도입하여 프리플렉스 보(preflex beam)를 제조한다. 소정한 위치에 보를 가설하고 슬래브 콘크리트를 쳐서 합성시킨다.

보의 높이가 제한되거나. 공간의 확보가 필요한 교량 over-bridge등에 유용하게 적용된다.

예제 3.1

프리텐션 공법의 장 · 단점을 쓰시오.

풀 이

① 장점
- 대량 생산이 가능한다.
- 공장제품이므로 품질 관리가 용이하다.
- 부착력만으로 긴장력이 전달되므로 쉬스 등과 같은 자재가 필요없다.

② 단점
- 강재의 곡선 배치가 어려워 대형 구조물제작에는 부적당하다.
- 부재의 단부에는 소정의 긴장력이 도입되지 않으므로 설계에 주의해야 한다.

예제 3.2

PS강재의 정착 공법 종류는 무엇인가?

풀이

① 쐐기식 공법 : 프레시네 공법, VSL 공법, CCL 공법 등
② 지압식 공법 : 리벳머리식(BBRV 공법), 지압식(디비닥공법, Lee-McCall 공법)
③ 루프식 공법 : Leoba 공법, Baur-Leonhardt 공법

예제 3.3

PS강재의 긴장 방법에 대해서 쓰시오.

풀이

① 기계적 방법 : 잭(jack)을 이용한 방법으로 프리텐션공법과 포스트텐션 공법이 있음.
② 화학적 방법 : 팽창 시멘트를 이용한 방법
③ 전기적 방법 : 전기를 이용한 방법
④ 프리플렉스 방법 : 미리 솟음(camber)을 준 강재 빔을 이용한 방법

연습문제

3.1 포스트텐션 방식의 정착공법을 분류하고, 각각에 대하여 대표적인 것을 들고 설명하시오.

3.2 프리스트레스를 도입할 때의 콘크리트 압축강도에 대한 규정을 설명하시오.

Chapter 4

프리스트레스의 손실

4.1 개요

콘크리트에 프리스트레스를 도입하기 위하여 PS 강재에 준 긴장력은 여러 가지 원인으로 인해 프리스트레싱 직후와 시간의 경과에 따라 긴장력이 감소한다. 즉, 초기 PS 강재에 실시한 긴장력이 여러 가지 원인으로 인해 감소되는 현상을 프리스트레스의 손실(loss of prestress) 또는 프리스트레스의 감소(reduction of prestress)라 한다. 프리스트레스의 손실 종류는 다음과 같이 분류하여 정의할 수 있다.

– 프리스트레싱 직후의 일어나는 손실

① 정착장치에서의 활동(anchorage slip 또는 anchorage set)에 의한 손실
② 긴장재와 쉬스 사이의 마찰에 의한 손실
③ 콘크리트의 탄성수축(탄성단축, elastic shortening)에 의한 손실

– 프리스트레싱 후 시간 경과에 따라 일어나는 손실

④ 콘크리트의 크리프(creep)에 의한 손실
⑤ 콘크리트의 건조수축(shrinkage)에 의한 손실
⑥ PS 강재의 릴랙세이션(relaxation)에 의한 손실

이러한 손실들은 많은 요인들에 의해 영향을 받으며, 이러한 각 손실에 대한 관계식들은 경험적인 방법에 의해 산정되었으므로 국내의 관련학회에 따라 달리 규정되어 있다. 따라서 본 교재에서는 국내의 설계기준을 참조로 하여 손실에 대한 규정을 기술하고자 한다. 또한 정밀한 손실량의 결정은 구조물 시공시의 많은 요인들이 작용하기 때문에 매우 어렵다. 본 교재에서는 일반적으로 설계되어지고, 평균적인 조건으로 실행한 경우에 대해 기술한다.

초기 프리스트레싱 힘을 적용한 콘크리트 부재는 대략 5년동안 발생되는 손실만을 고려하여도 구조적으로 안전하다는 것이 일반적인 견해이다. 콘크리트에 프리스트레스가 작용할 때에 발생되는 부재응력과 여러 하중에 의해 발생되는 응력을 조합하는 단계별 프리스트레싱의 응력수준을 결정하는 것이 중요하다. 이때 프리스트레싱에 의한 응력은 유효응력을 기준으로하며, 이 응력은 프리스트레싱에 의한 부재의 총 응력에서 응력손실을 제외한 것이다. 본 장에서는 이때 발생되는 응력손실의 종류와 산정방법에 대해 기술한다.

정착장치의 활동(anchorage slip)으로 인한 손실, PS 강재와 쉬스 사이의 마찰로 인한 손실, 콘크리트의 탄성수축으로 인한 손실등과 같이 프리스트레스를 도입 직후 일어나는 손실을 즉시손실(instaneous loss) 또는 즉시감소라고 하며, 콘크리트의 크리프로 인한 손실, 콘크리트의 건조수축으로 인한 손실, PS 강재의 릴랙세이션(relaxation)으로 인한 손실등과 같이 프리스트레스 도입 후에 일어나는 손실은 시간경과 후에 일어나므로 시간적 손실(time dependent loss) 또는 시간적 감소라고 한다.

프리스트레스의 즉시손실은 재킹 힘(jacking force)이 P_j에서 P_i로 감소한다. 여기서 P_j는 긴장재 끝에서 최초에 긴장재에 준 인장력이고 P_i는 즉시손실 후의 인장력이다. P_i는 즉시감소 후의 긴장재가 받는 인장력이므로 초기 프리스트레스 힘(initial prestress force) 이라고 한다.

콘크리트의 크리프, 건조수축, PS 강재의 릴랙세이션(relaxation)에 의한 시간적 손실이 모두 끝난 후의 최종적으로 긴장재에 작용하는 인장력을 유효 프리스트레스의 힘(effective prestress force) 이라고 하며, 기호 P_e로 나타낸다. 프리스트레스의 총 손실 즉, 즉시손실과 시간적 손실을 합한 총 손실량은 최초에 긴장재에 재하한 인장력의 약 20~35%의 범위이내에 있다. PSC 부재의 콘크리트 응력계산 시 초기 프리스트레스의 힘(P_i)과 유효 프리스트레스의 힘(P_e)의 관계가 중요하며 식 (4.1)과 같이 나타낼 수 있다.

$$P_e = R \cdot P_i \tag{4.1}$$

여기서, R은 유효 프리스트레스의 힘과 초기 프리스트레스의 힘의 비로 유효율(effectiveness ratio)이라고 하며 식 (4.2)로 나타낼 수 있다.

$$\frac{P_i - P_e}{P_i} = 1 - R \tag{4.2}$$

여기서, P_i : P_j에서 도입직후의 손실을 뺀 PS 강재의 인장력

P_e : P_j에서 전체 손실을 뺀 PS 강재의 인장력

R : 0.80 (프리텐션 방식), 0.85 (포스트텐션 방식)

프리텐션 방식에서 유효율의 값을 작게 취하는 것은 프리텐션 방식이 포스트텐션 방식보다 콘크리트타설 후에 비교적 빠른 시기에 프리스트레스를 도입하므로 포스트텐션 방식보다 강선긴장시의 콘크리트 재령이 낮으므로 콘크리트의 크리프, 건조수축이 크게 발생하기 때문이다.

손실의 발생시점 및 종류를 [표 4.1]에 정리하였다. [표 4.1]에 나타내었듯이 프리스트레스의 총 손실은 프리텐션과 포스트텐션으로 분류하여 계산할 수 있으며 포스트텐션 방식에서는 여섯 가지의 프리스트레스의 감소원인으로 인해 인장응력이 감소하며 프리텐션 방식일 경우 쉬스관이 존재하지 않으므로 PS 강재와 쉬스 사이의 마찰손실은 해당되지 않는다.

표 4.1 프리스트레스 손실의 종류 및 발생단계

프리스트레스 손실의 종류		발생단계		기호
		프리텐션 부재	포스트텐션 부재	
즉시손실	정착장치의 활동(s)	콘크리트 긴장 도입시	콘크리트 긴장 도입시	Δf_{ps}
	마찰(f)	–	PS강재 긴장시	Δf_{pf}
	콘크리트의 탄성수축(el)	콘크리트 긴장 도입시	단계별 긴장시	Δf_{pel}
시간적손실	콘크리트의 크리프(cr)	콘크리트 긴장 도입 후	콘크리트 긴장 도입 후	Δf_{pcr}
	콘크리트의 건조수축(sh)	콘크리트 긴장 도입 후	콘크리트 긴장 도입 후	Δf_{psh}
	PS강재의 릴랙세이션(r)	PS강재 긴장 도입 후	PS강재 긴장 도입 후	Δf_{pr}
합계		전 수명기간	전 수명기간	Δf_{pt}

(1) 프리텐션 부재

프리텐션 부재에서의 총 손실 응력은 식 (4.3)과 같이 표현할 수 있으며 이때 총 손실량은 각각의 손실량을 합한 값이 있다.

$$\Delta f_{pt} = \Delta f_{pel} + \Delta f_{ps} + \Delta f_{pr} + \Delta f_{pcr} + \Delta f_{psh} \tag{4.3}$$

여기서, Δf_{pt} : 총 손실량

Δf_{pel} : 탄성수축에 의한 손실량

Δf_{ps} : 정착장치 활동에 의한 손실량

Δf_{pr} : 릴랙세이션에 의한 손실량

Δf_{pcr} : 크리프에 의한 손실량

Δf_{psh} : 건조수축에 의한 손실량

이때 f_{pi}를 초기 프리스트레스 응력이라 하고, f_{pj}는 재킹에 의한 힘이 콘크리트에 도입되었을 때의 응력이라 하면, 식 (4.4)와 같은 식이 성립하고, f_{pe}를 유효프리스트레스 응력이라 할 경우에는 식 (4.5)가 성립한다.

$$f_{pi} = f_{pj} - \Delta f_{pel} - \Delta f_{ps} \tag{4.4}$$

$$f_{pe} = f_{pi} - \Delta f_{pr} - \Delta_{pcr} - \Delta f_{psh} \tag{4.5}$$

(2) 포스트텐션 부재

포스트텐션 부재에서의 총 손실량은 식 (4.6)과 같이 나타낼 수 있다.

$$\Delta f_{pt} = \Delta f_{ps} + \Delta f_{pf} + \Delta f_{pel} + \Delta f_{pr} + \Delta f_{pcr} + \Delta f_{psh} \tag{4.6}$$

식 (4.6)에서 Δf_{pel}는 긴장재를 순차적으로 재킹되었을 때만 적용할 수 있고, 긴장재를 동시에 재킹하였을 경우에는 적용되지 않는다. 포스트텐션방식의 경우도 프리텐션방식과 동일하게 f_{pi}를 초기 프리스트레스 응력이라 하고, f_{pj}는 재킹에 의한 힘이 콘크리트에 도입되었을 때의 응력이라 하면, 식 (4.7)과 같은 식이 성립하고, f_{pe}를 유효프리스트레스 응력이라 할 경우에는 식 (4.8)이 성립한다.

$$f_{pi} = f_{pj} - \Delta f_{pel} - \Delta f_{ps} - \Delta f_{pf} \tag{4.7}$$

$$f_{pe} = f_{pi} - \Delta f_{pr} - \Delta f_{pcr} - \Delta f_{psh} \tag{4.8}$$

식 (4.4)와 식 (4.7)을 비교해 볼 경우 마찰에 의한 응력손실(Δf_{pf})이 강선 긴장방법에 의해 결정되므로 설계자는 강선 긴장방법에 따라 초기응력을 결정하여야 한다.

4.2 프리스트레스의 즉시손실

정착장치에 활동으로 인한 손실, PS 강재와 쉬스사이의 마찰로 인한 손실, 콘크리트의 탄성수축으로 인한 손실 등이 프리스트레스의 즉시손실에 해당된다. 이 장에서는 프리스트레스의 즉시손실을 일으키는 종류들의 산정방법 및 특성에 대해 서술하기로 한다.

4.2.1 정착장치의 활동으로 인한 손실

PS 강재를 긴장하여 부재의 정착하기 위하여 정착장치를 사용하는데 이때 PS 강재가 활동하거나 정착장치가 변형되어서 PS 강재의 인장력이 감소하는데 이를 정착장치의 활동으로 인한 손실이라고 한다. 정착장치의 활동으로 인한 손실은 콘크리트 부재가 포스트텐션 방식의 부재 또는 프리텐션방식의 부재에 따라 다르게 산정되며, 정착장치의 종류가 쐐기식 정착장치, 지압식 정착장치의 따라 그 손실량이 다르므로 설계자는 미리 활동량을 조사하여 그 값을 가정 후, 인장력의 감소량과 그 영향범위를 검토하여야 한다.

포스트텐션의 경우 정착장치의 종류는 쐐기식과 지압식등이 있으며 쐐기식 정착장치의 경우 긴장재가 약 3~6 mm 정도 미끄러져 들어감으로써 인장력의 손실이 발생하며, 지압식 정착장치의 경우 정착시 정착판이 약 1 mm 정도의 변형을 일으킴으로써 인장력이 감소한다. 이러한 현상은 프리텐션 방식에서도 비슷한 양상을 나타내고 있다. 즉, 프리텐션의 경우 인장력이 잭(jack)으로부터 고정지주에 전달될 때 긴장재의 정착장치에서 활동으로 인한 손실이 발생한다. 그러나 이러한 정착장치의 활동으로 인한 손실량은 긴장시 초과긴장(overstressing)을 실시함으로써 보정할 수 있다.

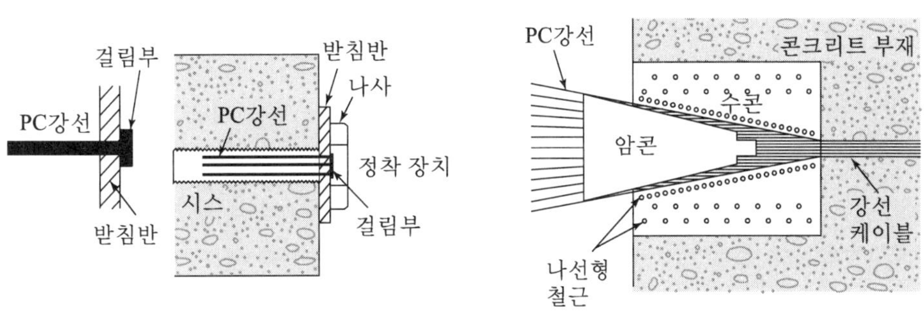

BBRV 공법　　Freyssint 공법

[그림 4.1] 정착장치의 종류(지압식, 쐐기식)

정착장치의 활동으로 인한 손실은 정착 방식과 정착장치의 종류별로 다소 차이를 나타내지만 PS 강재와 쉬스 사이의 마찰 유무에 따라서도 다소의 차이를 나타낸다.

(1) PS 강재와 쉬스 사이에 마찰이 없는 경우

프리텐션 방식의 경우와 같이 PS 강재와 쉬스관 사이에 마찰이 없는 경우 정착장치의 활동으로 인한 인장력(引張力)의 감소는 식 (4.9)를 이용하여 산정할 수 있으며, 포스트텐션방식에서도 PS강재와 쉬스관 사이에 마찰이 없다고 가정되는 경우 식 (4.9)를 이용하여 정착장치의 활동으로 인한 손실량을 산정할 수 있다. PS강재와 쉬스관 사이에 마찰이 없다고 가정되는 경우는 설계자가 판단하여 결정하여야 하며, 다음과 같은 경우 일반적으로 해당된다.

– 프리텐션 방식의 경우처럼 PS 강재와 쉬스사이에 마찰이 없는 경우

- 포스트텐션 방식의 경우라도 그리스(grease)등을 발라서 긴장재가 매끄럽거나 마찰이 작은 플라스틱 쉬스(plastic sheath)에 긴장재가 수용되어 있는 경우
- 쉬스의 곡률과 파상(波狀)의 영향이 적어서 마찰을 무시할 경우

$$\Delta P = A_p \cdot E_p \cdot \frac{\Delta l}{l}, \quad \Delta f_{ps} = E_p \cdot \frac{\Delta l}{l} \tag{4.9}$$

여기서, ΔP : 긴장재의 인장력의 감소량

A_p : 긴장재의 단면적

E_p : 긴장재의 탄성계수

Δl : 정착장치에서 긴장재의 활동량

l : 긴장재의 길이

Δf_{ps} : 긴장재 응력의 감소량$\left(= \dfrac{\Delta P}{A_p}\right)$

식 (4.9)는 긴장재의 전길이에 활동이 균등하게 작용한다는 가정에 근거를 둔 것이다. 따라서 긴장재의 전 길이에 인장력의 감소량은 균등하며, 긴장재의 길이에 역 비례한다. 그러므로 긴장재의 길이가 매우 짧을 경우 매우 큰 활동손실을 나타내지만, 긴장재의 길이가 긴 경우는 활동으로 인한 인장력의 감소는 그다지 크지 않다.

– PS 강재와 쉬스 사이에 마찰이 있는 경우

포스트텐션 방식의 경우 PS 강재와 쉬스 사이에 마찰이 있는 경우는 정착부의 활동

손실이 마찰이 없는 경우와는 전혀 다르다. 강선 긴장시 강선의 이동방향은 강선 긴장방향이나, 긴장된 강선을 정착할 경우 강선 긴장방향과 반대 방향으로 강선이 이동하는 경향이 있다. 이 경우 마찰방향도 서로 반대의 방향으로 작용하기 때문에 정착장치의 활동으로 인한 인장력(引張力)의 손실은 잭(jack)을 접속한 정착 장치 근처, 즉 인장단에서 가까운 부위에 한정되며, 인장단에서 멀어지면 반대 방향으로 마찰력이 작용하므로 그 영향은 거의 미치지 않는다. 이와 같이 긴장재와 쉬스 사이에 마찰이 있는 경우 정착장치의 활동으로 인한 인장력의 감소는 다음과 같은 방법으로 계산할 수 있다.

[그림 4.2]는 인장단에서 정착장치의 활동으로 인한 긴장재의 인장력변화를 나타내고 있는 것으로 정착단에서는 마찰력이 없으므로 활동손실이 지배하고, 정착단에서 부재의 중심부로 이동할 경우 활공에 의한 손실이 마찰에 의한 손실로 감소하는 경향을 나타낸다. 강선의 응력변화는 a'-b-c로 변화되는 것을 알 수 있다. 즉, 강선의 손실량은 정착단에서 l_{set} 만큼 떨어진 지역에서 가장 적게 나타남을 알 수 있으며, 이러한 응력손실의 산정량은 도해법으로 산정해도 무관하다고 국내의 시방서(「도로교 설계기준, 2005」)에서는 기술하고 있다. 이 경우 긴장재와 쉬스사이의 마찰은 긴장시와 정착시가 동일하다고 가정한다.

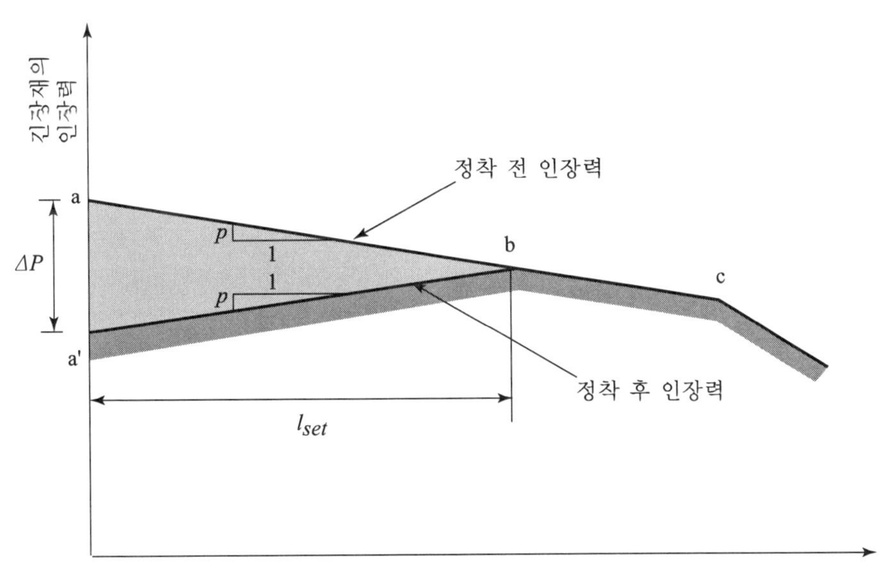

[그림 4.2] 정착장치의 활동이 인장력에 미치는 영향

도해법에 의한 산정방법을 다음과 같이 기술하고자 한다. [그림 4.2]에서 나타내고 있는 정착부에서 정착장치의 활동으로 인해 영향을 받는 긴장재의 길이(l_{set})는 마찰손실의 함수로 표시한다. 즉 마찰손실계수(p)가 클수록 긴장재 길이(l_{set})는 작아진다. 또한 이것은 정착장치의 활동으로 긴장재의 단축(Shortening)과 같다. 마찰이 없는 경우에는 활동으로 인한 이동량이 전길이에 걸쳐 발생하나, 마찰이 있는 경우 이러한 이동량을 제어하므로 정착부 일부 구간에서만 활동이 발생한다. 이 단축량은 [그림 4.2]의 삼각형의 음영부분의 면적에 비례한다. 따라서, 정착장치의 활동량 Δl은 식 (4.10)과 같이 계산할 수 있다.

$$\Delta l = \frac{0.5 \cdot \Delta P \cdot l_{set}}{A_p \cdot E_p} \tag{4.10}$$

식 (4.10)에서 l_{set}는 [그림 4.2]에서 나타내고 있으며 p는 긴장재의 단위 길이에 대한 마찰손실이고 ΔP는 인장력의 손실이다. 식 (4.10)에서 인장력의 손실 ΔP는 다음 식 (4.11)과 같이 계산할 수 있다.

$$\Delta P = 2 \cdot p \cdot l_{set} \tag{4.11}$$

식 (4.10)과 식 (4.11)을 이용하여 정착부에서 정착장치의 활동으로 인해 영향을 받는 긴장재의 길이(l_{set})는 식 (4.12)와 같이 계산할 수 있다.

$$l_{set} = \sqrt{\frac{\Delta l \cdot A_p \cdot E_p}{p}} \tag{4.12}$$

여기서, l_{set}과 ΔP가 결정되면, 도해법에 의해 정착단에서 떨어진 길이에 대해 마찰을 고려한 정착장치의 활동에 의한 손실응력을 산정할 수 있다.

4.2.2 긴장재와 쉬스 사이의 마찰로 인한 손실

포스트 텐션부재에 있어서 강선을 일단 긴장하거나 양단 긴장시 긴장재는 쉬스와의 마찰로 인해 긴장시의 인장력보다 실질적으로 적게 도입된다. 이러한 인장력의 손실을 긴장재와 쉬스의 마찰로 인한 손실이라 평가하며, 이러한 손실은 곡률효과에 의한 손실과 파상효과에 의한 손실로 구분되며 손실의 크기는 합쳐서 산정한다. 즉, 긴장재와 쉬스 사이의 마찰로 인한 손실은 긴장재의 각도 변화에 의한 손실과 PS 강재의 길이의 영향에 의한 손실 두 가지로 분류할 수 있으며, [그림 4.3]에 나타낸 것처럼 PS 강재의 길이의

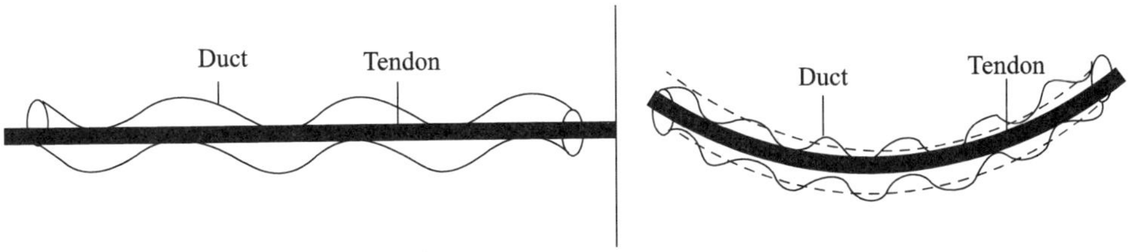

[그림 4.3] 파상효과에 의한 손실

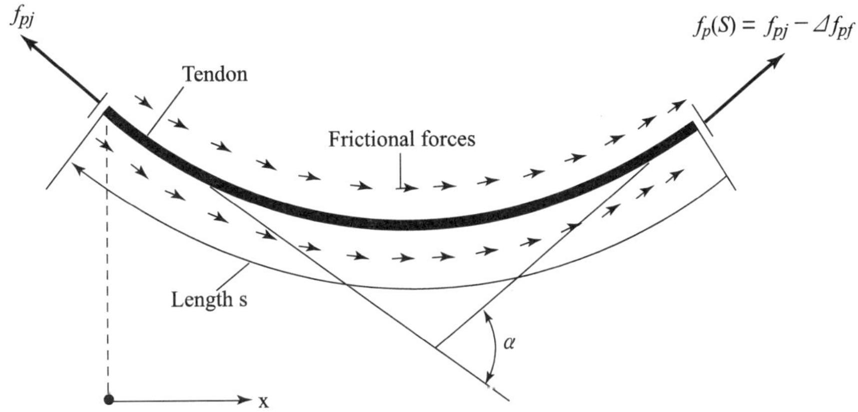

[그림 4.4] 곡률마찰에 의한 손실

영향으로 인한 손실을 파상마찰(wobble friction)로 인한 손실이라 하고, [그림 4.4]와 같이 긴장재의 각도 변화에 의한 손실을 곡률마찰(curvature friction)로 인한 손실이라고 한다.

마찰 응력손실 부의 한쪽 끝에서 재킹하면 끝에서 멀어짐에 따라 가장 큰 값이 나온다는 것이 명확히 알려졌다. 그러므로 보의 지간을 따라 직선적으로 특별한 위치에 삽입한다면 마찰 손실은 매우 다양하고 이것들의 계산은 「도로교 설계기준, 2005」 에 의하면 다음과 같이 산정할 수 있다.

$$P_x = P_o e^{-(kl_x + \mu\alpha)} \tag{4.13}$$

$(kl_x + \mu\alpha)$가 0.3보다 크지 않으면, 다음의 근사식을 사용해도 좋다.

$$P_x = P_o(1 - kl_x - \mu\alpha) \tag{4.14}$$

여기서, P_o : 인장단에서의 긴장재의 인장력

P_x : 임의의 점 x에서의 인장력(N)

μ : 곡률마찰계수(μ/radian)

k : 파상마찰계수(k/m)

곡률 계수에 파상 계수를 첨가하면

$$F_2 = F_1 e^{-\mu\alpha - kL} \quad (4.15)$$

또는 응력의 관점에서

$$f_2 = f_1 e^{-\mu\alpha - kL} \quad (4.16)$$

응력 Δf_{pf}의 마찰 손실은

$$\Delta f_{pf} = f_1 - f_2 = f_1(1 - e^{-\mu\alpha - kL}) \quad (4.17)$$

구부러진 부분의 시작과 끝부분 사이의 프리스트레스 힘의 변화가 작다고($\cong 15\%$) 가정하면, 식 (4.17)은 식 (4.18)과 같은 근사식으로 표현되며, $\mu\alpha + kL \leq 0.3$의 범위에서 사용될 경우 식 (4.17)의 정밀식을 사용한 결과와 거의 유사한 마찰 손실값을 계산할 수 있다.

$$\Delta f_{pf} = -f_1(\mu\alpha + kL) \quad (4.18)$$

이처럼 마찰손실에 관계되는 계수 μ와 k를 곡률계수(curvature coefficient)와 파상계수(wobble coefficient)라고 한다. μ(곡률계수)와 k(파상계수)의 값은 시험에 의하여 구하는 것이 원칙이지만, 시험을 할 수 없을 경우에는 [표 4.2]를 이용하여도 좋다.

표 4.2 파상마찰계수(k)와 곡률마찰계수(μ) 「콘크리트 구조설계 기준, 도로교 설계기준」

		PS강재의 종류	파상마찰계수 k(1/m)	곡률마찰계수 μ(1/radian)
금속쉬스내에 부착된 긴장재		PS강선	0.0033~0.0050	0.15~0.25
		PS강봉	0.0003~0.0020	0.08~0.30
		PS강연선	0.0015~0.0066	0.15~0.25
부착되지 않은 긴장재	수지, 방수, 피복	PS강선	0.0033~0.0066	0.05~0.15
		PS강연선	0.0033~0.0066	0.05~0.15
	그리스로 미리 도포된 경우	PS강선	0.0010~0.0066	0.05~0.15
		PS강연선	0.0010~0.0066	0.05~0.15

4.2.3 콘크리트의 탄성수축으로 의한 손실

콘크리트 부재에 프리스트레싱이 도입되었을 때 콘크리트도 프리스트레싱 힘에 의해 어느 정도의 수축이 발생된다. 이때 콘크리트와 일체화된 강선 또한 동시에 단축되고, 강선의 수축으로 인해 강선에는 응력손실이 발생한다. 이러한 응력 손실을 콘크리트 탄성변형(elastic shortening of concrete)에 의한 손실이라 하며, 프리텐션 부재와 포스트텐션 부재로 구분하여 손실량을 산정할 수 있다.

(1) 프리텐션 부재

프리텐션 부재에서 텐던에 의해 부재 압축력을 작용하였을 경우 부재의 종 방향으로 단축이 발생한다. 콘크리트의 단위수축 변형량은 $\epsilon_e = \Delta l / l$이며, 식 (4.19)와 같이 표현할 수 있다.

$$\epsilon_e = \frac{f_c}{E_c} = \frac{P_i}{A_c \cdot E_c} \tag{4.19}$$

이때 식 (4.19)에서 콘크리트의 수축량 만큼 긴장재 또한 수축하므로 긴장된 강선 또한 동일 수축량 만큼 수축이 발생된다. 즉, 강선에는 다음과 같은 손실이 발생하는데 이로 인해 강선에서는 식 (4.20)과 같은 손실이 발생한다.

$$\Delta f_{pel} = E_p \cdot \epsilon_e = \frac{E_p \cdot P_i}{A_c \cdot E_{ci}} = \frac{E_p}{E_{ci}} \cdot f_{cir} \tag{4.20}$$

초기 인장력으로 인한 강선 도심에서의 콘크리트 응력(f_{cir})은 식 (4.21)과 같이 나타낼 수 있다.

$$f_{cir} = \frac{P_i}{A_c} \tag{4.21}$$

만약 긴장재가 부재의 중앙부에서 편심거리 e_p를 유지하고, 자중에 의한 휨모멘트 M_d를 고려할 경우, 부재의 중앙부에서의 콘크리트 응력(f_{cir})은 식 (4.22)와 같이 나타낼 수 있다.

$$f_{cir} = \frac{P_i}{A_c}\left(1 + \frac{{e_p}^2}{r^2}\right) - \frac{M_d \cdot e_p}{I_c} \tag{4.22}$$

여기서, P_i : 프리스트레스 도입 직후에 PS 강재에 작용하는 인장력(긴장재의 초기 인장력)

A_c : 콘크리트의 단면적

I_c : 콘크리트 단면의 도심축에 대한 단면 2차 모멘트

e_p : PS 강재의 편심 거리

r : 콘크리트 단면의 회전 반경$\left(= \sqrt{\dfrac{I_c}{A_c}}\right)$

M_d : 부재자중에 의한 휨모멘트

(2) 포스트텐션 부재

포스트텐션 부재에서 만약 강선을 동시에 긴장할 경우 이때의 탄성손실은 발생하지 않는다. 그러나 연속되는 강선 긴장을 단계적으로 적용할 경우 프리텐션 부재에서 산정된 탄성수축 손실의 1/2 정도가 된다. 따라서 포스트텐션부재의 탄성변형에 의한 응력 손실은 프리텐션 부재의 응력 손실 식 (4.20)의 1/2만 고려한다. 즉 응력손실식은 식 (4.23)과 같다.

$$\Delta f_{pel} = 0.5 \cdot E_p \cdot \epsilon_e = 0.5 \cdot \frac{E_p \cdot P_i}{A_c \cdot E_{ci}} = 0.5 \cdot \frac{E_p}{E_{ci}} \cdot f_{cir} \tag{4.23}$$

만약 강선의 수가 n개이고, 이 강선을 단계적으로 긴장하면 이때의 탄성수축에 의한 손실은 식 (4.24)와 같이 나타낼 수 있다.

$$\Delta f_{pel} = \frac{1}{n} \sum_{j=1}^{n} (\Delta f_{pel})_j \tag{4.24}$$

여기서, 재킹작업의 수를 j로 표시한다. 긴장 중에서 처음 긴장된 강선이 가장 큰 손실을 나타내고, 최종 긴장된 강선은 손실에 영향이 거의 없는 것을 알 수 있다.

예제 4.1

10 m, 20 m, 30 m의 포스트텐션 부재에서 정착장치 활동으로 인한 인장응력(Δf_{ps})과 인장력(ΔP)의 감소량을 구하여라.

(단, $\Delta l = 5\text{mm}$, $A_p = 7.701\text{mm}^2$, $E_p = 2.0 \times 10^5 \text{MPa}$)

풀 이

PS강재와 쉬스 사이에 마찰이 없는 경우

1) 부재길이 10 m의 경우

$$\Delta f_{ps} = E_p \cdot \frac{\Delta l}{l} = 2.0 \times 10^5 \times \frac{5}{10{,}000} = 100 \text{ MPa}$$

$$\Delta P = A_p \cdot E_p \cdot \frac{\Delta l}{l} = 7.701 \times 2.0 \times 10^5 \times \frac{5}{10{,}000} = 770.1 \text{ N}$$

2) 부재길이 20 m의 경우

$$\Delta f_{ps} = E_p \cdot \frac{\Delta l}{l} = 2.0 \times 10^5 \times \frac{5}{20{,}000} = 50 \text{ MPa}$$

$$\Delta P = A_p \cdot E_p \cdot \frac{\Delta l}{l} = 7.701 \times 2.0 \times 10^5 \times \frac{5}{20{,}000} = 385.05 \text{ N}$$

3) 부재길이 30 m의 경우

$$\Delta f_{ps} = E_p \cdot \frac{\Delta l}{l} = 2.0 \times 10^5 \times \frac{5}{30{,}000} = 33.3 \text{ MPa}$$

$$\Delta P = A_p \cdot E_p \cdot \frac{\Delta l}{l} = 7.701 \times 2.0 \times 10^5 \times \frac{5}{30{,}000} = 256.7 \text{ N}$$

예제 4.2

다음 그림과 같은 포스트텐션 부재에서 1,000 N으로 인장력을 도입할 때 부재 중앙부의 긴장재와 쉬스 사이의 마찰에 의한 프리스트레스의 손실량을 구하여라.
(단, 곡률마찰계수 $\mu_p = 0.3$, 파상마찰계수 $K = 0.0027$)

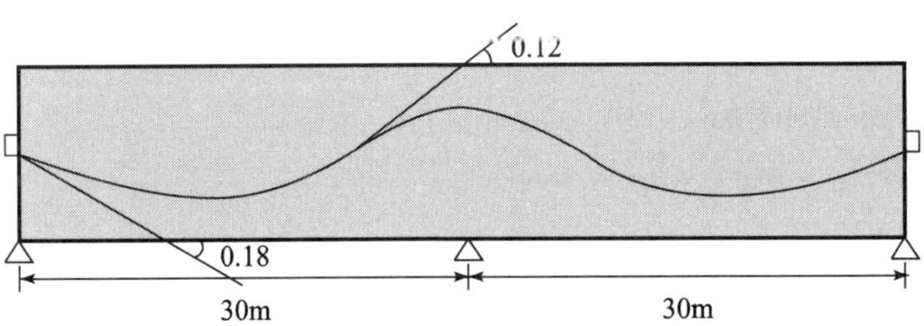

[그림 4.5]

풀 이

단면 중앙부에서의 손실량

$kl_{px} + \mu_p \alpha_{px} = 0.0027 \times 30 + 0.3 \times (0.12 + 0.18) = 0.171$

$P_x = P_o e^{-(kl_x + \mu\alpha)} = 1{,}000 \times e^{-0.171} = 842.82 \text{ N}$

그러므로, 부재 중앙부의 인장력 감소량은 $P_i = 1{,}000 - 842.82 = 157.18 \text{ N}$

예제 4.3

다음 그림과 같이 프리텐션 부재에 프리스트레스를 도입할 때 콘크리트의 탄성수축으로 인한 손실량을 구하여라.

(단, 콘크리트 $f_{ck} = 30\,\text{MPa}$, $E_p = 2.0 \times 10^5\,\text{MPa}$, $A_p = 105\,\text{mm}^2$, $P_o = 500\,\text{kN}$)

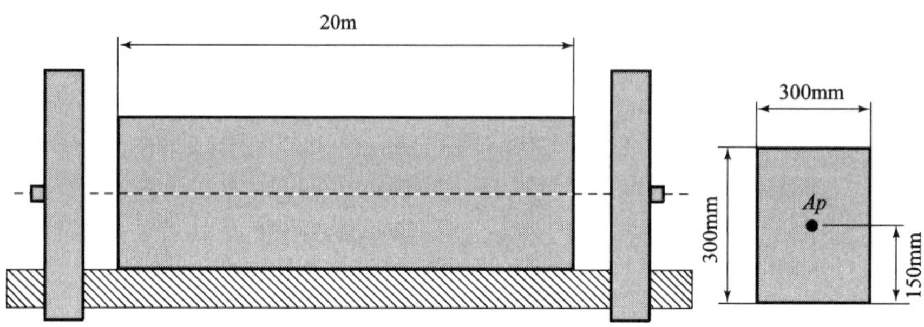

[그림 4.6]

풀 이

① 콘크리트의 탄성계수

$$E_c = 3{,}300\sqrt{f_{ck}} + 7{,}700 = 3{,}300\sqrt{30} + 7700 = 25{,}774.84 = 2.6 \times 10^4\,\text{MPa}$$

② 콘크리트와 PS강선과의 탄성계수비

$$n = \frac{E_p}{E_c} = \frac{2.0 \times 10^5}{2.6 \times 10^4} = 7.7 \fallingdotseq 8$$

③ 콘크리트 환산단면적

$$A_c + n \cdot A_p = 300^2 + (8 \times 105) = 90{,}840\,\text{mm}^2$$

④ PS강선 중심에서의 콘크리트 압축응력

$$f_{cir} = \frac{P_0}{A_c + n \cdot A_p} = \frac{500 \times 1{,}000}{90{,}840} = 5.5\,\text{MPa}$$

⑤ 콘크리트의 탄성수축 손실량

$$\Delta f_{pel} = n \cdot f_{cir} = 8 \times 5.5 = 44\,\text{MPa}$$

예제 4.4

다음 그림과 같이 포스트텐션 부재에 프리스트레스를 도입할 때 콘크리트의 탄성수축손실을 구하여라. (단, 정착시 콘크리트의 단위중량 $w = 25\,\text{kN/m}^3$, 압축력 도입시 $f_{ck} = 40\,\text{MPa}$, $E_p = 2.0 \times 10^5\,\text{MPa}$, $P_o = 1{,}000\,\text{kN}$)

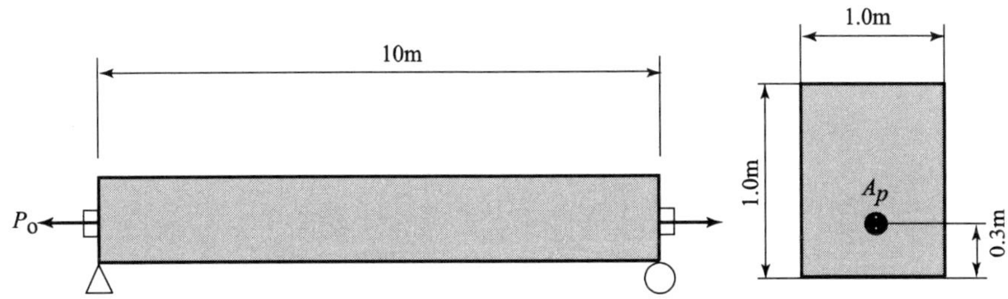

[그림 4.7]

풀이

① 단면적(A)

$A = 1,000 \times 1,000 = 1,000,000\ \text{mm}^2$

② 부재의 고정하중(w)

$w = 1.0 \times 1.0 \times 25 = 25\ \text{kN/m}$

③ 고정하중에 의한 모멘트(M_d)

$$M_d = \frac{25 \times 10^2}{8} = 312.5\ \text{kN}\cdot\text{m}$$

④ 포스트텐션 부재의 도심(y), 단면2차 모멘트(I), 편심거리(e_p)

$$I = \frac{b \times h^3}{12} = \frac{1,000 \times 1,000^3}{12} = 8.33 \times 10^{10}\ \text{mm}^4$$

$$y = \frac{1,000}{2} = 500\ \text{mm}$$

$$e_p = 500 - 300 = 200\ \text{mm}$$

⑤ PS강선 중심에서의 콘크리트 응력(f_{cir})

$$f_{cir} = \frac{P_o}{A} \pm \frac{P_o \times e_p}{I} \times e_p \pm \frac{M_d}{I} \times e_p$$

$$= \frac{1,000,000}{1,000,000} + \frac{1,000,000 \times 200}{8.33 \times 10^{10}} \times 200 - \frac{312.5 \times 10^6}{8.33 \times 10^{10}} \times 200$$

$$= 0.73\ \text{MPa}$$

⑥ 콘크리트의 탄성계수

$E_{ci} = 3,300\sqrt{40} + 7,700 = 2.86 \times 10^4\ \text{MPa}$

⑦ 포스트텐션 부재의 탄성수축으로 인한 손실량(Δf_{pel})

$$\Delta f_{pel} = 0.5 \cdot \frac{E_p}{E_{ci}} \cdot f_{cir} = 0.5 \times \frac{2.0 \times 10^5}{2.86 \times 10^4} \times 0.73 = 2.55\ \text{MPa}$$

4.3 시간적 손실

콘크리트의 프리스트레스 도입과 동시에 콘크리트의 즉시 손실이 발생하고 또한 시간이 경과하면서 콘크리트의 크리프와 건조수축 및 PS 강재의 릴랙세이션으로 인해 긴장재의 인장력이 감소한다. 프리스트레스 도입 후 시간의 경과와 더불어 긴장재의 인장력이 감소되는 것을 시간적 손실이라고 한다. 시간적 손실에는 콘크리트의 크리프와 건조수축 및 PS 강재의 릴랙세이션이 있으며 이들은 서로 상호 의존적으로 진행되기 때문에, 이들에 의한 프리스트레스의 감소로 이들에 조합된 영향을 고려하여 계산하는 것이 바람직하다. 그러나 국내의 시방서에서는 계산의 편의상 이를 분리하여 산정하도록 한다. 본 교재에서도 이를 분리하여 별도로 산정 후 최종적으로 합산하는 방법을 취하였다.

4.3.1 크리프에 의한 손실

과거 반세기 동안의 실험적 연구를 통해 하중과 응력이 존재할 때 시간의 경과에 따라 재료의 변형이 발생하며 이러한 변형을 크리프라 한다. 이처럼 시간 의존적으로 발생하는 변형 또는 변형률은 작용하중의 크기, 지속시간 및 콘크리트의 특성에 관한 함수이다. 콘크리트의 특성은 배합비율, 양생조건, 초기하중시 재료의 재령 및 환경적 조건등을 모두 고려한 것이다. 크리프에 의한 응력-변형율 관계는 본질적으로 선형이기 때문에, 크리프 변형 ϵ_{cr}과 탄성변형 ϵ_{el}은 식 (4.25)를 이용하여 크리프 탄성계수 C_u를 정의할 수 있다.

$$C_u = \frac{\epsilon_{cr}}{\epsilon_{el}} \tag{4.25}$$

그리고 시간 t 에 따른 크리프 계수는 식 (4.26)을 이용하여 산정할 수 있다.

$$C_t = \frac{t^{0.60}}{10 + t^{0.60}} C_u \tag{4.26}$$

정확한 크리프 계수의 산정은 복잡하나 대부분의 크리프계수 값은 1.6~3.2이며, 일반적인 평균치로 2.35를 사용한다. 따라서, 콘크리트의 크리프로 인한 손실 또한 콘크리트의 크리프 변형률과 관련이 있으므로 식 (4.27)을 이용하여 계산할 수 있다.

$$\Delta f_{pcr} = E_p(C_u \cdot \epsilon_{el}) = C_u \cdot f_p \tag{4.27}$$

$f_p = E_p \cdot \epsilon_{el} = n \cdot f_{cir}$이므로 이 관계식을 식 (4.27)에 대입하면 다음과 같은 식 (4.28)을 유도할 수 있다.

$$\Delta f_{pcr} = C_u \cdot n \cdot f_{cir} \tag{4.28}$$

식 (4.28)은 콘크리트의 크리프로 인한 PS 강재의 인장응력의 감소량이다. 위의 식에서 f_{cs}는 크리프에 의한 감소를 계산할 시점에서 긴장재 위치에 따른 콘크리트에 작용하는 응력이다. 그러나 크리프에 의한 콘크리트의 압축응력은 일정하지 않으며, 크리프의 진행과 더불어 건조수축과 릴랙세이션이 진행되기 때문에 시간의 경과와 함께 감소한다.

도로교와 철도교 설계기준에서는 크리프에 의한 손실량을 식 (4.29)와 같이 규정하고 있다.

$$\Delta f_{pcr} = 12 f_{cir} - 7 f_{cds} \tag{4.29}$$

여기서, f_{cir} : 정착 직후 보의 고정하중과 프리스트레스 힘에 의해 일어나는 긴장재 도심 위치에서의 콘크리트의 응력

f_{cds} : 프리스트레스를 가할 당시 존재하는 고정하중을 제외한 그 후 모든 고정하중에 의해 발생하는 긴장재 중심에서의 콘크리트의 응력

4.3.2 건조수축에 의한 손실

콘크리트 크리프처럼 건조수축의 크기는 많은 요인들에 의해 영향을 받는다. 그것들은 배합, 골재의 종류, 시멘트의 종류, 양생시간, 양생 후 프리스트레싱이 적용되는 시간, 부재의 크기 및 환경적인 요인에 의해 영향을 받는다. 부재의 크기와 형상 또한 건조수축에 영향을 미친다. 건조수축의 약 80% 정도가 구조물 타설 후 1년 이내에 발생한다. 습윤과 증기양생된 콘크리트의 극한 건조수축변형율의 평균값은 780×10^{-6} 정도이다. 이 평균값은 초기 습윤양생 시간, 상대습도, 부피-표면율, 온도 그리고 콘크리트 구성물에 영향을 받는다. 이러한 영향을 고려하면, 건조수축 변형률의 평균값은 다음과 같다.

$$\epsilon_{sh} = 780 \times 10^{-6} \cdot \gamma_{sh} \tag{4.30}$$

여기서, γ_{sh}는 다양한 환경조건 등을 고려한 요소이다.

이때, 일반적인 $(\epsilon_{sh})_u$는 820×10^{-6}이며, 일반적인 건조수축에 영향을 끼치는 프리스트레스의 손실은 식 (4.31)과 같다.

$$\Delta f_{psh} = \epsilon_{sh} \cdot E_p \tag{4.31}$$

포스트텐션 방식에서 콘크리트 타설 후 7일 이전에 프리스트레스를 도입하는 일은 거의 없으며, 그 이후가 되는 것이 일반적이다. 콘크리트의 건조수축은 재령 7일에서 최종 수축변형률의 10~15% 정도 일어나며 재령 28일 까지 프리스트레스를 도입하지 않을 경우에는 35~45% 정도 일어난다.

도로교 및 철도교 설계기준에서 콘크리트의 건조수축으로 인한 손실량은 식 (4.32)와 (4.33) 같이 규정하고 있다.

$$\text{프리텐션일 경우} \quad \Delta f_{sh} = 119 - 1.05 H_r \tag{4.32}$$

$$\text{포스트텐션일 경우} \quad \Delta f_{sh} = 0.80\,(119 - 1.05 H_r) \tag{4.33}$$

여기서 H_r : 연간 평균 상대습도

4.3.3 릴랙세이션에 의한 손실

시간에 따라 지속적으로 프리스트레싱을 가하면 강선의 응력은 감소된다. 이러한 감소량에 영향을 주는 요소는 지속적인 프리스트레싱에 의한 기간 뿐만 아니라, 강선의 항복강도에 대한 초기긴장 강선강도의 비(f_{pi}/f_{py})로 나타내어진다. 이러한 응력손실을 응력 릴랙세이션이라하며, 「도로교 설계기준, 2005」 에서는 프리텐션과 포스트 텐션 부재를 구분하여 다음과 같이 산정하도록 제시하였다.

(1) 프리텐션 부재

인장강도 1,750~1,900 MPa인 강연선

• 응력제거 강연선

$$\Delta f_{pr} = 140 - 0.4\Delta f_{pel} - 0.2(\Delta f_{psh} + \Delta f_{pcr}) \tag{4.34}$$

•저 릴랙세이션 강연선

$$\Delta f_{pr} = 35 - 0.1\Delta f_{pel} - 0.05(\Delta f_{psh} + \Delta f_{pcr}) \tag{4.35}$$

(2) 포스트텐션 부재

인장강도 1,750~1,900 MPa인 강연선

• 응력제거 강연선

$$\Delta f_{pr} = 140 - 0.3\Delta f_{pf} - 0.4\Delta f_{pel} - 0.2(\Delta f_{psh} + \Delta f_{pcr}) \tag{4.36}$$

• 저 릴랙세이션 강연선

$$\Delta f_{pr} = 35 - 0.07\Delta f_{pf} - 0.1\Delta f_{pel} - 0.05(\Delta f_{psh} + \Delta f_{pcr}) \tag{4.37}$$

인장강도 1,680 MPa인 강선

$$\Delta f_{pr} = 126 - 0.3\Delta f_{pf} - 0.4\Delta f_{pel} - 0.2(\Delta f_{psh} + \Delta f_{pcr}) \tag{4.38}$$

인장강도 1,015~1,120 MPa인 강봉

$$\Delta f_{pr} = 21\ \mathrm{MPa} \tag{4.39}$$

여기서 Δf_{pf}는 고려 받침점에서의 $0.7 f_{pu}$ 수준 이하의 마찰손실에 의한 응력 감소로 식 (4.13), (4.14)에 의해 계산한다.

예제 4.5

다음 그림과 같은 부재의 콘크리트의 크리프에 의한 프리스트레스의 손실량을 구하여라. 정착 후 추가되는 하중은 없는 것으로 가정한다.
(단, 정착시 콘크리트의 단위중량 $w = 25\ \mathrm{kN/m^3}$, $f_{ck} = 45\ \mathrm{MPa}$, $E_p = 2.0 \times 10^5\ \mathrm{MPa}$, $C_u = 2.2$(재령 90일), $P_o = 1,000\ \mathrm{kN}$)

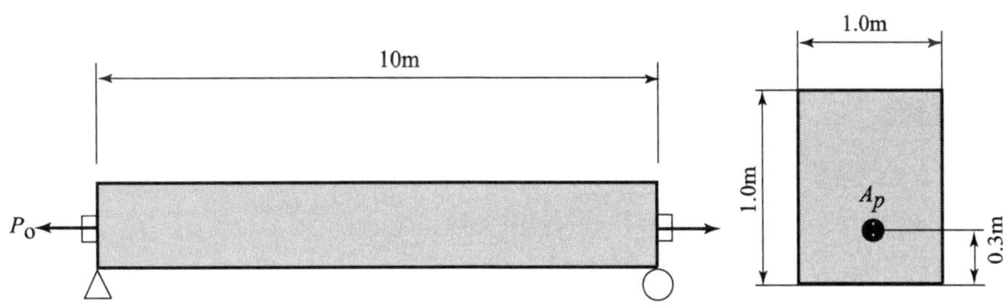

[그림 4.8]

풀이 1

① 단면적(A)

$A = 1,000 \times 1,000 = 1,000,000\ \mathrm{mm^2}$

② 부재의 고정하중(w)

$w = 1.0 \times 1.0 \times 25 = 25\ \mathrm{kN/m}$

③ 고정하중에 의한 모멘트(M_d)

$$M_d = \frac{25 \times 10^2}{8} = 312.5 \text{ kN·m}$$

④ 포스트텐션 부재의 도심(y), 단면2차 모멘트(I), 편심거리(e_p)

$$I = \frac{b \times h^3}{12} = \frac{1000 \times 1000^3}{12} = 8.33 \times 10^{10} \text{ mm}^4$$

$$y = \frac{1{,}000}{2} = 500 \text{ mm}$$

$$e_p = 500 - 300 = 200 \text{ mm}$$

⑤ PS강선 중심에서의 콘크리트 응력(f_{cir})

$$f_{cir} = \frac{P_o}{A} \pm \frac{P \times e_p}{I} \times e_p \pm \frac{M_d}{I} \times e_p$$

$$= \frac{1{,}000{,}000}{1{,}000{,}000} + \frac{1{,}000{,}000 \times 200}{8.33 \times 10^{10}} \times 200 - \frac{312.5 \times 10^6}{8.33 \times 10^{10}} \times 200 = 0.73\text{MPa}$$

⑥ 콘크리트의 탄성계수

$$E_c = 3{,}300\sqrt{45} + 7{,}700 = 2.98 \times 10^4 \text{ MPa}$$

⑦ 콘크리트와 PS강선의 탄성계수비(n)

$$n = \frac{E_p}{E_c} = \frac{2.0 \times 10^5}{2.98 \times 10^4} = 6.7$$

⑧ 콘크리트의 크리프에 의한 손실(Δf_{pcr})

$$\Delta f_{pcr} = C_u \, n \, f_{cir} = 2.2 \times 7 \times 0.73 = 11.24 \text{ MPa}$$

풀이2

도로교 및 철도교 설계기준

$$\Delta f_{pcr} = 12 f_{cir} - 7 f_{cds} = 12 \times 0.73 - 7 \times 0 = 8.76 \text{ MPa}$$

여기서, 정착 후 추가되는 고정하중은 없는 것으로 가정하였으므로 $f_{cds} = 0$이다.

예제 4.6

$\epsilon_{sh} = 14 \times 10^{-5}$, $E_p = 2.0 \times 10^5$ MPa일 때 콘크리트의 건조수축에 의한 프리스트레스의 손실량(Δf_{psh})을 각각 구하여라.

풀이1

① 콘크리트의 건조수축 손실 $\Delta f_{psh} = \epsilon_{sh} \cdot E_p = 14 \times 10^{-5} \times 2 \times 10^5 = 28$ MPa

풀이2

도로교 및 철도교 설계기준

① 프리텐션 부재

$\Delta f_{psh} = 119 - 1.05H_r = 119 - 1.05 \times 70 = 45.4\,\text{MPa}$

② 포스트텐션 부재

$\Delta f_{psh} = 0.8(119 - 1.05H_r) = 0.8 \times (119 - 1.05 \times 70) = 36.4\,\text{MPa}$

여기서, H_r=주위의 연강평균 상대습도(%)이다. 국내의 연간평균 상대습도는 70%이다.

예제 4.7

포스트텐션 부재에서 인장강도 1,800 MPa의 저 릴랙세이션 강연선을 이용하여 긴장하였을 때 릴랙세이션으로 인한 손실량(Δf_{pr})을 구하여라. (단, $\Delta f_{pf} = 114.44\,\text{MPa}$, $\Delta f_{pel} = 37.06\,\text{MPa}$, $\Delta f_{psh} = 35.70\,\text{MPa}$, $\Delta f_{pcr} = 121.42\,\text{MPa}$)

풀이

$$\Delta f_{pr} = 35 - 0.07\Delta f_{pf} - 0.1\Delta f_{pel} - 0.05(\Delta f_{psh} + \Delta f_{pcr})$$

$$= 35 - 0.07 \times 114.44 - 0.1 \times 37.06 - 0.05 \times (35.70 + 121.42)$$

$$= 15.43\,\text{MPa}$$

예제 4.8

다음 그림과 같이 포스트텐션 부재인 PSC Beam(30 m)의 프리스트레스 손실량을 구하여라.

단면도	단면제원	
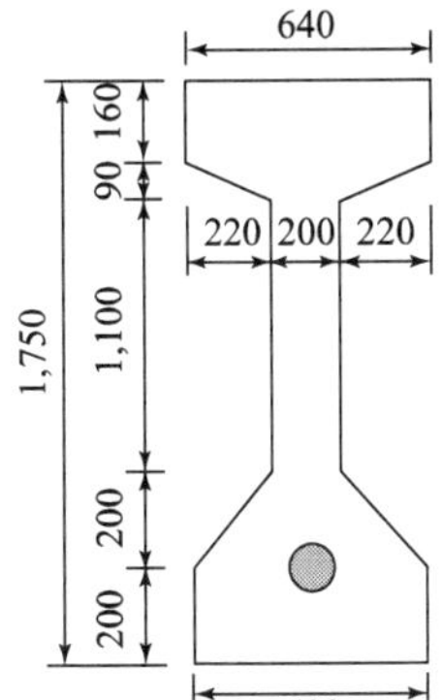 [그림 4.9]	$A_c = 1{,}014{,}370\,\text{mm}^2$ $y = 470.14\,\text{mm}$ $I_c = 4.9 \times 10^{11}\,\text{mm}^4$ $f_{ck} = 400\,\text{MPa}$ $f_{ci} = 350\,\text{MPa}$ $E_p = 2.0 \times 10^5\,\text{MPa}$	$A_p = 3{,}000\,\text{mm}^2$ $e_p = 200\,\text{mm}$ $H_r = 70\,\%$ $P_j = 8{,}000\,\text{kN}$ $M_d = 1{,}000\,\text{kN-m}$ $M_{d-2} = 900\,\text{kN-m}$
	•긴장재는 직선으로 배치되어있음. •긴장재는 저릴랙세이션 스트랜드(PS강선), 아연도금 금속 쉬스를 사용함. $k = 0.005\,\text{k/m}$, $\mu = 0.25\,\mu/\text{rad}$ •쐐기식 정착활동장치 사용. $\Delta l = 6\,\text{mm}$	

풀이

$E_c = 3{,}300\sqrt{f_{ck}} + 7{,}700 = 3{,}300\sqrt{400} + 7{,}700 = 7.4 \times 10^4 \text{ MPa}$

$E_{ci} = 3{,}300\sqrt{f_{ck}} + 7{,}700 = 3{,}300\sqrt{350} + 7{,}700 = 6.9 \times 10^4 \text{ MPa}$

$f_{pj} = \dfrac{P_j}{A_p} = \dfrac{8{,}000{,}000}{3{,}000} = 2{,}666.67 \text{ MPa}$

1. 즉시손실

1) 정착장치 활동에 의한 손실

$l = 30/2 = 15\text{m}$

$\Delta f_{ps} = E_p \dfrac{\Delta l}{l} = 2 \times 10^5 \times \dfrac{6}{15{,}000} = 80.0 \text{ MPa}$

2) 긴장재와 쉬스 마찰에 의한 손실

$l_x = 30/2 = 15 \text{ m}$

$kl_x + \mu\alpha = 0.005 \times 15 + 0.25 \times 0 = 0.075$

$\Delta f_{pf} = f_{pj}(1 - e^{-(kl_x + \mu\alpha)}) = 2666.67 \times (1 - e^{-0.075}) = 192.7 \text{ MPa}$

3) 탄성변형에 의한 손실

$E_c = 3{,}300\sqrt{f_{ck}} + 7{,}700 = 3{,}300\sqrt{400} + 7{,}700 = 7.4 \times 10^4 \text{ MPa}$

$E_{ci} = 3{,}300\sqrt{f_{ck}} + 7{,}700 = 3{,}300\sqrt{350} + 7{,}700 = 6.9 \times 10^4 \text{ MPa}$

$A = A_c + n \cdot A_p = 1{,}014{,}370 + 2.7 \times 3000 = 1{,}022{,}470 \text{ mm}^2$

$$f_{cir} = \frac{P_j}{A} \pm \frac{P_j \times e_p}{I_c} \times e_p \pm \frac{M_d}{I_c} \times e_p$$
$$= \frac{8{,}000{,}000}{1{,}023{,}190} \pm \frac{8{,}000{,}000 \times 200}{4.9 \times 10^{11}} \times 200 \pm \frac{1{,}000 \times 10^6}{4.9 \times 10^{11}} \times 200 = 8.89 \text{ MPa}$$

$\Delta f_{pel} = 0.5 \dfrac{E_c}{E_{ci}} f_{cir} = 0.5 \times \dfrac{2 \times 10^5}{6.9 \times 10^4} \times 8.89 = 12.88 \text{ MPa}$

$\therefore\ f_i = f_{pj} - \Delta f_{ps} - \Delta f_{pf} - \Delta f_{pel}$

$= 2{,}666.67 - 80.0 - 192.7 - 12.88 = 2381.09 \text{ MPa}$

2. 시간적 손실

1) 크리프에 의한 손실

$f_{cir} = 8.89 \text{ MPa}$

$f_{cds} = \dfrac{900 \times 10^6}{4.9 \times 10^{11}} \times 200 = 0.37 \text{ MPa}$

$\Delta f_{pcr} = 12 f_{cir} - 7 f_{cds} = 12 \times 8.89 - 7 \times 0.37 = 104.09 \text{ MPa}$

2) 건조수축에 의한 손실

$\Delta f_{psh} = 0.8(119 - 1.05H_r) = 0.8 \times (119 - 1.05 \times 0.7) = 94.61\text{ MPa}$

3) 릴랙세이션에 의한 손실

$$\begin{aligned}\Delta f_{pr} &= 35 - 0.07\Delta f_{pf} - 0.1\Delta f_{pel} - 0.05(\Delta f_{pcr} + \Delta f_{psh}) \\ &= 35 - 0.07 \times 192.7 - 0.1 \times 12.88 - 0.05 \times (104.09 + 94.61) \\ &= 10.29\text{ MPa}\end{aligned}$$

$$\therefore f_e = f_i - \Delta f_{pcr} - \Delta f_{psh} - \Delta f_{pr}$$

$$= 2{,}381.09 - 94.13 - 94.61 - 10.29 = 2182.06\text{ MPa}$$

4.4 프리스트레스 전체 손실량의 간이계산법

4.2, 4.3절에 의한 응력손실 방법 대신에 일반적으로 설계되는 단순하고 작은 프리스트레스트 부재 또는 구조물에 대해서는 [표 4.3]의 총 손실량 추정 값을 사용해도 좋다. 이 값들은 보통 콘크리트와 보통의 프리스트레스 수준을 적용하고 평균 노출상태에 있는 프리스트레스트 콘크리트 구조물에 적용한다. 특별히 지간이 길거나 특수 설계의 경우에는 앞의 방법에 의하거나 더 정확한 방법에 의해 프리스트레스 손실량을 계산해야 한다.

표 4.3 프리스트레스 손실량

긴장재의 형태	콘크리트의 압축강도에 따른 전체 손실량	
	f_{ck} = 28MPa	f_{ck} = 35MPa
프리텐션 긴장재	–	315 MPa
포스트텐션 ㈜강선과 강연선	225 MPa	230 MPa
강 봉	155 MPa	160 MPa

(주) 여기서 마찰에 의한 손실량은 제외되어 있으며, 마찰에 의한 손실은 식 (4.13), (4.14)에 의해 별도로 계산해야 한다.

연습문제

4.1 프리스트레스트 콘크리트의 즉시손실 및 시간적 손실에 대하여 간략히 설명하시오.

4.2 [예제 4.3]에서 강선의 길이가 5 m일 때 정착 후 활동에 의한 손실량을 산정하여라.

4.3 [그림 4.10]과 같은 프리텐션 부재에서 탄성변형에 의한 손실량을 산정하여라.
(단, $f_{ck} = 40$ MPa, $f_{pu} = 1,900$ MPa, $f_{py} = 1,600$ MPa, $A_p = 0.9871\,\text{cm}^2 \times 5$ EA, $E_p = 2.0 \times 10^5$ MPa)

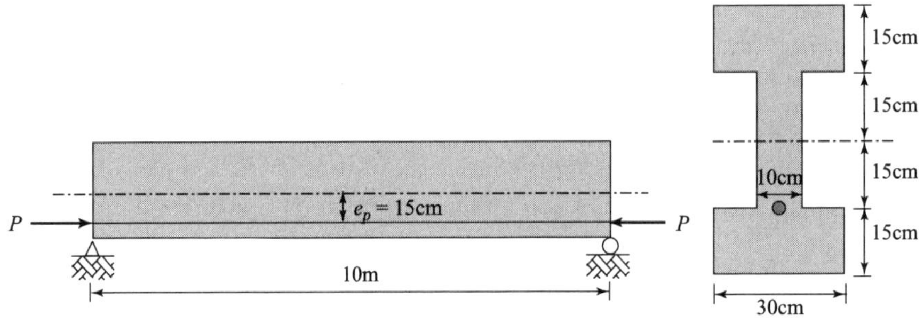

[그림 4.10]

4.4 [그림 4.11]에서 크리프로 인한 프리스트레스의 손실량을 산정하여라.
(단, $f_{pu} = 1,900$ MPa, $f_{pu} = 1,600$ MPa, $A_p = 0.9871\,\text{cm}^2 \times 5$EA, $E_p = 2.0 \times 10^5$ MPa, $C_u = 2.0$, $n = 6$)

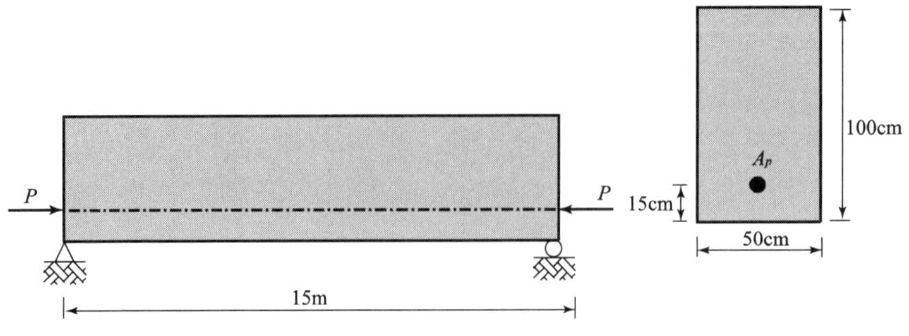

[그림 4.11]

Chapter 5

휨부재의 응력산정

5.1 개설

휨부재의 해석을 수행한다는 것은 유효 프리스트레스의 크기, 작용선 및 콘크리트, PS강재의 치수를 알고 있다는 것을 의미한다. 만약 하중을 알고 있는 경우라면 결과응력을 계산하고, 이를 허용 값과 비교하는 것을 말한다. 만약 허용응력을 알고 있다면, 허용응력을 초과하지 않고 버틸 수 있는 최대하중을 계산할 수 있다. 물체의 강도를 알기위해, 부재력을 계산함으로써 어떠한 하중에 대해 파괴 방지 안전율을 결정지을 수도 있다.

이와 대조적으로, 휨 설계라는 것은 부재의 허용응력과 물체의 강도를 이미 알고 있는 상태에서, 구조물이 저항하는 하중을 구체화 한 후 콘크리트와 PS강재의 치수, 프리스트레싱 힘(prestressing force) 및 작용선(line of action)을 결정하는 것을 의미한다.

휨부재의 설계는 많은 변수들이 서로 상호작용을 하고 있기 때문에 한 가지 변수가 변하더라도 다른 변수들에 많은 영향을 준다. 따라서 최종적인 설계에 이르는 가장 좋은 방법은 개략적인 계산을 기초로 한 시험부재를 선택하고 그 부재의 적합성을 반복적으로 분석하고 확인하는 것이다.

프리스트레스 콘크리트의 해석과 설계는 아래와 같은 여러 가지 하중 조건을 고려하여야 한다.

① 프리스트레스 도입 직후 초기 프리스트레스 힘 P_i만이 작용할 경우
② 초기 프리스트레스 힘과 부재자중이 작용할 경우
③ 초기 프리스트레스 힘과 전체 사하중이 작용할 경우
④ 유효 프리스트레스 힘 P_e와 전체사하중 그리고 활하중이 작용할 경우
⑤ 하중계수에 의해 증가한 사용하중의 극한하중이 작용하여 초기 균열이 일어날 때의 부재

사용하중 하에서는, 콘크리트와 PS강재 모두 탄성범위 안에 있다. 그러나 초과하중 하

에서는, 두 재료 중 하나 또는 둘 다 비탄성범위에 들게 된다. 이런 경우에서의 실제 극한강도 예측은 비선형 응력-변형률 관계를 토대로 하여야 한다.

이번 장에서는 가장 확실한 방법으로 기본 원리에 대한 개념 정립을 위해 단순보를 다루고자 한다.

5.2 휨을 받는 보의 응력 산정

5.2.1 프리스트레스트 보의 거동

[그림 5.1] (a)은 곡선형태의 긴장재가 배치된 프리스트레스 단경간 보를 나타낸다. 콘크리트 도심은 균열이 없는 횡단면 전체에서 계산될 수 있으며 PS강재의 도심은 PS강재의 수와 상관없이 도심 축으로 나타낼 수 있다. PS강재의 도심은 콘크리트 도심으로부터 아래 방향으로 측정하고 e로 정의한다. 콘크리트 도심에서 부재의 상연과 하연까지의 거리를 각각 c_1과 c_2라고 한다.

[그림 5.1] (b)는 PS강재가 인장된 후에 콘크리트에 작용하는 힘의 합력을 나타낸다. 힘 F는 부재의 끝단의 긴장재 앵커리지에서 콘크리트에 작용하는 힘이다. 경간 중앙에서의 힘 P는 콘크리트 단면에 작용하는 모든 압축응력의 합력이다. 이들 주응력(normal stresses)은 상연에서의 값 f_1부터 하연에서의 값 f_2까지 변화한다. 힘 N은 긴장재에 의해 콘크리트에 가해지는 힘이다. 그리고 이러한 힘의 정확한 분포는 긴장재의 형상에 좌우된다. 세 힘 F, N 그리고 P는 [그림 5.1] (c)의 힘 다각형으로 나타나며, 정정보에 프리스트레스 힘만 작용 할 때, 보는 힘의 평형이 유지된다.

[그림 5.1] (d)는 [그림 5.1] (b)의 힘을 다르게 표현한 것이다. 여기서 힘 F과 N은 벡터 합 T로 대체되고 압축력 P와 같다. P와 T는 횡단면의 동일한 점에서 크기가 같고 상반된 힘으로 작용된다. 결과적으로, 정정보에서 프리스트레싱은 어느 단면에서든 PS강재의 도심에 위치하여 작용하는 압축력이다.

압축력의 방향은 항상 어느 단면에서든 긴장재의 접선방향이다. 따라서 대칭인 보의 경간 중앙 단면에서의 압축력은 수평방향이고, 또 다른 위치 말하자면 경간 1/4지점을 생각해보면 압축력은 수평력와 수직력을 모두 가지고 있다. 이러한 경우, 수평력은 콘크리트에서 거동하는 모든 주응력의 합으로 표현되고, 수직력은 모든 전단력의 합이 된다.

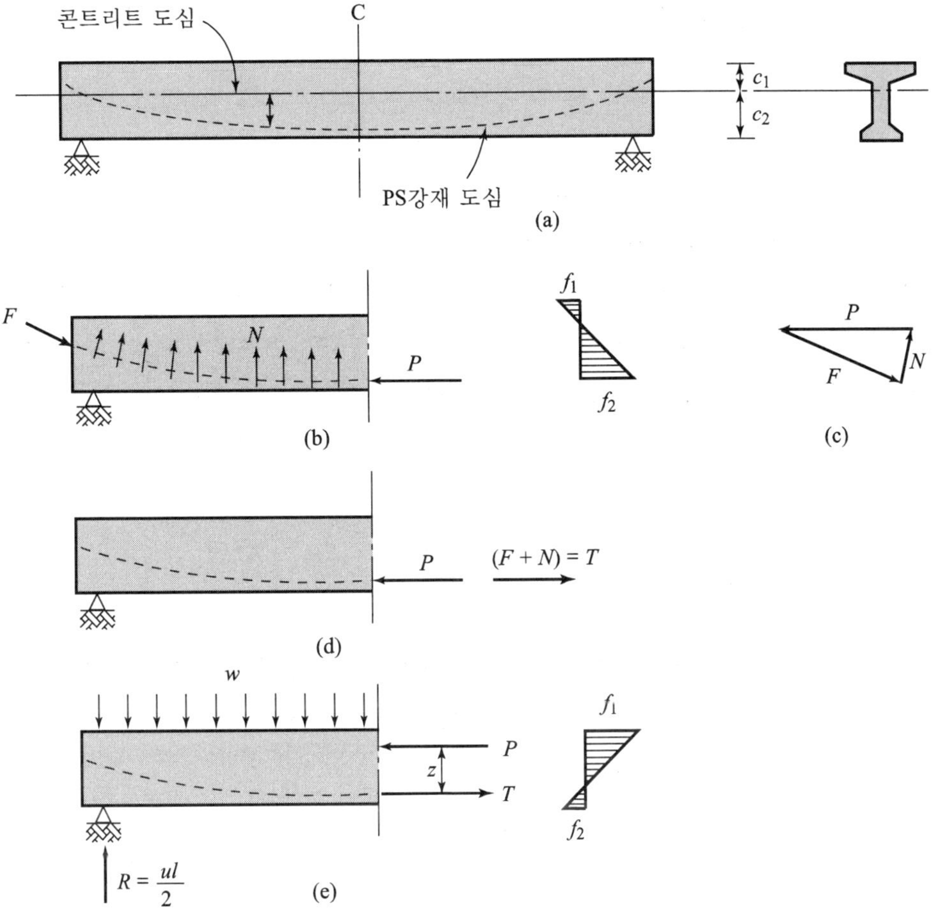

[그림 5.1] PSC부재의 기본개념

다음으로, [그림 5.1] (e)에서와 같이 등분포하중 w가 가해지는 경우 각 지점에서 반력은 $R = wl/2$이다. 하중 w가 점차 증가하더라도 프리스트레싱의 크기는 본질적으로 일정하고 T는 크기와 위치를 모두 유지한다.

프리스트레싱으로 인한 휨응력과 작용하중에 의한 휨응력이 축에 겹쳐 작용하기 때문에 압축력 P는 위로 이동한다. 내부 저항우력은 P와 T, 팔길이 z로 나타낼 수 있다. 이 내부 저항우력은 정확히 외부 모멘트와 같다.

프리스트레스 콘크리트 보와 일반 철근콘크리트 보 사이 거동의 차이점을 살펴보면 철근콘크리트 보의 경우, 팔 길이는 하중이 증가하더라도 일정하게 남아있으며 내력에 비례하여 모멘트는 증가한다. 하지만 프리스트레스 보는 하중이 증가하더라도 힘은 일정한 상수로 남아있고 팔길이의 증가에 의해 모멘트가 증가한다.

5.2.2 콘크리트 보의 휨 응력

보에 균열이 발생하지 않는 한 PS강재와 콘크리트는 탄성범위 내에서 응력이 발생하며, 콘크리트의 응력은 선형탄성 거동에 기초한 역학방정식(equations of mechanics)을 이용해 계산할 수 있다. 최근 실무에서는 종종 이러한 조건이 이용되고, 사용하중 정도의 수준을 만족한다. 파괴계수의 값을 약간 초과하는 주인장력도 선형 탄성법을 사용하여 응력을 찾을 수 있다. 만약 부재가 단지 초기 프리스트레스 힘 P_i의 지배를 받는다면, PS강재의 도심에서 압축합력의 거동을 보여준다. 부재의 상연에서의 콘크리트 응력 f_1과 하연에서의 응력 f_2는 휨 효과와 축 겹침에 의해 찾을 수 있다:

$$f_1 = -\frac{P_i}{A_c} + \frac{P_i e c_1}{I_c} \tag{5.1}$$

$$f_2 = -\frac{P_i}{A_c} + \frac{P_i e c_2}{I_c} \tag{5.2}$$

여기서 e는 콘크리트의 도심으로부터 아랫방향으로 측정된 인장 편심이고, A_c는 콘크리트 횡단면의 면적이고, I_c는 콘크리트 횡단면의 2차모멘트, 회전반경은 $r^2 = I_c/A_c$이다. 이 식들은 더 간단히 나타내면 다음과 같다.

$$f_1 = -\frac{P_i}{A_c}\left(1 - \frac{ec_1}{r^2}\right) \tag{5.3}$$

$$f_2 = -\frac{P_i}{A_c}\left(1 + \frac{ec_2}{r^2}\right) \tag{5.4}$$

[그림 5.2] (a)에서는 PS강재의 압축력에 의한 PSC부재의 응력상태를 보여주고 있다.

대부분 초기 프리스트레스 P_i는 홀로 거동하지 않는다. 콘크리트의 도심 아래 긴장재가 위치한 대부분의 실제적인 예에서 프리스트레싱에 의한 휨모멘트 때문에 윗 방향으로 변형을 일으킬 것이다. 보는 거푸집 또는 끝단의 받침에 의해 지지되기 때문에 보 자체의 사하중에 의한 모멘트 M_0은 즉각적으로 합해질 수 있다. 결론적으로 초기상태에서 프리스트레스가 가해진 후에 콘크리트의 상연과 하연에서의 응력은 아래식과 같다.

$$f_1 = -\frac{P_i}{A_c}\left(1 - \frac{ec_1}{r^2}\right) - \frac{M_0}{S_1} \tag{5.5}$$

$$f_2 = -\frac{P_i}{A_c}\left(1 + \frac{ec_2}{r^2}\right) + \frac{M_0}{S_2} \tag{5.6}$$

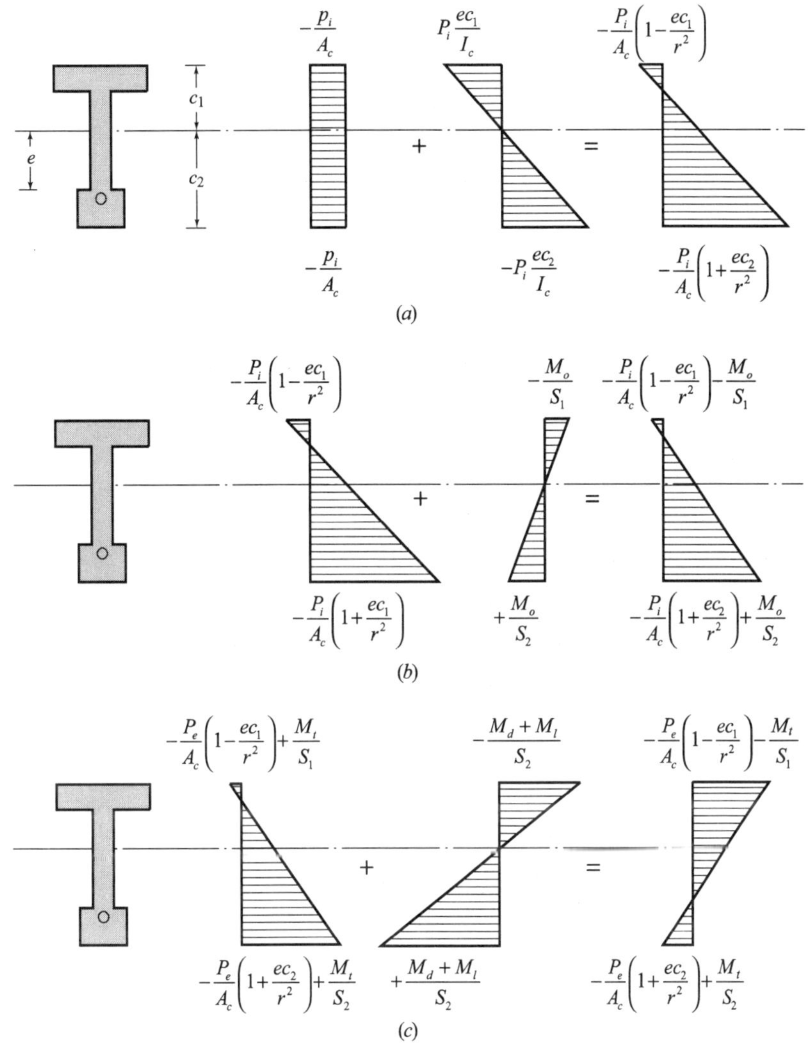

[그림 5.2] 하중상태에 따른 PSC부재의 응력

여기서 M_0은 부재의 자중에 의한 휨모멘트이고, $S_1 = I_c/c_1$과 $S_2 = I_c/c_2$는 보의 상연과 하연에서의 단면 계수이다. [그림 5.2] (b)는 이와 같은 하중 단계에서의 응력 상태를 보여주고 있다.

추가적인 고정하중이 재하 될 때 프리스트레스 힘은 아직 초기 치에 가까우며, 추가적인 활하중은 일반적으로 대부분의 프리스트레스의 손실이 발생된 후에 재하 된다. 결과적으로 중요한 하중상태는 그 다음의 사용하중 상태이며, 유효 프리스트레스 P_e는 추가적인 사하중(M_d)과 활하중(M_l) 그리고 자중에 의한 모멘트(M_0)로부터 거동한다. 따라서 응력은 아래와 같다.

$$f_1 = -\frac{P_e}{A_c}\left(1 - \frac{ec_1}{r^2}\right) - \frac{M_t}{S_1} \tag{5.7}$$

$$f_2 = -\frac{P_e}{A_c}\left(1 + \frac{ec_2}{r^2}\right) + \frac{M_t}{S_2} \tag{5.8}$$

여기서, 총 모멘트 M_t는

$$M_t = M_o + M_d + M_l \tag{5.9}$$

이 사용하중 상태의 응력은 [그림 5.2] (c)에 보여주고 있다.

예제 5.1

지간이 12.20 m인 [그림 5.3] (a)와 같은 프리텐션 보가 있다. 단면은 [그림 5.3] (b)와 같으며 자중 외에 8,180 N/m(추가 사하중과 활하중의 합계)가 작용한다. PS 강재는 7연선을 사용하였으며 그 편심 거리는 130 mm이다. 프리스트레스 도입 직후, 즉 탄성변형 후의 프리스트레스 힘은 P_i= 766 kN 이다. 콘크리트의 건조수축, 크리프 및 PS 강재의 릴랙세이션에 의한 프리스트레스의 시간적 감소를 15%로 보고, 초기 및 최종상태 때 보의 중앙단면의 응력을 계산하라.

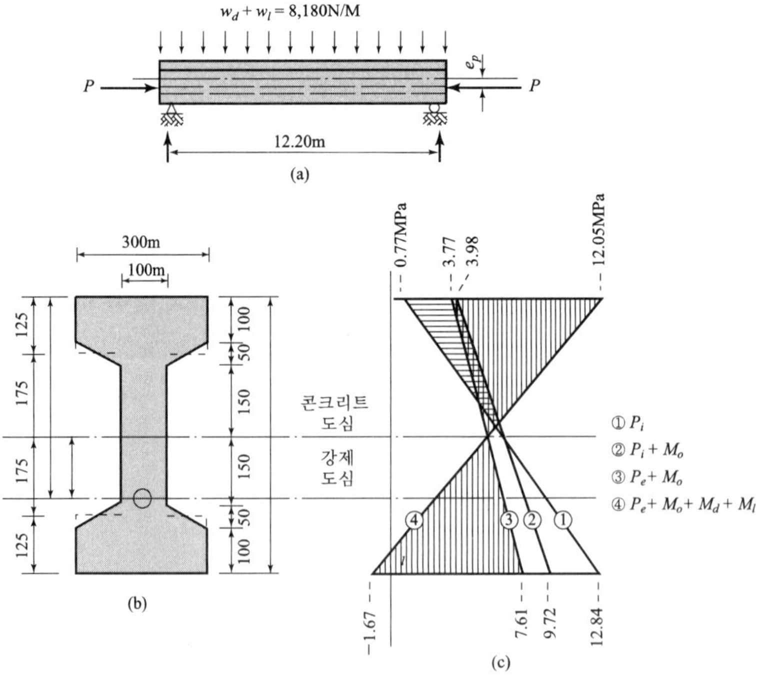

[그림 5.3]

풀이

PS 강연선을 사용한 프리텐션 보에 있어서 환산단면과 총 단면에 대한 단면의 모든 계수는 큰 차이가 없으므로 총 단면을 사용하여 계산한다.
플랜지를 균일한 두께(125 mm)로 보면

$$I_c = 4.99 \times 10^9 \text{ mm}^4$$

$$A_c = 114 \times 10^3 \text{ mm}^2$$

$$S_1 = S_2 = 1.64 \times 10^6 \text{ mm}^3$$

$$r_c^{\,2} = 44 \times 10^3 \text{ mm}^2$$

1) 초기상태의 응력(프리스트레스 도입 직후의 응력)

초기 프리스트레스 힘에 의한 응력은

$$f_t = \frac{P_i}{A_c} - \frac{P_i e_p}{I_c} y_1 = \frac{P_i}{A_c}\left(1 - \frac{e_p}{r_c^2} y_1\right) = \frac{766 \times 10^3}{114 \times 10^3}\left(1 - \frac{130}{44 \times 10^3} \times 300\right)$$

$$= 0.60 \text{ MPa (압축)}$$

$$f_t = \frac{P_i}{A_c}\left(1 + \frac{e_p}{r_c^2} y_1\right) = \frac{766 \times 10^3}{114 \times 10^3}\left(1 + \frac{130}{44 \times 10^3} \times 300\right)$$

$$= 12.68 \text{ MPa (압축)}$$

이 응력의 분포가 [그림 5.3] (c)의 ①이다. 이 응력은 보의 전 길이에 걸쳐서 작용한다. 프리스트레스 힘이 작용하면 보의 중앙이 솟아서 보의 자중이 보의 양끝에서 지지되므로, 보에는 자중에 의한 휨모멘트가 작용하게 된다. 보의 자중은

$$w_{d1} = 25{,}000\,(\text{N/m}^3) \times \frac{11 \times 10^4}{(10^3)^2}\,(\text{m}^2) = 2{,}750 \text{ N/m}$$

자중에 의한 중앙경간에서의 휨모멘트는

$$M_{d1} = \frac{1}{8} \times 2{,}750 \times 12.20^2 = 51{,}164 \text{ N}\cdot\text{m} = 51{,}164 \times 10^3 \text{ N}\cdot\text{mm}$$

보의 자중에 의한 중앙단면의 응력은

$$\pm \frac{M_{d1}}{I_c} y_c = \pm \frac{M_{d1}}{Z_c} = \pm \frac{51{,}164 \times 10^3}{16.6 \times 10^6} = \pm 3.08 \text{ N/mm}^2$$

따라서, 프리스트레스 도입 직후의 응력은

상연응력 $f_t = 0.60 + 3.08 = 3.68$ MPa (압축)

하연응력 $f_b = 12.68 - 3.08 = 9.60$ MPa (압축)

이 응력의 분포가 [그림 5.3] (c)의 ②이다.

2) **최종상태의 응력(사용하중이 작용할 때의 응력)**

프리스트레스 힘의 유효율 R은

$$R = 1 - 0.15 = 0.85$$

따라서, 유효 프리스트레스 힘 P_e는

$$P_e = RP_i = 0.85 \times 766 = 651.1 \text{ kN}$$

그러므로 P_e에 의한 상·하연의 응력은

$$0.60 \times 0.85 = 0.51 \text{ MPa}$$
$$12.68 \times 0.85 = 10.78 \text{ MPa}$$

자중에 의한 응력과 합성하면

$$0.51 + 3.08 = 3.59 \text{ MPa (압축)}$$
$$10.78 - 3.08 = 7.70 \text{ MPa (압축)}$$

이 응력의 분포가 [그림 5.3] (c)의 ③이다.
추가 사하중(고정하중) 및 활하중에 의한 보 중앙의 휨모멘트는

$$M_{d2} + M_l = \frac{1}{8} \times 8{,}180 \times 12.20^2 = 152{,}200 \text{ N}\cdot\text{m} = 152{,}200 \times 10^3 \text{ N}\cdot\text{m}$$

추가 사하중(고정하중)과 활하중에 의한 휨응력은

$$\pm \frac{M_{d2} + M_l}{Z_c} = \pm \frac{152{,}200 \times 10^3}{16{,}600 \times 10^3} = \pm 9.17 \text{ MPa}$$

따라서, 최종상태의 응력은 유효 프리스트레스 힘에 의한 응력에 자중 및 추가 사하중과 활하중에 의한 응력을 합성하면 되므로 다음과 같이 된다.

$$\text{상연응력 } f_t = 3.59 + 9.17 = 12.76 \text{ MPa (압축)}$$
$$\text{하연응력 } f_b = 7.70 - 9.17 = -1.47 \text{ MPa (인장)}$$

이 응력의 분포가 [그림 5.3] (c)의 ④이다. [그림 5.3] (c)에서 부재 자중에 의한 응력의 변화는 수평선으로 된 음영부분으로 나타나고, 추가 사하중과 활하중에 의한 응력의 변화는 연직선으로 된 음영부분으로 나타난다.
지점단면에서는 하중에 의하여 휨응력이 일어나지 않으며 프리스트레스만이 작용한다. 초기 프리스트레스 힘에 의한 중앙단면 상하단의 응력 0.60 MPa과 12.68 MPa은 프리스트레스의 시간적 손실에 따라 점차로 0.51 MPa과 10.78 MPa로 각각 감소한다.

참 고

1) 초기 프리스트레스에 의하여 단면도심에 일어나는 콘크리트 응력은 다음과 같다.

$$f_{cc}=\frac{P_i}{A_c}-\frac{P_i e_p}{I_c}y_c=\frac{P_i}{A_c}-\frac{P_i e_p}{I_c}\times 0=\frac{P_i}{A_c}=\frac{766\times 10^3}{114\times 10^3}=6.72\text{ MPa}$$

이 응력은 부재의 자중이 작용해도 변하지 않는다. 이 응력은 모든 손실 후에는 $6.72\times 0.85=5.71$ MPa로 감소하지만, 추가 사하중과 활하중이 작용하더라도 역시 5.71 MPa이다.

2) 하중에 의한 PS 강재의 응력의 변화도 쉽게 계산할 수 있다. 콘크리트와 PS 강재사이의 부착에 변화가 없다고 가정하면, PS 강재의 응력은 같은 높이에 있는 콘크리트 응력의 $n_p(=E_p/E_c)$배이다. 이 예제에서는 $n_p=8$로 가정하였고, 보의 자중이 작용함으로써 증가되는 PS 강재의 응력은 [그림 5.3] (c)로부터

$$\Delta f_p=8(12.68-7.70)\times\frac{130}{300}=17.26\text{ MPa}$$

추가 사하중과 활하중에 의하여 증가되는 PS 강재의 응력은

$$\Delta f_p=8(7.70-1.47)\times\frac{130}{300}=21.60\text{ MPa}$$

즉, 하중에 의한 PS 강재의 응력의 증가는 약 38.86 MPa(=17.26+21.60)이며, 이것은 초기 인장응력의 약 3% 정도에 지나지 않는다. 그러므로 사용하중으로 인한 PS 강재의 응력의 증가는 일반적으로 무시할 수 있다.

3) 보의 하연에 일어나는 인장응력의 크기 (1.47 MPa)는 콘크리트의 파괴계수 이하이고, 따라서 콘크리트에는 균열이 일어나지 않을 것이다.

4) [그림 5.3] (c)의 ②의 분포에 보인 바와 같이, 하중이 재하되기 전의 단계에서 보의 상단에는 압축의 프리스트레스가 작용하고 추가되는 하중에 의하여 더욱 압축된다는 것에 주의해야 한다. 이것은 긴장재의 편심거리를 증가시키거나 프리스트레스 힘을 감소시키거나, 또는 이 두 가지를 다 고려함으로써 더 효율적인 설계를 얻을 수 있음을 말해주는 것이다.
특히, 긴장재를 직선으로 배치한 부재에서는 지점 부근의 상연에 매우 큰 인장응력이 일어나게 되고 보의 자중에 의한 휨응력은 일어나지 않는다. 이러한 이유 때문에 긴장재의 편심거리는 지점에 접근함에 따라 감소시키는 것이 보통이다.

5.2.3 PS강재의 응력

프리스트레스트 콘크리트의 PS강재의 인장응력은 긴장작업 중에 측정된다. 그 후 각종 요인에 의하여 인장응력이 감소되고 또한 하중이 작용하면 응력에 변화가 생긴다. 하중에 의한 PS강재의 응력은 콘크리트의 크리프 및 건조수축, PS강재의 릴랙세이션 등이 영향을 주기 때문에 하중이 작용하는 시기에 따라서도 차가 생긴다.

프리스트레스트 콘크리트 보에 있어서 PS강재의 응력과 하중상태와의 관계를 표시하면 [그림 5.4]와 같다. 이 그림에서 가로축에는 외적 하중에 의한 휨모멘트를 취하고 세로축에는 PS강재의 응력을 취한다. 프리스트레싱을 실시하면 PS강재의 응력은 A에서 B로 이동한다. 여기에서 f_{pt}는 콘크리트의 탄성변형, 마찰 등에 의한 인장응력의 감소가 생긴 후의 응력이다. 만약 프리스트레싱이 끝난 뒤에도 보에 휨이 생기지 않았다면 동바리공을 제거할 때 자중이 비로소 작용하여 PS강재응력은 증가하여 B에서 C로 이동한다. 만약 프리스트레싱 중에 보의 휨이 생겼다면 PS강재응력은 B'가 되었을 때에 보의 자중을 받게 된다. 따라서 PS강재응력은 B'에서 C'로 증가한다. 만약 보의 휨에 의하여 PS강재응력의 감소가 생기면 D에 있다. 실제에 있어서 이들의 감소는 프리스트레싱 중에 동시에 생기는데 이것은 무시할 만큼 적은 것이다.

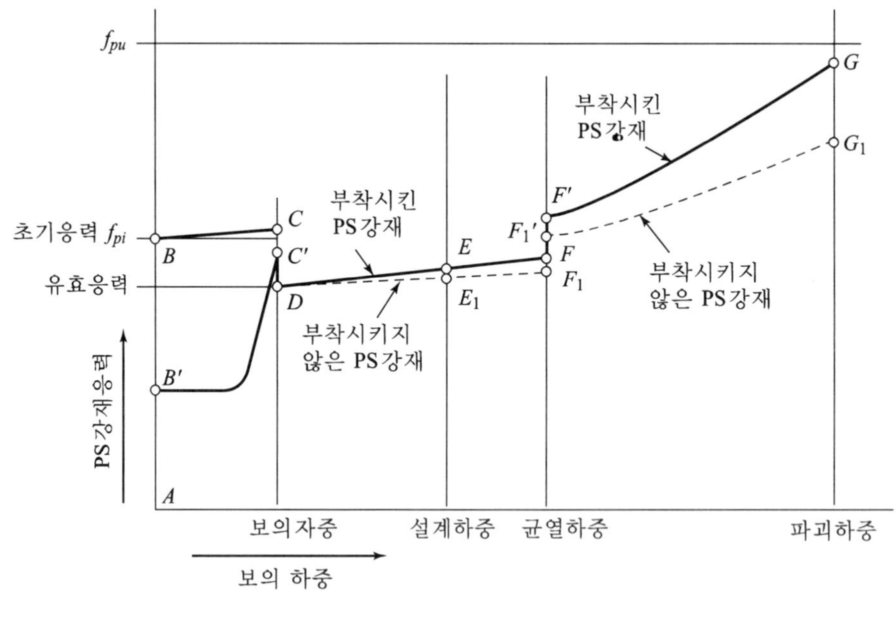

[그림 5.4] 하중과 PS강재의 인장응력과의 관계

설계하중까지 하중을 증가시키면 D에서 E, E_1까지 증가한다. 만일 다시 하중을 증가시켜서 균열이 발생하기에 이르면 부착이 있는 보에서는 F에서 F'로 급격히 증가한다. 균열후의 응력증가는 휨모멘트의 증가보다도 급격하여 마침내는 파괴하중에 이른다. 부착이 있는 경우는 파괴가 압축 쪽에서 돌발적으로 생기지 않으면 PS강재응력은 그의 인장강도에까지 이르게 된다. 따라서 응력은 F'에서 G에 이른다.

균열발생 후 보가 파괴될 때까지의 응력을 구하기는 매우 복잡한 문제로서 많은 실험결과에 의존하는 형편이다.

부착이 없는 경우에는 응력상태가 아주 달라진다. 일반적으로 보의 파괴시의 응력은 PS강재의 인장강도보다 현저히 작다.

PS강재와 콘크리트 사이에 부착이 있는 경우

하중에 의한 PS강재응력의 계산에 있어서 부착이 있는 경우, 즉 프리텐션부재나 포스트텐션부재에서 그라우팅을 하여 부착시킨 경우에는 PS강재와 콘크리트가 일체가 되어 작용하므로 PS강재를 배치한 위치의 콘크리트의 변형률과 PS강재 변형률이 같다고 생각하여 보통 탄성역학 공식으로 PS강재의 응력을 구한다.

PS강재 배치 위치의 콘크리트 응력은

$$f_c = \frac{M}{I_e} e_p$$

콘크리트 변형률 ϵ_c와 PS강재의 변형률 ϵ_p는

$$\epsilon_c = \epsilon_p = \frac{f_c}{E_c} = \frac{Me_p}{E_c I_e} \tag{5.10}$$

따라서

$$f_p = E_p \epsilon_p = \frac{E_p}{E_c} \frac{M}{I_e} e_p = n \frac{M}{I_e} e_p = n f_c$$

여기서, M : 단면에 작용하는 휨모멘트

I_e, e_p : 환산단면에 대한 단면2차모멘트 및 환산단면 도심 축에서 PS강재 도심까지의 거리, 그러나 실제로는 총 단면에 대한 값을 취한 근사 계산을 할 때도 있다.

즉, 하중에 의해서 PS강재의 응력이 nf_c만큼 증가하지만 균열이 생기지 않는 설계하중 범위에서의 응력 증가는 최초에 주어진 응력에 비하여 아주 작다.

5.3 휨부재의 허용응력

콘크리트의 허용응력을 제한하는 것은, 사용성 문제를 해결하기 위해서는 효과적이지만 구조 안전성을 위한 구조강도를 확보하는데 충분하지 못하다. 따라서 구조설계기준의 다른 요구조건에 따라 구조강도를 검토하여야 한다.

5.3.1 콘크리트의 허용응력

(1) 프리스트레스 도입 직후 시간에 따른 프리스트레스 손실이 일어나기 전의 응력은 다음 값 이하로 하여야 한다.

① 휨압축응력(다음 ②의 경우 제외) ································ $0.60\ f_{ci}$

② 단순지지 부재 단부에서의 휨압축응력 ································ $0.70 f_{ci}$

③ 휨인장응력(다음 ④의 경우 제외) ································ $0.25\sqrt{f_{ci}}$

④ 단순지지 부재 단부에서의 휨인장응력 ································ $0.50\sqrt{f_{ci}}$

계산된 인장응력이 위의 ③ 또는 ④의 값을 초과하는 구역에는 비균열단면으로 가정하여 계산된 전체 인장력에 저항할 수 있는 추가부착강재(긴장되지 않은 강재 또는 프리스트레싱 강재)를 인장구역에 배치하여야 한다.

(1)의 허용응력은 프리스트레스 도입 직후 크리프와 건조수축과 같은 시간에 따른 프리스트레스 손실이 발생하기 전에 적용할 수 있다. 이 단계에서의 콘크리트 응력은 콘크리트의 탄성수축, 긴장재의 릴랙세이션, 정착장치의 활동에 의한 손실과 부재의 자중에 의한 응력에 따라 감소하게 된다. 일반적으로 이 단계에서 건조수축의 영향은 고려하지 않는다. 이 응력은 도입 시의 프리스트레스 손실을 적절히 조절함으로써 프리텐션과 포스트텐션 콘크리트 모두에 적용된다.

허용응력 $0.25\sqrt{f_{ci}}$와 $0.50\sqrt{f_{ci}}$는 선행압축 인장구역 이외의 구역에서의 허용인장응력을 나타낸 것이다. 이 허용응력을 초과하지 않으면 보조철근을 필요로 하지 않는다. 그러나 인장응력이 허용값을 초과하면 인장구역에서의 전체 인장력을 구하고 이 힘에 저항할 수 있는 철근을 배근한다. 이 때 일반철근의 허용인장응력은 $0.6f_y$를 사용할 수 있지만 210 MPa보다 크지 않아야 한다. 크리프와 건조수축은 곧 인장응력을 감소시키기 시작하지만 모든 프리스트레스 손실이 발생된 후에도 이 구역에 약간의 인장응력은 남아

있다.

(2) 비균열등급 또는 부분균열등급 프리스트레스트 콘크리트 휨부재에서 모든 프리스트레스 손실이 일어난 후 사용하중에 의한 콘크리트의 휨응력은 다음 값 이하로 하여야 한다. 이때 단면 특성은 비균열단면으로 가정하여 구한다.

① 압축연단응력(유효프리스트레스+지속하중) .... $0.45\,f_{ck}$

② 압축연단응력(유효프리스트레스+전체하중) .... $0.60\,f_{ck}$

(2)의 허용압축응력 $0.45f_{ck}$는 반복하중에 의한 프리스트레스트 콘크리트의 파괴 가능성을 감소시키기 위한 제한값이다. 이 값은 과도한 크리프 변형을 방지하기에 충분하다. 이보다 더 높은 응력상태에서는 작용하는 응력이 증가할 때 크리프 변형의 증가량이 더욱 커지는 경향이 있다.

지속활하중에 비하여 크기가 큰 변동활하중과 고정하중에 대한 설계에 대해서도 이전의 단일식만으로 평가하는 것은 불리할 수 있다. 따라서, 변동활하중에 대해서는 제한값을 1/3 증가시켜 $0.60f_{ck}$의 제한값을 적용한다.

지속활하중은 활하중 중에서 오랜 기간에 걸쳐 상당한 장기처짐을 발생시킬 수 있는 하중을 의미한다. 따라서, 지속활하중과 고정하중이 전체 사용하중에서 큰 비중을 차지한 경우는 $0.45f_{ck}$의 제한값이 설계를 지배하게 된다. 반대로, 변동 또는 일시적인 활하중이 많은 비중을 차지하는 경우는 $0.60f_{ck}$의 제한값이 설계를 지배한다.

압축응력 제한값 $0.45f_{ck}$는 프리스트레스트 부재의 장기거동에 대해서도 제한값이 된다.

5.3.2 프리스트레싱 긴장재의 허용응력

(1) 긴장을 할 때 긴장재의 인장응력은 $0.80f_{pu}$ 또는 $0.94f_{py}$ 중 작은 값 이하로 하여야 한다. 또한 긴장재나 정착장치 제조자가 제시하는 최대값도 초과하지 않아야 한다.

(2) 프리스트레스 도입 직후에 긴장재의 인장응력은 $0.74\,f_{pu}$와 $0.82\,f_{py}$ 중 작은 값 이하로 하여야 한다.

(3) 정착구와 커플러의 위치에서 프리스트레스 도입 직후 포스트텐션 긴장재의 응력은 $0.70\,f_{pu}$ 이하로 하여야 한다.

긴장재의 허용인장응력은 일시적인 프리스트레스와 유효프리스트레스 사이의 긴장재 응력을 구별하지 않았다. 그 이유는 프리스트레스 도입 직후 초기 긴장재 응력이 구조물을 사용한 후에도 상당 기간 지속되기 때문이다. 그러므로 이 응력은 사용조건에 적합한 안전율을 가져야 하고, 일시적인 응력으로 생각할 수 없다. 프리스트레스 손실로 인한 긴장재 응력의 지속적인 감소는 긴장재의 응력상태를 개선하므로 콘크리트구조설계기준에서는 이러한 응력감소에 대한 제한이 제시되어 있지 않다.

5.4 단면의 핵

프리스트레스 힘만이 작용할 경우, 프리스트레스 힘이 단면의 핵(kern or corn)안에 작용하면 단면에는 인장응력이 일어나지 않는다. 단면에 인장응력이 일어나지 않는 한계는 응력분포가 삼각형으로 되는 경우이다. 응력분포가 삼각형이 되려면 단면의 상연 또는 하연응력이 0(zero)이 되어야 한다.

하핵거리를 구하기 위해, 상연에서의 콘크리트 응력은 [그림 5.5]에 묘사된 것처럼 0(zero)과 같아야 한다.

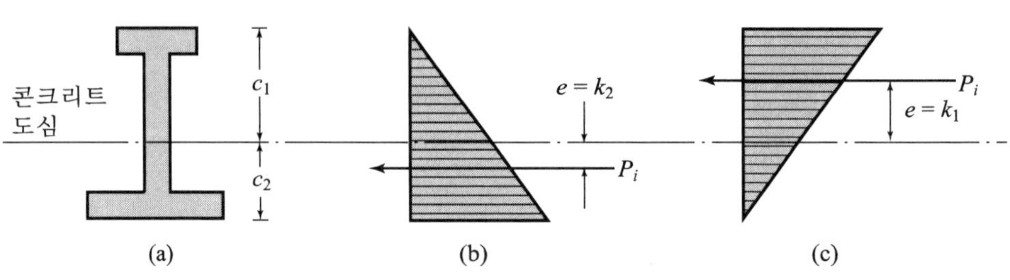

[그림 5.5] 상핵 · 하핵 거리

$$f_1 = -\frac{P_i}{A_c}\left(1 - \frac{ec_1}{r^2}\right) = 0 \tag{5.11}$$

그러므로 괄호안의 크기는 반드시 0(zero)과 같이 나타내어진다. 특히 편심거리 $e = k_2$처럼 정의된 경우라면 하핵거리는 아래와 같다.

$$1-\frac{k_2 c_1}{r^2}=0$$

$$k_2=\frac{r^2}{c_1} \tag{5.12}$$

이와 비슷하게, 하연에서의 0(zero)과 같은 콘크리트 응력으로 표현되어 상핵거리를 구할 수 있다.

$$k_1=-\frac{r^2}{c_2} \tag{5.13}$$

(−) 표시는 상핵점이 콘크리트 도심으로부터 윗 방향으로 측정되었다는 것을 의미한다.

이러한 핵거리는 PS강재의 도심이 반드시 단면의 핵 안에 있음을 의미하지는 않지만 핵점이 종종 보의 설계에서 참고가 되는 편리함을 제공한다.

5.5 균열모멘트

추가고정하중과 활하중이 작용할 때 휨모멘트가 지속적으로 증가하기 때문에 보의 하현 콘크리트 압축응력이 0이 되는 곳이 발생한다. 이 응력상태를 감압(decompression)의 한계상태라고 한다. 추가 외부하중이나 과하중은 최초의 균열하중에 의한 균열모멘트 M_{cr}로 인하여 콘크리트의 파괴계수 f_r에 도달하는 바닥면의 균열을 일으킨다. 이 상태에서 PS강재응력의 급격한 증가가 발생하고 인장력이 콘크리트에서 PS강재로 급격히 전달된다.

[그림 5.6]은 다양한 하중상태에서 하중과 PS강재응력의 관계를 나타낸다. 이것은 최초의 균열하중에서 곡선의 급격한 변화를 가진 하중-변형곡선뿐만 아니라 결합된 프리스트레스 빔에 재 압축 후 최초의 균열하중에 대한 하중-응력그래프에 급격한 변위를 보여준다. 위치이동점을 넘어서 빔은 더 이상 탄성적이지 않다. 압력선 C의 증가가 단면이 모멘트 저항 팔길이를 가진 철근콘크리트와 같이 거동하기 위해서 안정화되고 멈춘다.

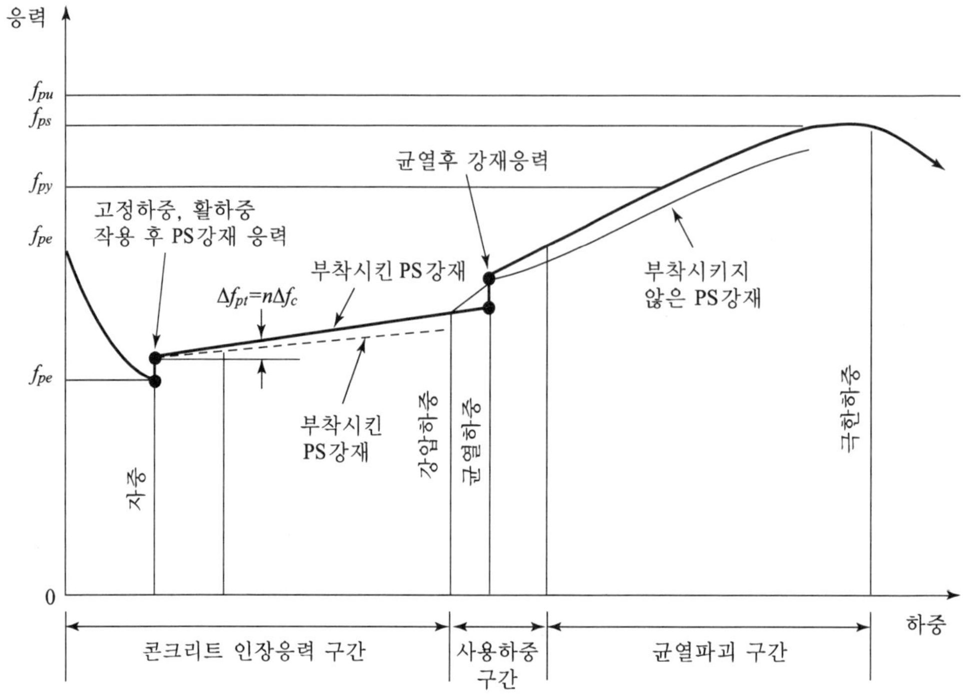

[그림 5.6] 다양한 하중단계에서의 PS강재의 응력

단면강성이 줄어들고 처짐의 증가가 고려되어야 하기 때문에 초기균열하중을 알아야 한다. 또한, 균열폭은 보강재의 부식 또는 보관함의 유실을 방지하기 위해서 고려해야 한다. 인장부의 콘크리트 fiber응력은 다음과 같다.

$$f_b = -\frac{P_e}{A_c}\left(1+\frac{ec_b}{r^2}\right)+\frac{M_{cr}}{S_b} = f_r \tag{5.14}$$

여기서 파괴계수 $f_r = 7.5\sqrt{f_r'}$ 이고 균열 모멘트 M_{cr}은 하중단계$(M_D + M_{SD} + M_L)$에서 모든 하중으로 인한 모멘트이다. 식 (5.14)로부터

$$M_{cr} = f_r S_b + P_e\left(e+\frac{r^2}{c_b}\right) \tag{5.15}$$

r^2/c_b항은 상부 kern value k_t이다

결론적으로 $f_r S_b$ 항은 단순지지빔의 중앙부에 하부 강재와 같이 과하중으로 인해 극도의 인장강재에 초기균열의 발전에 원인이 되는 추가 모멘트이다.

예제 5.2

균열모멘트 M_{cr}을 구하고 파괴계수를 견딜 수 있는 과하중 모멘트의 크기를 구하여라. 또한 빔의 과하중으로 인한 균열에 대한 안전계수를 구하여라.

주어진 값은 $f_r = 7.5\sqrt{f_c'} = 7.5\sqrt{5000} = 3.65$ MPa이다.

$$P_e = 1{,}371 \text{ kN}$$
$$r^2/c_b = 1209.7/47.9 = 25.3 \text{ cm}$$
$$S_b = 61{,}451 \text{ cm}^3$$
$$e_c = 35.6 \text{ cm}$$
$$M_d + M_{sd} = 281 \text{ kN·m}$$

여기서, $M_{sd} = 0$

$M_l = 859$ kN·m

풀이

식 (5.15)에서

$$M_{cr} = f_r S_b + P_e\left(e + \frac{r^2}{c_b}\right)$$
$$= 0.365 \times 61451 + 1371(35.6 + 25.3)$$
$$= 1059.23 \text{ kN·m}$$
$$M_T = M_d + M_{sd} + M_l = 281 + 859$$
$$= 1140.00 \text{ kN·m}$$

과모멘트(Overload Moment)$= M_t - M_{cr} = 1140 - 1059$

$= 80.77$ kN·m

$M_t > M_{cr}$이므로, 빔은 사용하중에서 인장균열이 발생한다. 균열에 대한 안전계수는 다음과 같다.

$$\frac{M_{cr}}{M_t} = \frac{1{,}059.23}{1{,}140.00} = 0.93$$

프리스트레스부재에 대해서 만약 사용하중 M_t가 M_{cr}보다 작으면 균열에 대해 안전계수는 1보다 크다.

5.6 휨 강도

5.6.1 휨강도해석

부재의 강도는 안전과 직접적인 연관을 가지고 있기 때문에 구조물의 가장 중요한 성질이다. 프리스트레스트 콘크리트 부재의 적정 강도는 사용하중 하에서의 극한응력에 의해 결정되지는 않는다. 부재가 과부하를 받는다면 한 개 혹은 두 개의 재료는 파괴전 비탄성영역에서 응력을 받을 것이기 때문에 균열작용의 결과로 인해 부재의 거동에 주목할 만한 변화가 일어난다. 이런 영향을 충분히 고려하여, 실제로 기대되는 하중과 부재 파괴가 야기되는 하중을 비교하여 안전의 본질적 요소를 수립해야 한다.

프리스트레스트 콘크리트와 철근 콘크리트 보의 거동이 서로 다르다는 것을 이미 배웠다. 하중이 사용하중단계까지 상승됨에 따라 내부 팔길이 힘의 증가를 통해 저항 모멘트의 값도 증가한다.

균열이 일어나자마자 콘크리트 압축응력의 증가에 따른 결과로 PS강재의 갑작스러운 응력증가가 나타난다. 하중이 더욱 증가한다면, 프리스트레스트 보는 통상적인 철근콘크리트 보와 같이 거동한다. 내부 팔길이는 거의 일정하게 유지되고 콘크리트와 PS 강재응력 두 가지 모두 하중과 더불어 증가한다. 철근콘크리트 보와 같이 PS 강재가 부재의 극한 강도에서의 응력이나, 콘크리트의 압축 변형률에 최대한까지 도달되었을 때 최대 휨 수용력에 도달된다.

심지어 극한 하중에서, 프리스트레스트 콘크리트와 철근콘크리트 보 사이에 다음과 같은 중요한 차이점이 있다. (1) 철근 콘크리트에서 하중이 재하 되지 않은 경우 변형률은 0이다. 프리스트레스트 콘크리트의 경우는 하중이 재하 되지 않은 경우 변형률은 0이 아니고 손실 후 유효 프리스트레스에 상응한다. PS 강재에서 차후의 변형률은 선재해 있는 변형에 추가하여 재하된 하중이 원인이 된다. (2) 프리스트레싱 강재의 응력-변형률 성질은 철근콘크리트 철근의 성질과 매우 다르다. 프리스트레싱 강재는 명백한 항복 상태를 보여주지 않는다. 항복은 비탄성 범위에서 점차적으로 증가하고 응력-변형률 곡선은 신장 강도에 도달할 때까지 연속적으로 부드럽게 상승한다. 공칭 항복 강도 f_{Py}와 극한 신장 강도 f_{Pu}사이에 퍼져 있는 강도는 철근콘크리트 강재에 상응하는 값들 사이에 퍼져 있는 것 보다 프리스트레싱 강재에 대해 더욱 작다. 또한 균열에서 변형률 ϵ_{Pu}은 더욱 작다.

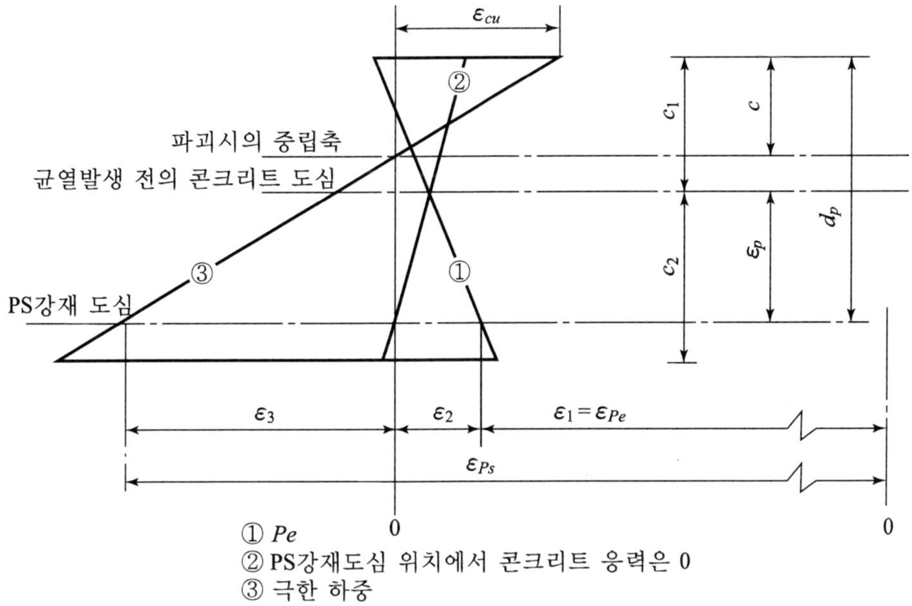

(a) 콘크리트와 PS강재의 변형률

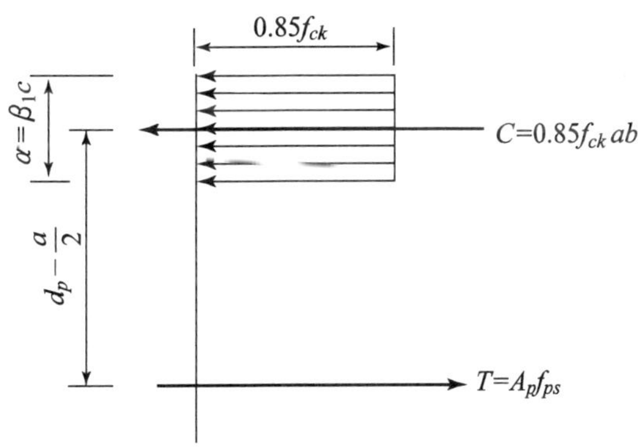

(b) 콘크리트 응력의 분포 사각형

[그림 5.7] 하중단계에 따른 콘크리트 및 PS강재의 변형률

[그림 5.7]은 각 하중단계에 대한 콘크리트 및 PS 강재의 변형률을 보인 것이다. [그림 5.7] (a)의 ①은 프리스트레스의 모든 손실 후 유효 프리스트레스 Pe만이 작용할 때의 변형률이다. 이 단계에서 PS 강재의 응력과 변형률은 각각 다음과 같다.

$$f_{pe} = \frac{Pe}{A_P} \tag{5.16}$$

$$\epsilon_1 = \epsilon_{pe} = \frac{f_{pe}}{E_P} \tag{5.17}$$

[그림 5.7] (a)은 파괴 시에 PS 강재 변형률을 보여준다.

[그림 5.7] (a)의 ②는 긴장재 도심위치에서의 콘크리트 응력이 0으로 감소되는 하중 단계 때의 변형률을 나타낸 것이다. 콘크리트와 PS 강재 사이의 부착이 원래대로 유지된다고 가정하면 ①의 단계에서 ②의 단계로 옮겨갈 때의 PS 강재 변형률의 증가는 같은 위치에 있는 콘크리트 변형률의 감소와 같다. 그 값은 다음과 같다.

$$\epsilon_2 = \frac{Pe}{A_c E_c}\left(1 + \frac{e^2}{r^2}\right) \tag{5.18}$$

부재가 파괴단계 ③에 이르게 되면, 중립축은 [그림 5.7] (a)와 같이 부재상연에서 c의 거리에 있게 된다. 이때 PS 강재의 변형률의 증가는

$$\epsilon_3 = \epsilon_{cu}\left(\frac{d_P - c}{c}\right) \tag{5.19}$$

파괴 때 PS 강재의 총 변형률 ϵ_{ps}는 식 (5.17), (5.18), (5.19)에서 정의된 세 가지 구성요소의 합이다.

$$\epsilon_{ps} = \epsilon_1 + \epsilon_2 + \epsilon_3 \tag{5.20}$$

그러므로, 파괴 때의 PS 강재의 응력은 f_{ps}이다.

파괴 때의 압축 응력 블록의 깊이는 $C = T$의 평형방정식으로부터 유도할 수 있다. 압축 면적에 대한 폭 b를 가진다.

$$0.85 f_{ck} ab = A_p f_{ps} \tag{5.21}$$

응력 블록 깊이에 대해 식으로 풀어보면,

$$a = \frac{A_p f_{ps}}{0.85 f_{ck} b} = \beta_1 c \tag{5.22}$$

파괴 시 저항 모멘트는 인장력(압축력)과 내부 팔길이에 의해 만들어 진다.

압축 면적을 가지는 부재에 대해 [그림 5.7] (b)를 참조하면 공칭 휨강도는

$$M_n = A_p f_{ps}\left(d_p - \frac{a}{2}\right) \tag{5.23}$$

식 (5.22)와 (5.23)은 파괴 시 PS 강재 응력 f_{ps}를 알지 못하기 때문에 보에 대한 파괴 모멘트를 직접 계산할 수 없고, 아래의 과정을 따르는 시산법에 따라 알아낼 수 있다.

1. 파괴 시 PS 강재 응력 f_{ps}를 적당히 가정하고, 파괴 시 변형률 ϵ_{ps}에 상응하는 PS 강재의 응력-변형률 곡선을 주목한다.
2. 수평선상의 평형방정식을 기초로 한 식 (5.22)를 사용하여 PS 강재 응력에 대해 실질적인 중립축 깊이 c를 계산한다.
3. 식 (5.19)로부터 증가된 변형률 ϵ_3을 계산하고 식 (5.20)에 나타낸 주기적인 변형률을 더한다.
4. 만약 파괴 상태 변형률 ϵ_{ps}이 (1)단계에서 가정과 다른 것이 얻어지면, 가정과 단계 (1)에서 (3)까지를 만족할 만한 해가 얻어질 때 까지 반복한다.
5. 현재 알고 있는 $a = \beta_1 c$와 f_{ps}를 사용하여 식 (5.23)을 통해 극한 휨강도를 계산한다.

파괴 시 압축 면적 폭에 의해 보에 관련되어 설명된 방법은 일정하다. 이와 같이 사각형 단면 보에 적용된 방법은 T, I형 단면의 압축 플랜지 폭과 응력-블록 깊이 a가 같거나 그보다 작을 경우에 적용할 수 있다. 이것은 한가지의 경우이다.

T나 I형 단면의 응력 블록 깊이가 플랜지 두께보다 크다면 압축 면적이 일반적이지 않은 형상으로 인해 식 (5.22)와 (5.23)은 적용할 수 없다. 하지만 깊이 a는 응력이 $0.85f_c{}'$로 일정할 때 인장력 $A_p f_{ps}$와 같은 힘을 가지는 압축 면적을 기초로 하여 쉽게 계산할 수 있다. 극한 저항 모멘트는 일반적 형태가 아닌 압축 면적의 중심에서 PS 강재의 중심까지의 거리와 내부 팔길이 힘을 같다고 두고 계산할 수 있다.

I나 T형 단면의 저항 모멘트를 결정하기 위해 $0.85f_{ck}$의 일정한 응력을 가지는 등가 사각형 응력 블록의 적용이 적합한가 하는 것은 당연한 의문이다. 하지만 실제 압축 응력-변형률 곡선으로부터 응력 분포에 근거한 많은 계산 결과와 비교해 보면 T나 I형 단면 보에 대해, 심지어 원과 사각형 단면의 보에 대해서 까지도 사각형 응력 블록을 사용하는 것은 단지 적은 오차만 있을 뿐 충분히 합당한 것이다.

f_{ps}와 M_n을 계산하기 위한 방법으로 변형률 적합조건을 기초로 하여 시산법을 사용하면 가정값과 계산값 사이에서 빠르게 수렴하는 만족스런 ϵ_{ps}값을 얻어낼 수 있고, M_n도 쉽게 찾을 수 있다. 만약 시산법과 같은 반복되는 계산을 피하고자 한다면 아래의 그래프 방법을 이용해서 ϵ_{ps}와 f_{ps}를 결정할 수도 있다.

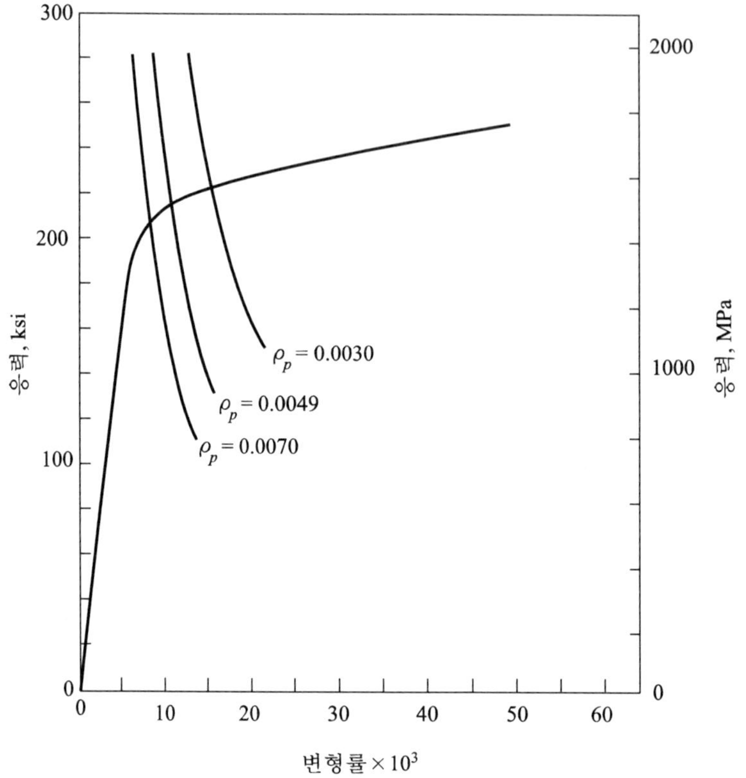

[그림 5.8] 변형률과 응력의 관계곡선

식 (5.21)의 평형방정식으로부터

$$f_{ps}=\frac{0.85f_{ck}ab}{A_p} \tag{a}$$

$A_p=\rho_p b d_p$ 와 $a=\beta_1 c$를 바꾸어 다음과 같이 쓸 수 있다.

$$f_{ps}=\frac{0.85\beta_1 f_{ck}}{\rho_p}\times\frac{c}{d_p} \tag{b}$$

그리고, 식 (5.19)와 (5.20)의 기하학적 관계를 조합하여,

$$\epsilon_{ps}=\epsilon_{pe}+\epsilon_2+\epsilon_{cu}\frac{d_p-c}{c} \tag{c}$$

에서

$$\frac{c}{d_p}=\frac{\epsilon_{cu}}{\epsilon_{cu}+\epsilon_{ps}-\epsilon_{pe}-\epsilon_2} \tag{d}$$

(d)를 (b)에 대입하여 다음을 얻는다.

$$f_{ps} = \frac{0.85\,\beta_1 f_c'}{\rho_p} \times \frac{\epsilon_{cu}}{\epsilon_{cu} + \epsilon_{ps} - \epsilon_{pe} - \epsilon_2} \tag{5.24}$$

식 (5.24)은 주어진 콘크리트에서 f_c', β_1, ϵ_{cu}, ϵ_{pe}, ϵ_2와 ρ_p의 각각의 값은 이미 알고 있고, 파괴 시 PS 강재 응력 f_{ps}는 파괴 시 PS 강재의 변형률 ϵ_{ps}에 따르는 함수가 된다. PS 강재비 ρ_p의 각각의 값에 대해 f_{ps}와 ϵ_{ps} 사이에 관계는 [그림 5.8]에서와 같이 곡선의 모양을 보여준다. 이 곡선의 집합은 각각의 특정한 강재비에 대해 파괴시의 변형률과 평형방정식을 만족하는 점으로 정의된다. PS 강재에 대한 응력-변형률 곡선은 층을 이루고, 파괴 시 응력과 변형률 또한 곡선에 나타난다. 식 (5.24)와 함께 응력-변형률 곡선의 교차점은 모든 조건을 만족하는 f_{ps}와 ϵ_{ps}값은 나타낸다. 따라서 공칭 휨강도는 식 (5.22)와 (5.23)을 어렵게 사용하지 않고도 얻을 수 있다.

5.6.2 설계기준의 휨강도

1) 휨부재의 설계휨강도 계산은 이 설계기준의 강도설계법에 따라야 한다. 이 때 긴장재의 응력은 f_y 대신 f_{ps}를 사용하여야 한다.

프리스트레스트 콘크리트 휨부재의 설계휨강도는 철근콘크리트 부재와 유사한 강도식을 사용하여 구해도 좋다.

긴장재의 일부가 압축구역에 있을 때는 계수하중하에서 평형 및 변형률 적합조건에 기초한 방법을 사용하여야 한다. 다른 단면에 대해서는 긴장재의 응력-변형률 특성과 아래에 주어진 가정을 사용하여 응력과 변형률 적합조건에 기초한 일반 해석에 의해 설계휨강도 ϕM_n을 계산한다.

2) f_{ps}는 변형률 적합조건을 기초로 하여 계산하여야 한다. 다만 더 정확하게 f_{ps}를 계산하지 않는 경우에 f_{pe}의 값이 $0.5 f_{pu}$ 이상이면 아래 (3) 또는 (4)에 따라 근사식으로 f_{ps}를 구할 수 있다.

3) 부착긴장재를 가진 부재에 대한 f_{ps}는 식 (5.25)에 의해 구할 수 있다.

$$f_{ps} = f_{pu}\left[1 - \frac{\gamma_p}{\beta_1}\left\{\rho_p \frac{f_{pu}}{f_{ck}} + \frac{d}{d_p}(\omega - \omega')\right\}\right] \tag{5.25}$$

여기에서 $\rho_p = A_{ps}/bd_p$, $\omega = \rho f_y/f_{ck}$, $\omega' = \rho' f_y/f_{ck}$이고, γ_p는 $f_{py}/f_{pu} \geq 0.80$일 때 0.55, $f_{py}/f_{pu} \geq 0.85$일 때 0.40, $f_{py}/f_{pu} \geq 0.90$일 때 0.28이다.

식 (5.25)의 f_{ps} 계산에 압축철근을 고려한다면 $\left[\rho_p \dfrac{f_{pu}}{f_{ck}} + \dfrac{d}{d_p}(\omega - \omega')\right]$의 값을 0.17 이상으로 하여야 하고, d'은 $0.15d_p$ 이하로 하여야 한다.

4) 비부착긴장재를 가진 부재에 대한 f_{ps}는 다음 식 (5.26)와 식 (5.27)에 따라 구할 수 있다.

① 높이에 대한 경간의 비가 35 이하인 경우

$$f_{ps} = f_{pe} + 70 + \frac{f_{ck}}{100\rho_p} \tag{5.26}$$

여기서, f_{ps}는 f_{py}와 $(f_{pe} + 420)$ MPa 이하로 하여야 한다.

② 높이에 대한 경간의 비가 35보다 큰 경우

$$f_{ps} = f_{pe} + 70 + \frac{f_{ck}}{300\rho_p} \tag{5.27}$$

여기서, f_{ps}는 f_{py}와 $(f_{pe} + 210)$ MPa 이하로 하여야 한다.

비부착긴장재가 배치되면서 경간과 높이의 비가 35보다 큰 부재(1방향 슬래브, 플랫 플레이트와 플랫 슬래브)에 대한 실험에 의하면 식 (5.26)을 적용할 경우에 응력 증가량을 과대평가하는 것으로 분석되었다. 이에 따라 과거에는 경간과 높이의 비에 관계없이 적용하던 식에 대해 제한 조건을 두게 된 것이다.

5) 긴장재와 함께 사용되는 철근도 휨강도를 계산할 때 인장력을 발휘하는 것으로 볼 수 있다. 이 때 인장력은 변형률 적합조건을 적용한 해석에 의해 구한 철근의 응력에 근거하여야 한다.

연습문제

5.1 PS 강선을 고강도로 사용하는 이유에 대하여 응력－변형률 곡선을 이용하여 설명하시오.

5.2 PSC 보의 강재량의 제한 방법에 대하여 설명하시오.

5.3 휨을 받는 PSC보의 응력변화를 하중상태별로 설명하고 각 단계에서 PS강재에 대한 응력 및 처짐 변화를 설명하시오.

5.4 PSC빔의 강재지수와 파괴형태를 기술하시오.

5.5 PSC빔의 압력선 및 핵심(kern)을 설명하시오.

5.6 PSC 구조물의 파괴종류를 열거하고 설명하시오.

Chapter 6

프리스트레스트 콘크리트 교량 설계

6.1 개요

압축에 강하고 인장에 약한 콘크리트의 재료적 특성을 보완하는 방안으로서 콘크리트에 프리스트레스 힘을 가하여 제작한 거더를 프리스트레스트 콘크리트(PSC) 거더라 한다. 콘크리트에 프리스트레스를 가하는 방법은 강선, 텐던 또는 강봉을 인장 정착시킴으로써 콘크리트에 압축응력을 도입하는 방법이 있다. PSC 교량은 단면형상, 구조형식 및 가설공법등에 따라 다양하게 분류될 수 있으며, 일반적 형식으로는 합성형교, 슬래브교, 박스거더교, 엑스트라도제드교, 사장교, 아치교 및 라멘교등에 적용 가능하다. 국내에서는 주로 합성형 및 박스거더교 형식에 주로 이용되며 최근에 중형급 사장교형식에 이용이 늘고 있다. PSC 교량은 가설공법 및 방법의 적용(8장에 상세 기술)에 따라 설계방법이 달라지며, 각 공법은 특수한 가설장비, 가설방식에 따라 세부적으로 분류된다. 단경간 형식(20~30 m)은 PSC 라멘교나 PSC 슬래브교 형식이, 중경간(30~50 m)의 경우 PSC 합성형교, 장경간(50 m 이상)의 경우 PSC 박스거더교 형식이 주로 사용된다.

6.2 PSC교의 계획

PSC 교량 설계시 교량 계획구간 가설여건, 연장 및 폭원, 교량의 등급, 교량구간의 선형여건, 경관성 등 여러 조건과 시공성 및 경제성 등을 종합적으로 고려하여 적절한 PSC 교량형식을 결정하여야 한다. 이때 하부조건에 따른 경간구성, 상부구조물의 형식 및 시공법도 검토하여 적절한 형식을 결정하게 된다.

6.2.1 경간분할 계획

PSC 합성거더교의 경우는 일반적으로 한국도로공사 또는 국토해양부의 표준도에 따라 경간을 분할하거나 제품 교량등 적용시는 각 교량 특성에 따른 경간장 계획을 한다. 일반적으로 PSC 거더 형식은 일정한 길이를 가진 프리캐스트부재로 제작되므로 등간격으로 배치하는 경우가 많다. PSC 박스거더 형식 경간분할시 교각배치는 교량 하부공간 높이 및 지반 조건에 의존하지만, 경간장 비율에 따라 상부구조물의 부재력이 큰 영향을 받게 되므로 각 교량형식에 따라 적절한 간격으로 교각을 배치하는 것이 좋다. 등간격 배치일 경우에는 연속보에서의 휨모멘트를 고려하여 양 측경간은 $0.75l$~$0.8l$ (l은 중앙경간장)로 하는 것이 역학적으로 바람직하며 강선의 배치에 있어서도 유리하다.

ILM 공법 적용시 압출가설시의 캔틸레버부 길이와 가설시 및 가설후의 최대 단면력 등을 종합적으로 고려하여 경제적인 측경간 비율을 결정한다. 특히, FCM 공법 적용의 경우 휨모멘트 외에도 교대와 연결되는 측경간 상부구조의 시공 문제와 하중 및 프리스트레스에 의한 부정정 효과 등을 모두 고려해야 한다.

측경간의 경간장이 내부경간장의 $0.5l$이면 밸런스가 잘 이루어져 시공은 용이하지만 단부에서 부반력이 발생하게 되고, $0.5l$보다 많이 길어지면 교각을 중심으로 불균형상태를 해소하기 위하여 불가피하게 동바리를 사용하여야 하므로 지형여건에 따라서 캔틸레버공법에서는 측경간의 길이는 상향력의 안정에 대해 별도의 대책을 세우지 않아도 되는 범위 내에서 가능한 한 가장 짧게 하는 것이 바람직하다. 이러한 여러 조건을 고려할 때 일반적인 경우에 있어서 내부지간에 대한 측경간의 비는 ILM 공법에서 $0.75l$~$0.80l$, FCM 공법에서는 $0.65l$~$0.7l$ 정도로 알려져 있다.

6.2.2 가설공법 계획

PSC교의 가설공법은 현장가설조건, 형하고 및 교량연장등과 밀접하며 합성거더교나 슬래브교에 비해 박스거더교의 적용시는 가설방법에 따라 다양한 시공방법이 가능하므로 먼저 적절한 가설공법 선정이 교량 계획시 중요하다. PSC 합성거더교는 크레인에 의한 일괄가설이 일반적이며, 특수한 경우 ILM공법을 적용하기도 한다. 가설공법 선정시 하부조건과 경제성 등은 중요한 요소이다. 일반적으로 중소규모의 교량 계획시 하부공간이 높지 않고 기초의 지반조건이 양호하여 동바리 설치가 용이한 곳에는 경제적인 FSM 공법을 사용한다. 또한 중소지간 규모의 교량인데 동바리 설치가 곤란하며 장경간 교량인 경우 ILM 공법이나 MSS 공법이 경제적이다. ILM 공법은 평면 및 종단선형이 직선이거나 단곡선일 경우에 유리하며, MSS 공법은 곡률반경이 매우 작은 경우에는 비경제적일 수 있다. 경간장이 길고 교각의 높이가 높은 경우에는 FCM 공법을 적용하는 것이 유리하다.

6.2.3 형고비 계획

PSC합성거더교 설계시 계획되는 거더의 경간장은 일반으로 25~35 m의 분포를 보이나, 최근에 외부 프리스트레스 도입 및 고강도 재료 적용등에 따른 다양한 형태의 거더들이 개발되어 도로교의 경우 45 m를 초과하는 경간장까지 설계에 적용되어 합성형거더가 경제적으로 장경간화하는 추세이다. 일반적임 PSC 합성형거더의 경우 거더 높이가 1.75~2.2 m로서, 형고비를 약 1/15 내외로 계획하는 것이 일반적이나 다리밑공간 확보가 필요한 경우 1/20～1/25 까지도 적용 가능하다.

박스거더교의 계획은 도로교의 경우 50 m 이상, 철도교의 경우 40 이상인 경우 경제성에서 우수하다고 알려져있다. 형고비는 경제성과 미관을 동시에 고려하여 결정하며 다리밑공간등을 종합석으로 고려헤 결정한다. 일반적으로 형고비가 커지면 콘크리트의 물량이 증가하고 PS강재의 물량이 감소하며, 형고비가 감소하면 콘크리트의 물량이 감소하고 PS강재의 물량은 증가한다고 알려져 있다. 국외 PSC박스거더의 설계 현황을 분석한 결과 교폭이 10~15 m인 경우 형고비는 1/20 정도이며, 교폭이 15~20 m인 경우에는 1/18 정도로서 국내보다 형고비가 다소 높게 계획된다.

국내의 경우를 살펴보면, FSM과 MSS공법의 경우 유사한 경향을 보이며, ILM과 PSM공법의 경우가 서로 유사하게 나타난다고 조사되었다. 또한 국내에서 교폭 10～15 m 및 15～20 m에 해당하는 교량의 형고비를 실(Cell) 개수에 따라 분류하면 다음과 같다.

표 6.1 가설공법에 따른 형고비 조사

구분	FCM	FSM	ILM	MSS	PSM
중앙부	1/45～1/50	1/15～1/20	1/17	1/15～1/20	1/17
지점부	1/18～1/20	1/15～1/20	1/17	1/15～1/20	1/17

표 6.2 교량폭원 및 주형 실(Cell) 수에 따른 형고비 조사

구분	교폭(m)					
	5~10		10~15		15~20	
	1실	2실	1실	2실	1실	2실
중앙부	1/45~1/50	1/20~1/15	1/15~1/20	1/15~1/20	1/20~1/25	-
지점부	1/18	1/16~1/23	1/17	1/17~1/18	1/19	-

표 6.1과 6.2는 PSC 박스거더교 설계선진화를 통한 물량절감 및 품질향상 방안수립, 최종보고서(건설교통부, 2004) 결과를 인용하였다.

6.2.4 횡단면 계획

일반적으로 PSC 합성거더교의 횡단계획은 표준도상의 횡단면을 적용하거나 계획 교량의 횡단및 도로선형 설계조건을 반영한 거더배치 계획을 한다. 과거 철도교 복선의 경우 6주형이 표준 단면이 이었으나 현재는 5주형을 표준횡단으로 선정하고 있다. PSC 박스거더교의 경우 주로 사용되는 일반적인 횡단면 예는 [그림 6.1]에 나타낸 것과 같으며, 박스(Cell)의 개수 증가에 따라 복부 개수의 증가하여 시공성이 복잡하며 경제성에서 불리해지므로 교량폭원에 따라 합리적으로 계획해야 한다. 시공성 측면에서 단일박스가 유리하나 PSC 박스 상부플랜지의 지간이 커져 횡방향 모멘트가 증가하므로 교량폭원이 일정 한도를 초과하는 경우에는 복부수를 증가시킨 다중박스(Multi-cell) 또는 다주형 박스(Multi-box)로 계획한다. 해외에서 일반적으로 적용되고 있는 횡단면 유형별 교폭 적용범위는 다음과 같다.

① 단일박스(Single-cell) : 교량폭원 ≤ 13 m
② 2중박스(Twin-cell) : 13 m < 교량폭원 ≤ 18 m
③ 2주형 박스(Twin box) : 18 m < 교량폭원 ≤ 25 m

단일박스 구조 시공성 및 경제성 등의 여러 장점으로 인하여 교량폭원이 넓은 경우에도 횡방향 프리스트레스(Lateral Prestressing)를 도입한 단일박스 구조를 선택할 수 있다.(도로교설계기준 4.15.6.4(3)②) 도로교설계기준 4.15.6.4(3)④항에 따라 상부플랜지 캔틸레버 길이가 복부 중심선 간격의 0.45배를 초과시 횡방향 프리스트레스를 도입하도록 하였으나, 부득히 0.45배를 초과시 상세 구조해석을 수행하도록 하였다. 경관성, 단면 효율증대 및 고정하중 저감을 위하여 PSC 박스거더의 복부를 경사지게 하는 사다리꼴

단면을 계획하는데, 일반적으로 복부경사도는 1/4~1/5 정도가 적절하다. 그러나 변단면을 가진 장경간 교량에서는 거더 높이의 변화에 따라 하부플랜지의 폭이 변하게 되면 거푸집 작업의 난이도가 어렵게 되므로 복부를 수직으로 설계하는 경우가 많다.

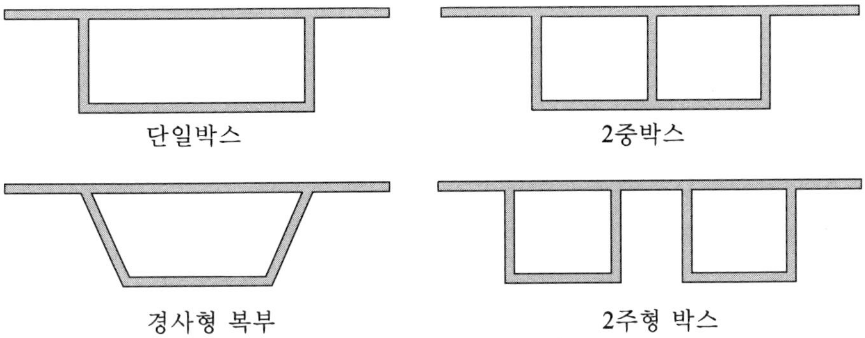

[그림 6.1] PSC 박스거더교의 횡단면 예

6.3 PSC 합성거더교 설계일반사항

PSC 합성거더교는 차량하중을 주거더에 전달할 수 있도록 하기 위해서 프리캐스트로 제작된 PSC 거더를 현장 거치 후 전단연결재 등을 이용하여 현장타설 바닥판과 합성시켜서 거더와 바닥판이 일체로 작용하도록 하여 주거더의 기능을 일부 분담할 수 있도록 계획한 구조형식이다. 계획시 지점부 바닥판을 2경간 또는 3경간 정도씩 연속화하여 유지관리(신축이음장치의 유지보수) 및 승차감이 향상되도록 하고 있으나, 거더 연속이 아닌 바닥판 연속화로 거더 해석시 연속으로 하지 않으며, 바닥판에 발생하는 부모멘트의 영향에 대해서는 합성 후 고정하중 및 활하중 연속합성구조로 가정하여 중간지점부를 설계하는 근사적인 설계법을 사용하고 있다. 이 형식은 바닥판이 현장 타설 철근콘크리트 또는 프리스트레스트 콘크리트 구조이기 때문에 선형의 종단, 횡단 경사의 처리가 용이한 구조형식이다. PSC 합성거더교는 지간이 50 m 이하인 교량에 적용되며 PSC 거더를 주거더로 하는 합성거더교로서 지간이 20~45 m 정도의 도로교 및 20~35 m 정도의 철도교에 적합한 교량 형식이다. 2000년대 전후로 다양한 형식의 PSC 합성형 형식이 개발되어 경제적인 장경간 교량 가설이 가능해 졌으며 연속형식도 가능하게 되었다. 또한 근래들어 고강도(60 MPa 이상) 콘크리트 적용으로 도로교의 겨우 60 m 이상 까지도 계획되고 있다.

6.3.1 특징

PSC 합성거더교의 특징은 다음과 같다.

- 주로 20~45 m 정도의 중소 지간의 교량에 적합하다.
- 교량의 바닥판을 현장 타설 콘크리트에 의해 시공하기 때문에 편경사, 종단경사에 대응하기 쉽다.
- PSC 거더를 대량 제작할 경우 건설 공사비를 절감하고 공사기간을 단축할 수 있다.
- 횡 방향 강성이 적기 때문에 비틀림 등 가설시의 안정성 검토가 필요하다.
- 교량의 평면선형의 곡선반경이 작은 경우에는 적용이 불리하다.

6.3.2 적용위치

이 교량형식은 다음과 같은 위치일 때 일반적으로 적용하며, 이외의 장소에 적용 시에는 거더의 가설방법에 대하여 별도의 검토가 이루어져야 한다.

- 교량 상부구조 시공을 위한 동바리 설치가 곤란한 지역
- 다리밑 공간의 제약이 비교적 적고 교량 높이가 20 m 이하의 교량
- 기초 심도가 깊은 곳(지지층이 15 m 이하의 경우에 적당)
- 교량의 높이가 크레인 가설이 가능한 하천교, 농지 등 개활지를 횡단하는 지역

6.3.3 PSC 합성거더교의 단면계획

PSC 합성거더의 단면형상은 그동안 국내 설계사례를 분석한 결과 거더높이/지간의 비는 교량의 폭, 설계하중에 따라 다르지만 일반적으로 1/14~1/16 정도가 적정한 것으로 검토되었다. 다음 <표 6.3>은 국토해양부 및 도로공사 표준도에 적용된 PSC 합성거더교의 거더표준 단면 제원을 나타낸다.

이 장에서는 현재 도로교 및 철도교에서 일반적으로 설계·시공되고 있는 PSC 합성거더교에 대한 설계 주요사항에 대하여 간략히 다루며 구체적인 예는 부록 설계예에서 다루기로 한다. 설계예의 경우 지간이 35 m인 도로교 PSC 합성거더교를 선정하여 구체적인 설계 예제를 나타내었다.

표 6.3 PSC 합성거더 단면 제원 예

설계 하중	거더길이 (m)	지간길이 (m)	거더최대 간격(mm)	b_l	b_w	b_u	H	H_1	H_2	H_3	H_4	H_5	비고
DB −13.5	24.9	24.5	2100	520	160	560	1450	170	180	930	40	130	건설 교통부 표준도
	29.9	29.5	2100	520	180	700	1900	170	180	1380	30	140	
DB −18	24.9	24.2	2100	600	200	640	1650	200	200	1000	90	160	
	29.9	29.2	2100	660	200	700	1950	230	220	1220	100	180	
DB −24	19.9	19.3	2300	530	170	570	1450	180	180	860	80	150	
	24.9	24.3	2300	600	200	640	1750	200	200	1100	90	160	
	29.9	29.3	2300	660	200	700	2050	230	220	1320	100	180	
	24.9	24.4	2600	600	200	640	1750	200	200	1100	90	160	도로 공사 표준도
	29.9	29.4	2600	660	200	700	2000	230	220	1270	100	180	
	34.9	34.4	2600	720	220	760	2260	250	240	1400	110	200	

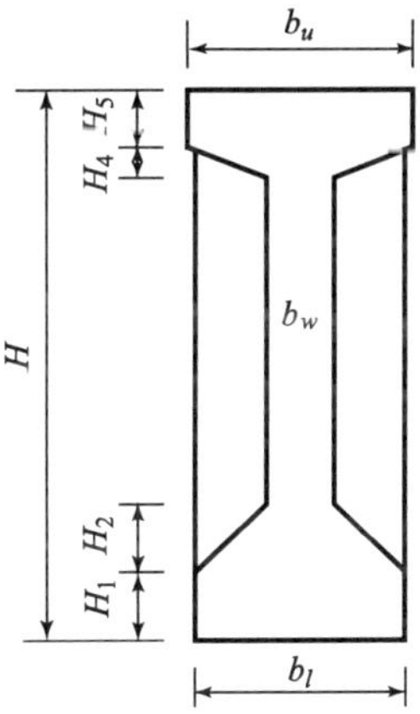

(1) 설계일반

① PSC 합성거더교는 주로 경간장이 짧고 길이가 긴 교량에서 적용되는 형식이다. 도로교에서 보통 적용되는 거더의 길이는 35 m 정도이며, 이 길이가 크레인 등을 이용하여 인상 및 조립하는데 가장 용이하고 과다한 모멘트를 받지 않는다. 경간장이 30~45 m 정도로 길어지고, 교량의 경간장 50 m 이상인 경우에는 일반적으로 PSC BOX 거더교 형식이 더 효과적이다. 국내에서 쓰이는 일반적인 PSC 합성거더는 20 m, 25 m, 30 m, 35 m, 40 m의 길이를 갖는 프리캐스트 거더이다. [그림 6.2]에 PSC 합성거더교의 대표단면을 나타낸다.

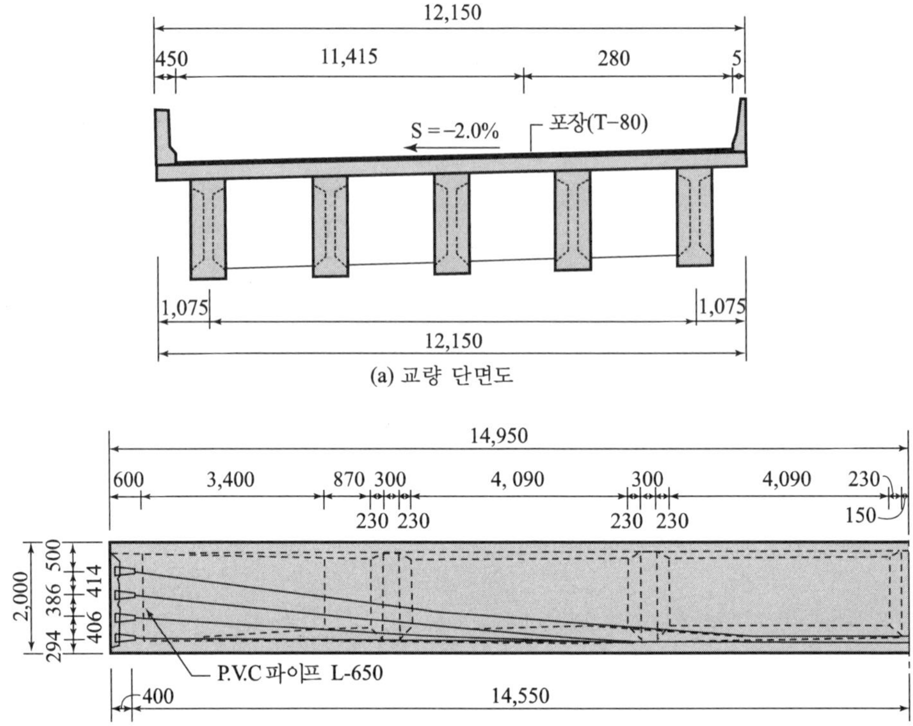

(a) 교량 단면도

(b) 거더 종단면도

[그림 6.2] PSC 합성거더교 단면 및 종단도

② 일반적으로는 PSC 합성거더 형식의 교량은 프리캐스트의 PSC 거더를 가설장소에 운반하여 전단연결재 등으로 현장치기 바닥판과 합성시켜서 거더와 바닥판이 일체작용을 하도록 하는 방법이다.

(2) 구조 해석

PSC 합성거더의 해석은 격자해석에 의한다. 격자는 주거더와 횡빔을 대상으로 구성한다. 하중은 격자의 부재와 격점에 작용하는 것으로 취급한다. 충격계수는 경간에 대한 값을 사용한다. 횡빔의 단면강성에는 슬래브의 효과를 포함하지만, 횡빔만으로 격자해석을 수행하는 편이 주거더의 비틀림모멘트는 작게 된다. 이때 주거더의 비틀림모멘트는 슬래브의 강성을 횡빔에 포함하는 경우에는 약 75% 정도 감소된다고 볼 수 있다.

주거더간의 슬래브는 주거더 중심에서 지지된 양단고정 슬래브로 해석하는데, 주거더에 의해 슬래브를 완전히 고정하였다고 볼 수는 없기 때문에 고정된 정도가 80% 정도된 경우에도 안전하게 하기 위하여 슬래브의 경간 중앙 모멘트는 양단고정 슬래브보다 큰 값을 사용하는 것이 좋다.

(3) PSC 거더교 설계시 주요 고려 내용

PSC 합성거더 계획 시 다음 사항에 유의하여 설계하여야 한다.

① PSC 합성거더를 곡선평면상에 가설할 경우 지간중앙부 캔틸레버 길이의 증가로 인하여 외측 거더에 과도한 하중이 재하될 우려가 있으므로 이에 대한 충분한 검토가 필요하다.

② 캔틸레버 길이(외측 거더 중앙에서 바닥판 끝단까지의 거리)는 거더 중심 간격의 1/2 이하로 하는 것이 좋으며, 캔틸레버에 고정하중이나 특수하중이 과대하게 재하될 경우에는 이에 대한 주거더 안전성을 충분히 확보해야 한다.

③ 합리적인 단면계획과 검토를 통해 거더 내·외측의 응력이 비슷한 수준이 되도록 단면을 계획하는 것이 바람직지하다.

④ PSC합성 거더 중간 지점부에서 바닥판을 연속 처리하여 발생하는 부모멘트의 영향을 고려한 바닥판 종방향 철근을 배근함으로써 바닥판의 균열을 최소화시킨다.

⑤ 받침 중심간 간격 및 좌표를 산정할 때와 받침 상면에 소울플레이트를 부착할 경우에는 교량의 종난구배를 반드시 고려하여야 한다.

(4) PSC 거더교 설계시 주요 검토 내용

① 주거더의 높이 (H)

교량의 설계에 대해 중요한 항목은 거더의 높이이다. 거더높이는 프리스트레스 직후의 자중 작용 시와 유효 프리스트레스가 작용된 설계하중 작용시의 2차 상태에서 결정되는 경우가 많다. 어느 상태이든 허용응력을 만족해야 한다. 이러한 검토에 의해서 주거더의 형고는 결정되나, 사용하는 콘크리트의 설계기준강도, 상·하 플랜지부의 폭과 두께를 변화시킴으로써 주거더의 높이를 낮출 수도 있다.

② 주거더 본수

주거더 본수를 많게 하면 주거더의 높이를 줄일 수 있고 주거더 1본당의 중량도 가볍게 되지만 재하되는 영향범위를 고려하여 적정한 본수를 결정하여야 한다. 주거더 단면높이를 줄이기 위해 거더 본수를 늘이게 되면 교량 전체의 중량이 크게 되어 공사비가 증가하게 된다. 따라서, 거더높이를 작게 한 경우나 주거더의 1본당 중량을 가볍게 한 경우이외는 주거더 본수를 적게 하는 편이 경제적인 경우가 많다.

③ 복부판 (b_w)

복부판 두께는 주거더의 중량에 큰 영향을 끼치므로 가능한 한 얇게 하는 편이 좋다.

통상 철근이나 쉬스관, 바이브레이타용 공간을 고려하여 25 cm 이상으로 한다. 또한, 지점부근에는 전단보강 철근이 많이 필요하므로 복부판을 광폭으로 하여야 한다.

④ 상부 플랜지 (b_u)

상부 플랜지는 단면의 중립축을 상승시키고 PS강재의 편심량을 크게 하므로 프리스트레스를 유효하게 해주는 중요한 역할을 하고 있다. 일반적으로 설계하중 작용시의 콘크리트의 압축응력이 허용치를 초과하는 경우는 플랜지의 크기가 더욱 크게 되므로 콘크리트의 설계기준강도를 크게 할 필요가 있다. 상부 플랜지가 광폭인 경우 이설 및 가설시의 횡 방향 안정성을 좋게 하지만 가설하중이 크게 되어 적절한 치수를 선택할 필요가 있다. 두께는 선단부에도 차량을 지지하는 경우가 있으므로 20 cm 이상을 권고한다.

⑤ 하부 플랜지 (b_l)

하부 플랜지의 치수는 필요한 PS강재 배치에 소요되는 공간을 확보할 수 있도록 정한다. 또한 프리스트레스 도입직후의 압축응력이 허용치에 들도록 하여야 한다. 한편 콘크리트 재료분리를 방지하기 위한 충분히 큰 바이브레터가 들어갈 수 있어야 콘크리트의 다짐이 용이하다. 따라서 이러한 점을 고려하여 하부 플랜지 폭은 60~100 cm 정도가 추천되고 있다.

⑥ PS강재의 정착

PS강재의 정착은 종래부터 상연 정착과 단부정착의 2가지 방법이 병용되어 왔다. 그러나 최근 상연정착부에서 물의 침입에 의해 PS강재의 부식이 발견되어 보다 안전한 단부정착법에 의한 설계가 많아지고 있다.

⑦ 쉬스와 쉬스 두부

쉬스지름은 단선의 PC강선의 경우는 정착구 부근과 span부분에 동일한 지름을 사용하지만, PC강연선의 경우는 정착단 부근에 큰 지름을 사용하고 있다. 단면지름이 12× 12.7 mm의 PC강연선의 경우 Span부분은 쉬스지름 65 mm, 정착단부의 1.5 m 구간에서는 지름 70~75 mm의 쉬스를 사용하고 있다. PC강선을 쉬스배치 후 삽입하는 경우에는 약 5 mm 정도 더 큰 지름의 쉬스를 사용하는 것이 좋다. 쉬스 두부에 대해서는 프리스트레스의 직각방향에 발생하는 포아슨 효과나 쉬스내 물의 동결에 의한 쉬스내 내압등에 대처하고 PS강재 두부가 부식되는 것을 막기 위해 철근으로 감싸줄 필요가 있다. 이를 위해 PS강재 두부에는 쉬스지름보다 크게 하고, 4 cm 이상으로 하는 것을 원칙으로 한다.

6.4 PSC 합성거더교 설계단계별 고려사항

6.4.1 [단계 1] 설계조건

(1) 교량 제원 결정

가설되는 교량에 요구되는 교량등급, 지간구성에 따른 교량의 제원을 파악하고 표준활하중을 적용하여 교량을 설계한다. 거더의 높이는 지간에 따른 적정한 높이를 선정하여야 하며, 다리밑 공간 확보에 지장이 없도록 결정하여야 한다[도로교설계기준 1.5.3 교차조건 p1-3].

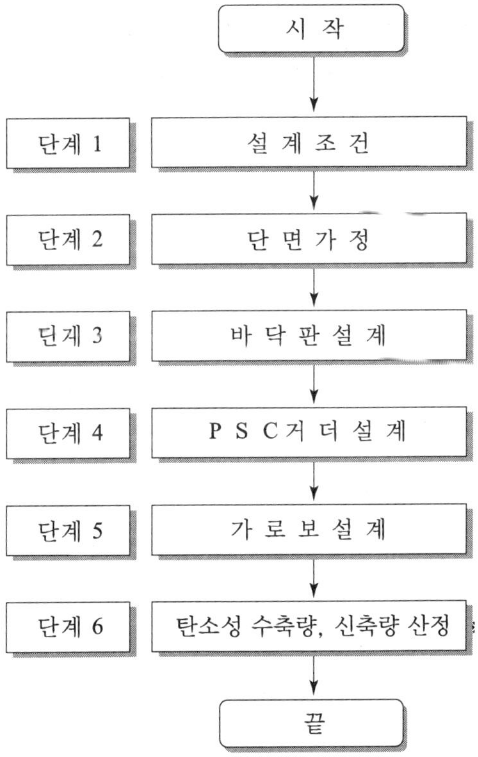

[그림 6.3] PSC 합성거더교 설계 흐름도

(2) 설계하중

도로교설계기준 2.1하중 2.1.1하중의 종류에 따른다. 주요 설계하중은 다음과 같다

① 고정하중[도로교설계기준 2.1.2 고정하중 p2-2] : 포장, 방수, 보도, 바닥판 및 거더의 콘크리트 자중, 난간, 방음벽

② 활하중[도로교설계기준 2.1.3 활하중 p2-2] : DB,DL 하중 및 충격계수

③ 풍하중[도로교설계기준 2.1.11 p2-12] : 교량에 대하여 1방향으로 수평 및 직각으로 작용하는 것을 원칙으로 한다.

(3) 사용재료

PSC교에 사용되는 콘크리트는 압축강도가 크고, 건조수축과 크리프가 적게 발생해야 하며, 설계에 적용된 압축강도가 현장 시공 시에도 품질이 확실하게 보장되어야 한다. PSC교에 사용되는 콘크리트 재료의 일반적인 기준은 [도로교설계기준 2.3.2 p2-31]와 [도로교설계기준 4.1.8 사용재료 p4-20]에 따라 사용재료를 선택한다. PS용 콘크리트 부재는 설계나 시공상 압축강도가 높은 콘크리트를 요구하므로 300 MPa 이상으로 제한하였다. 단, 가로보의 현장치기 콘크리트 등에 대해서는 설계기준강도를 240 MPa 정도까지 허용할 수 있다. 설계계산에 사용되는 물리상수는 [도로교설계기준 2.3.3 설계계산에 사용하는 물리상수 p2-32]을 적용한다.

(4) 사용성의 한계

① 균열 [도로교설계기준 4.4.9.3 허용균열폭, 4.4.9.4 균열의 검토 p4-97]

콘크리트에 발생하는 균열이 구조물의 기능, 내구성 및 미관 등의 사용목적에 손상을 주는가에 대하여 적절한 방법으로 검토하여야 한다. 부재에 작용하는 균열폭은 노출환경에 따라 정해진 허용균열폭 w_a을 초과하지 않아야 하며, 표 6.4에 적용하는 피복두께는 100 mm 이하이여야 한다. 교량구조물의 소요성능을 확보하기 위해서 노출환경에 따른 균열폭 제한은 시공중인 임시 상황뿐만 아니라 정상 상황에서 예측되는 적절한 하중조합에서 적용하여야 한다.

표 6.4 노출 환경에 따른 허용균열폭 w_a (mm)

강재의 종류	강재의 부식에 대한 환경조건			
	건조한 환경	습윤환경	부식성 환경	극심한 부식성 환경
철 근	0.4mm와 $0.006t_c$ 중 큰 값	0.3mm와 $0.005t_c$ 중 큰 값	0.3mm와 $0.004t_c$ 중 큰 값	0.3mm와 $0.006t_c$ 중 큰 값
PS강재	0.2mm와 $0.005t_c$ 중 큰 값	0.2mm와 $0.004t_c$ 중 큰 값	–	–

t_c: 최외단 주철근의 외측 표면에서 콘크리트 표면사이의 최단피복두께(mm)

허용균열폭에 대한 규정은 도·설 4.4.9.3 허용 균열폭을 기준으로 검토 한다.

② 처짐제어 및 계산 [도로교설계기준 4.4.9.5 처짐제어 및 계산 p4-98]

교량구조물의 휨부재는 사용하중과 충격으로 인해 발생한 처짐 또는 변형이 구조물의 강도나 실제사용에 해로운 영향을 주지 않도록 충분한 강성을 갖게 설계되어야 한다. 상부구조의 처짐제한은 사용활하중과 충격으로 인한 처짐이 단순 또는 연속지간을 갖는 부재에서 지간의 1/800을 초과하지 않아야 하며, 캔틸레버부는 캔틸레버 길이의 1/300을 초과해서는 안 된다.

③ 피로에 대한 안전성 검토[도로교설계기준 4.4.9.6 피로에 대한 안전성 검토 p4-102]

하중중에서 변동하중이 차지하는 비율이 높거나 작용빈도가 크; 때문에 피로에 대한 안정성 검토를 필요로 하는 경우 도로교설계기준 4.4.9.6 피로에 대한 안정성 검토를 따른다.

표 6.5 피로를 고려하지 않아도 되는 철근의 응력범위

철근의 종류	철근의 인장 및 압축응력 범위(MPa)
SD300	130
SD350	140
SD400	150

6.4.2 [단계 2] 단면가정

① 일반적으로 PSC 합성거더는 직선이므로 곡선평면상에 설치할 경우는 지간중앙부 캔틸레버 길이의 확장으로 인하여 외측 거더에 과대한 하중이 재하 될 우려가 있으므로 이에 대한 충분한 검토가 필요하다.

② 캔틸레버의 길이(외측 거더 중앙에서 바닥판 끝단까지의 거리)는 거더간 거리의 1/2이하로 하는 것이 좋으며, 캔틸레버에 과대한 고정하중이나 특수하중이 재하 될 경우에는 주거더의 충분한 검토가 필요하다.

③ 가능한 내·외측 거더의 응력이 비슷하게 될 수 있도록 단면계획의 충분한 검토가 필요하다.

6.4.3 [단계 3] 바닥판 설계[도로교설계기준 4.7 바닥판 p4-151]

적용범위는 변장비가 1 : 2 이상인 철근콘크리트 바닥판, 프리스트레스트 콘크리트 바닥판 및 크리케스트 바닥판 설계에 적용하며 변장비가 2보다 작아 정사각형에 가까운 바

닥판은 바닥판의 최소두께, 철근의 종류 및 철근의 배치에 따라 규정 준수가 가능 하지만, 설계휨모멘트를 계산할 때에는 도로교설계기준 4.7.5.3의 규정을 따라 변장비의 영향을 고려한다.

(1) 중앙부 바닥판

고정하중 및 활하중에 대한 단면력을 구하여 극한모멘트를 산정하고 단면내력이 그 이상이 되도록 철근을 배근한다. 또한 배력철근도 고려해주어야 한다.

① 바닥판의 지간 : 단순판 및 연속판, 캔틸레버판에 작용하는 차량하중 및 고정하중에 대한 지간은 [도로교설계기준 4.7.3 바닥판의 지간 p4-151]을 참고하여 결정한다.

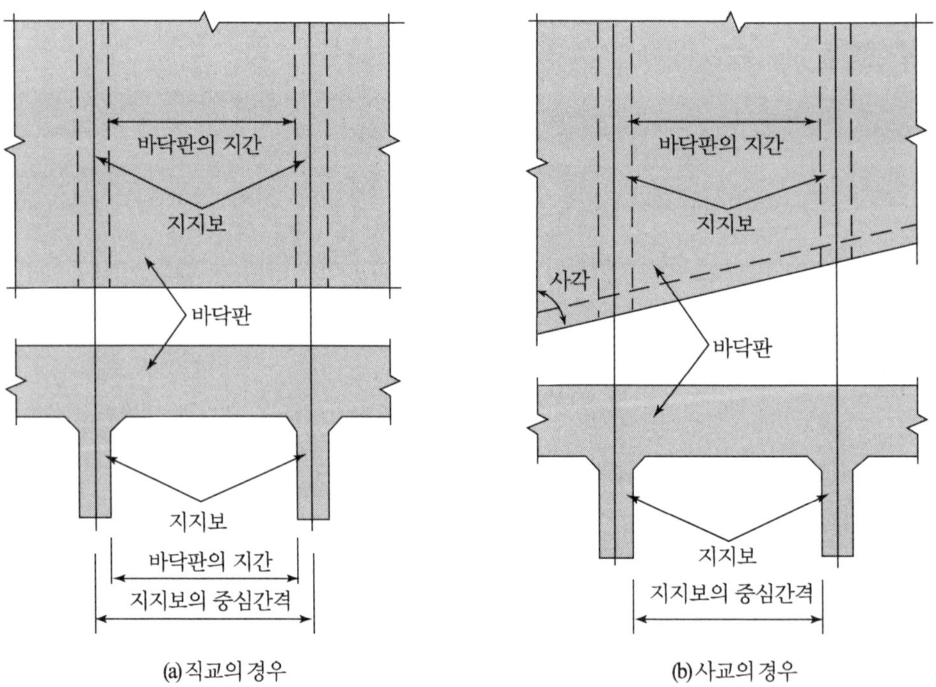

(a) 직교의 경우 (b) 사교의 경우

[그림 6.4] 단순판 및 연속판의 지간

② 바닥판의 최소두께 : 바닥판의 최소두께 규준은 바닥판을 철근콘크리트와 프리스트레스 콘크리트로 구분하여 궤도부분과 보도부분에 대해 [도로교설계기준 4.7.4 바닥판의 최소두께 p4-153]에 제시되어 있으므로 이를 따른다.

표 6.6 바닥판의 최소두께 (mm)

바닥판의 구분 \ 바닥판 지간의 방향*		궤도 진행 방향에 직각	궤도 진행 방향에 평행
단 순 판		$40L+130$	$65L+150$
연 속 판		$30L+130$	$50L+150$
캔틸레버판	$L \leq 0.25$	$280L+180$	$240L+150$
	$L > 0.25$	$80L+230$	

*) 바닥판 지간의 방향 및 길이는 [그림 6.4]에 따른다.
여기서 L은 도로교설계기준 4.7.3에 규정한 트럭하중에 대한 바닥판의 지간(m)을 나타낸다.

③ 바닥판의 설계휨모멘트 및 응력의 검사 [도로교설계기준 4.7.5 p4-156]

바닥판의 단위폭(1 m)에 대한 활하중 휨모멘트의 크기는 주철근 방향과 차량의 진행 방향에 따라 두 가지의 방법으로 간략식을 이용하여 구할 수 있다. 차량바퀴의 접지면적을 고려한 정밀해석방법은 예외이며, 적용할 수 있는 간략식이 단순판 및 연속판의 경우와, 캔틸레버 바닥판의 경우 각각 [도로교설계기준 4.7.5.1과 4.7.5.2]에 따른다. 또한 사변이 지지된 바닥판의 휨모멘트 산정은 [도로교설계기준 4.7.5.3]에 제시되어 있으며, 등분포 고정하중에 의한 휨모멘트의 산정식은 [도로교설계기준 4.7.5.4]에 규정되어 있다. 주철근의 방향이 차량진행방향에 평행할 때에는 종방향으로 단부보가 있어야 하며, 이에 대한 기준은 [도로교설계기준 4.7.5.5]에 주어져 있다.

(가) 철근의 배근 : 집중 활하중을 횡 방향으로 분포시키기 위하여 바닥판에는 주철근 방향에 직각으로 배력철근을 배치해야 한다. 상세 내용은 [도로교설계기준 4.7.5.6 p4-160]의 내용을 따른다.

(나) 프리스트레스에 의한 부정정 휨모멘트 : 연속바닥판에 프리스트레스를 도입하는 경우에는 프리스트레싱에 의해 생기는 부정정 휨모멘트를 고려해야 한다. 다만, 부정정 휨모멘트가 작게 일어나도록 PS강재를 배치하는 경우에는 이 부정정 휨모멘트를 무시할 수 있다 [도로교설계기준 4.7.5.8 p4-161].

(다) 바닥판의 응력검사 : 바닥판의 응력은 전술한 규정에 따라 계산된 설계휨모멘트를 이용하여 산정하며 설계휨모멘트의 방향과 강재의 배치방향이 다를 때에는 설계휨모멘트 방향에 대한 강재의 유효단면적을 사용하거나 또는 프리스트레스힘의 분력을 이용하여 설계를 수행하여야 한다 [도로교설계기준 4.7.5.9 p4-161].

(2) 캔틸레버부 바닥판[도로교설계기준 4.7.5 p4-158]

중앙부 바닥판과 마찬가지로 설계기준에서 제시하고 있는 지간 및 최소두께 규정을 고려하여야 한다. 바닥판에 대한 고정하중을 구하여 이에 대한 단면력을 구한다. 그리고 팔길이와 충격계수를 구하여 활하중에 대한 단면력을 구하고 단부와 그 외의 부분에 대해 하중계수를 고려하여 극한모멘트를 산정한다. 이 극한모멘트를 이용하여 캔틸레버판의 단부 및 일반부에 대해 소요철근량을 산정하고 배근한다. 캔틸레버판에 방음벽이 설치될 경우에는 이들 하중을 포함한 설계하중에 대해 캔틸레버의 위험단면 및 지지부 단면도 검토하여야 한다.

(3) 구조상세

바닥판의 헌치, 철근의 종류 및 배치, PS 강재의 배치, 캔틸레버 바닥판의 단부등의 상세 규정은 [도로교설계기준 4.7.6 p4-162]를 따른다.

(4) 경험적설계법

경험적 설계법은 윤하중을 지지하는 교량바닥판의 주요한 구조적 거동이 휨이 아닌 아치작용이라는 사실에 근거한 설계법이며, 이 설계법을 적용하여 교량바닥판을 설계하는 경우 별도의 구조해석을 수행하지 않아도 된다. 상세한 설계 규정은 [도로교설계기준 4.7.7 p4-164]를 따른다.

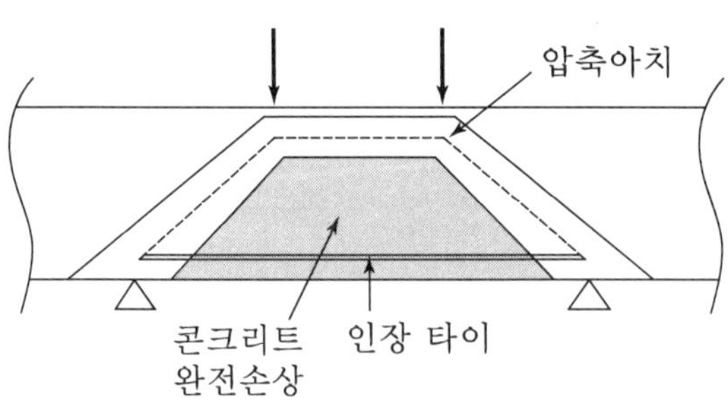

[그림 6.5] 바닥판 아치작용

아치작용(Arching Action)에 의하여 교량바닥판은 윤하중 접지면의 경계 부근의 과다한 변형으로 휨파괴가 아닌 펀칭 전단파괴가 발생한다. 이때 파괴면의 각도는 일반적으로 면내 압축력에 의하여 45° 보다 크게 발생하며, 파괴하중의 크기는 설계활하중의 10배 이상이 된다. 합성 거더교의 경우 경험적 설계법 적용시 휨강도와 피로강성이 크게 증가한다.

6.4.4 [단계 4] PSC 거더 설계

(1) 거더의 단면계수 산정

응력 및 강도의 계산에 사용되는 단면계수를 구하기 위한 단면의 제원을 구한다. PSC 합성거더교의 경우는 여러 가지의 하중단계를 가지므로 내측 거더와 외측 거더에 대하여 유효폭을 산정하고 총단면, 순단면, PS강재의 환산단면, 바닥판을 합성한 환산단면에 대하여 단면의 특성치(단면적, 단면계수, 단면2차모멘트 및 도심 등)를 구하여야 한다. 주거더는 내측 거더와 외측 거더로 분리하여 설계하게 된다. 이때 합성단면의 유효 플랜지 폭은 [도로교설계기준 4.2.2.6 압축 플랜지의 유효폭 p4-23]의 규준을 따른다.

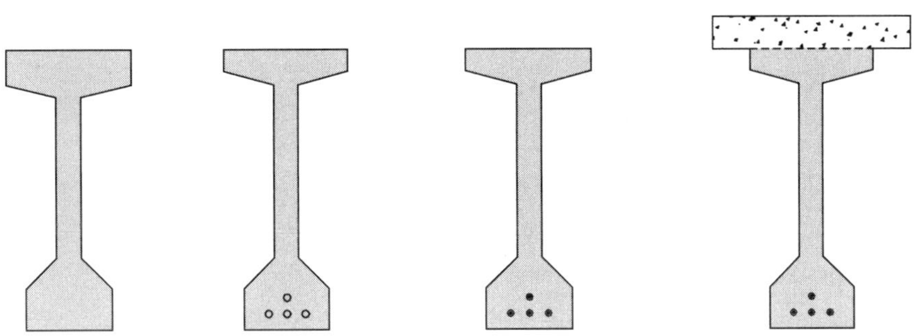

(a) 총단면 (b) 순단면 (c) PS강재환산단면 (d) 바닥판합성단면

[그림 6.6] 응력계산에 사용하는 각종 단면

표 6.7 단면계수 및 탄성계수

하중 \ 구분	비합성보 (프리 텐션)		합성보 (포스트 텐션)		비 고
	단면계수	탄성계수	단면계수	탄성계수	
프리스트레스	PS강재 환산단면	프리스트레스 도 입 시	순 단 면	프리스트레스 도 입 시	-
자 중	PS강재 환산단면	프리스트레스 도 입 시	순 단 면	프리스트레스 도 입 시	-
합 성 전 고정하중	PS강재 환산단면	교면 포장시	PS강재 환산단면	바 닥 판 타 설 시	비합성보인 경우 고정하중
합 성 후 고정하중	-	-	바 닥 판 환산단면	바 닥 판 타 설 시	비합성보 해당 없음
활 하 중	PS강재 환산단면	교면 포장시	바 닥 판 환산단면	바 닥 판 타 설 시	-

(2) 거더별 횡분배계수에 의한 거더 단면력 산정

① 거더별 횡분배계수 산정

Guyon & Massonnet이 제안한 이론을 바탕으로 하중 횡분배를 실시하여 각 주형별 단면력을 산출한다.

(가) 집중하중의 분배계수

$$K_{ai} = K_{aij} / N_g \tag{6.1}$$

(나) 분포하중의 분배계수

$$K_{ai} = \int \frac{K_{ai}(e)}{N_g} de \tag{6.2}$$

② 고정하중에 의한 모멘트 및 전단력 : 계산된 하중값(주거더, 격벽, 바닥판, 도상 및 방호벽의 자중 등)을 이용하여 하중을 적절하게 모델링하고 각각의 계산할 임의의 절점에서의 모멘트 및 전단력을 산출한다.

③ 활하중에 의한 모멘트 및 전단력 : [도로교설계기준 2.1.3 활하중 p2-2]의 활하중을 가장 불리하게 재하시켜 계산할 각각의 임의의 절점에서의 단면력을 구한다.

④ 단면력의 집계 : 가장 불리하게 작용하는 휨응력 및 휨강도, 전단강도를 구하기 위하여 내측 거더 및 외측 거더에 대하여 거더 자중과 전술한 합성전의 고정하중, 합성후의 고정하중, 활하중의 4가지 단계별로 발생하는 전단력 및 모멘트를 지간 중앙부나 지점부 등 계산해야 할 각각의 절점에 대하여 정리한다.

(3) 휨응력 산정 및 프리스트레스 계산(지간 중앙 설계단면)

단면에 가장 크게 발생하는 응력을 구하기 위하여 프리스트레스 도입직후(합성전 보단면에 대한 프리스트레스+보의 자중), 바닥판 합성시(합성전 보단면에 대한 프리스트레스+보,바닥판의 자중), 합성후 고정하중 작용시(합성후 보 및 플랜지 단면에 대한 프리스트레스 혹은 유효 프리스트레스+보, 바닥판 및 포장의 자중), 활하중 작용시(합성후 보 및 플랜지 단면에 대한 상기의 응력+활하중(충격 포함))에 의한 응력등 4가지 단계별로 가장 큰 모멘트가 발생하는 점의 모멘트를 구한다. 각각의 단계별로 구한 값을 단계별 단면계수로 나누어 콘크리트에 발생하는 가장 큰 휨응력을 구한다. 응력의 검사에 있어서는 거더와 바닥판에서의 콘크리트 크리프의 차 및 검조수축의 차를 고려하는 것을 원칙으로 한다.

① 소요 PS강연선 개수의 약산 : 유효계수를 가정하여 강연선의 인장력을 구하고 각 강연선의 유효 응력을 가정하여 인장력을 구한다. 이를 이용하여 구하려는 소요 강연선의 개수를 계산한다.

② 프리스트레스 도입 직후의 응력 : 프리스트레스의 도입은 바닥판 슬래브를 타설하기 전에 이루어지므로 이 단계에서 고려되어야 할 하중은 거더의 자중과 초기손실만을 고려한 유효 프리스트레스 하중만을 고려하게 된다. 초기 손실만을 고려한 유효 프리스트레스를 구하기 위하여 우선 긴장할 초기 응력를 가정하고 PS강연선과 쉬스 사이의 마찰에 의한 손실, PS강연선의 활동에 의한 손실, 콘크리트의 탄성변형에 의한 손실을 계산한다. 이를 이용하여 콘크리트의 상연부와 하연부에서의 프리스트레스에 의한 응력을 구하고 주거더의 자중에 의한 콘크리트의 상하연부의 응력을 구하여 프리스트레스의 도입 직후의 응력을 구한다.

③ 설계하중 작용시의 응력 : 설계하중이 작용하는 단계는 합성단면일 경우이며 이때는 장기손실이 일어난 후의 유효 프리스트레스를 고려하여야 한다. 고려하여야 할 장기 손실은 콘크리트의 건조수축 및 크리프에 의한 손실, PS강연선의 릴랙세이션에 의한 손실 등이 있으며, 전술한 바와 같이 계산하여 유효 프리스트레스를 구한다. 이를 바탕으로 (나)항과 마찬가지 방법으로 설계하중 작용 시 콘크리트의 상하연부의 응력을 구한다.

④ 설계하중 작용시의 휨응력의 합성 : 위에 구한 프리스트레스 도입 직후와 설계하중 작용시의 응력을 조합하여 주거더에 대하여 프리스트레스와 각 단계별의 하중의 조합이 허용응력의 범위 내에 있는지 검토한다. 또 바닥판 슬래브에 대해서도 허용응력의 범위 내에 있는지 검토한다. 이때 조건을 만족하지 못하면 다시 단면을 새롭게 가정하고 다시 설계한다.

⑤ 극한강도에 대한 검토

(가) 휨강도 검토 : 극한휨강도는 보통 휨모멘트가 가장 크게 발생하는 부분인 지간중앙단면에 대하여 검토하게 된다. 최대모멘트를 받은 단면은 최종 바닥판 환산단면이므로 이때의 단면저항모멘트를 구하고 극한하중 작용시의 휨모멘트의 값과 비교하여 검토한다. 이때 파괴응력 f_{ps}의 산정은 설계기준 규정이나 변형률적합조건의 근사식을 이용하여 구한다[도로교설계기준 4.6.3.5 p4-125].

(나) 전단강도 검토 : 보통 전단력이 가장 크게 발생하는 지점부에서 전단강도를 검토하게 된다. 우선 휨균열 발생 시와 전단균열 발생 시에 콘크리트가 부담하는 전단강도를 구하여 그중 작은 값을 콘크리트가 견딜 수 있는 전단강도로 보고 극한전

단력을 구하여 [도로교설계기준 4.6.3.8 p4-83]에 따라 전단철근의 배치를 결정한다.

(4) 전단설계 및 사인장 파괴 검토

① 수평 전단설계 : 합성거더교에서의 주거더와 바닥판의 결합은 전단철근이 연결재의 역할을 하게 된다. 우선은 전단철근의 극한전단력을 바탕으로 전단응력을 구한 뒤 허용치 이내에 있는지 검토한다. 전단연결재의 설계는 [도로교 설계기준 4.6.3.8 (4)]의 규정을 따른다.

② 사인장 파괴 검토 : PSC 거더는 휨 이외의 다른 원인에 의한 파괴에 대해서도 안전해야 한다. 그러한 파괴는 휨파괴보다 더 위험할지도 모르며, 또 갑작스럽게 예고 없이 일어날 지도 모른다. 사인장 파괴라고 불리는 휨전단 파괴가 그것이다. 또한 거더는 축방향으로 비틀림을 받는 수도 있다. 이 비틀림모멘트가 콘크리트에 사인장 응력을 증가시킨다.

(5) 처짐 검토

발생하는 모든 휨모멘트를 고려하여 처짐값을 구한다. 우선 프리스트레스에 의해 발생하는 모멘트를 계산하고, 내측 거더, 외측 거더에 대하여 고정하중에 의한 처짐(하향), 프리스트레스에 의한 처짐(상향), 활하중에 의한 처짐(하향)을 계산한다. 그 결과가 허용처짐값 이내에 드는지를 검토한다.

(6) PS강연선의 검토

PS강연선의 배치형상 및 응력에 대하여 다음과 같은 방법으로 검토한다.

① 강연선의 배치 : PS강연선의 배치로부터 길이를 구하고 이로부터 각 강선별 강선배치 포물선 함수를 얻는다. 이를 이용하여 각 강선별 주거더 중심으로부터의 거리에 따른 거더 하단에서의 강선 높이를 산출하여 강선의 배치형상을 얻는다.

② PS강연선의 인장력 : PS강연선은 긴장시의 응력과의 차이는 무시할 수 있으므로 초기 손실이 일어 난 후에 가장 큰 응력을 받는다고 볼 수 있다. 따라서 초기 손실인 PS강연선과 쉬스 사이의 마찰에 의한 영향, PS강연선의 활동에 의한 영향, 콘크리트의 탄성변형에 의한 영향을 강선의 긴장순서별로 계산하여 PS강연선의 인장력을 계산한다. 이때 이 값이 강선의 허용인장력보다 작은지 검토해야 한다.

③ PS강연선의 신장량 : 위에서 구한 결과들을 이용하여 PS강연선의 신장량을 구한다.

(7) 정착구역의 설계

① 정착장치의 위치

(가) 정착장치의 위치는 각 설계단면에 소요 프리스트레스가 충분히 분포되어 도입될 수 있도록 택하여야 한다.

(나) 부재의 중간부에 정착장치를 설치하는 경우는 원칙적으로 활하중에 의한 응력 변동이 작은 곳으로서 중립축에 가까운 위치로 하고 동시에 가능한 한 중간 격벽의 위치를 택하여야 한다.

(다) 정착장치는 거더의 복부에 두는 것을 원칙으로 하고, 부득이 상부플랜지, 하부플랜지 혹은 복부단면에 붙여서 정착하는 경우에는 정착장치 부근에 생기는 인장응력에 대해 충분히 보강한다. 그리고 포스트텐션 방식의 프리캐스트 거더 등으로서 PS강연선을 구부려 올려 상부플랜지 상단에 정착하는 경우 구부려 올린 강연선은 전길이의 1/2 이하의 개수로 한다. 또한 거더 단부의 도심선과 프리스트레스의 합력이 될 수 있는 한 일치될 수 있도록 하기 위하여 거더 단부에 있어서의 정착장치는 그 도심선에 대해 균등하게 배치하는 것이 좋다.

② 정착구역 보강

(가) PSC 부재에서 PS강재를 정착시키는 부분을 단블럭(End Block)이라고 하며 프리스트레스는 이 단블럭을 통하여 부재단면에 도입된다. 단블럭의 길이는 집중적인 응력상태로부터 탄성이론으로 계산된 이론상의 응력 분포로 되는 단면까지의 거리를 말한다. 또한, 정착구역에서의 파열인장과 할렬인장에 대비하여 폐합스터럽을 촘촘히 상하부에 정착시킨다.

(나) 단부보강 스터럽에 의한 인장력 :

$$T = M_{\max} / (h - x) \qquad (6.3)$$

여기서 $M_{\max}$는 보강철근이 받아야 할 최대모멘트이고, x는 $h/2$내에 배치된 수직 스터럽의 도심으로부터 부재단까지의 거리이다.

(다) 필요한 보강철근의 양

$$A_t = T / f_{sa} \qquad (6.4)$$

(라) 콘크리트의 지압응력은 정착면적에서 덕트면적을 뺀만큼의 면적으로 프리스트레싱 힘을 나눈 값으로 한다. 포스트텐션보의 정착장치는 국제적으로 통용되는 정착장치 인증시험을 거치는 경우 별도의 지압검토를 하지 않아도 무방하나, 시험

으로 증명되지 않은 정착장치에 의해 발생되는 콘크리트의 지압응력은 다음 값이하로 하여야 한다[도로교설계기준 4.6.3.3⑥].

㉮ 긴장재 정착 직후 :

$$f_b = 0.7f_{ci}\sqrt{\frac{A_{b'}}{A_b} - 0.2} \leq 1.10f_{ci} \tag{6.5}$$

㉯ 프리스트레스 손실후 :

$$f_b = 0.50f_{ck}\sqrt{\frac{A_{b'}}{A_b}} \leq 0.90f_{ck} \tag{6.6}$$

여기서, A_b는 정착판의 면적(mm^2)이고, $A_{b'}$는 정착판의 도심과 동일한 도심을 가지도록 부재 단부에 정착판의 닮은꼴을 가장 크게 그렸을 때 도형의 면적(mm^2)을 뜻한다.

(마) 지압판의 귀퉁이에서 바깥쪽으로 향하여 할렬균열이 발생하려는 경향이 있고, 또 정착구역에서 복부의 외측면으로 파열될 우려가 있기 때문에 정착판 바로 뒤에는 철근을 추가배치 할 필요가 있다. 파열 및 할렬 구역에 대해서는 [도로교설계기준 4.6.3.9]의 규정에 따른다.

– 파열응력(Bursting Stress) 보강철근검토

파열응력은 하중재하선상에서 하중 재하점으로부터 하중재하방향(프리스트레싱 방향)에 직각으로 발생하는 응력으로 다음과 같이 구한다.

$$T_{burst} = 0.25\,\Sigma\,P_u\left(1 - \frac{a}{h}\right) + 0.5\,P_u\sin\alpha \tag{6.7}$$

여기서, T_{burst} : 파열력

a : 정착판의 일변길이

h : 정착단면의 치수

P_u : 긴장재의 인장력

철근은 최대 인장력에 대하여 $0.6\,f_y$ 이하의 응력을 받도록 설계 한다.

$$f_s = 0.6 \times f_y \tag{6.8}$$

필요철근량, $$A_s = T_{burst} \,/\, f_s \tag{6.9}$$

– 할렬응력(Spalling Stress) 보강철근검토

할렬응력은 하중재하면(프리스트레싱 면)에서 최대이고 보의 내부로 들어 갈수록 급격히 저하한다. 그러나 최대 할렬응력값은 파열응력보다 매우 클 수도 있다.

$$T_{spall} = 0.02 \times P_u \tag{6.10}$$

$$f_s = 0.6 \times f_y \tag{6.11}$$

필요철근량, $$A_s = T_{spall} / f_s \tag{6.12}$$

6.4.5 [단계 5] 가로보 설계

(1) 하중분배계수 산정

고정하중 및 활하중의 각 주형으로의 하중분배는 Guyon & Massonnet 이론에 입각하여 구한다.

(2) 단면 검토

시공단계상 다음의 2단계에 대한 단면 제정수 및 단면력을 각각 산출하여 단면을 검토하여야 한다.

① 현상타설 바닥판 타설 전

② 설계하중 작용 시

6.4.6 [단계 6] 바닥판 연속부 검토

PSC 합성거더교의 바닥판 연속화는는 교각 위에 거더를 거치후 중간 바닥판을 타설한다. 마지막으로 연결부 접합 구간을 현장타설 콘크리트로 연결하게 되며 일반적인 시공순서는 [그림 6.7]과 같다. 바닥판 연속화의 경우 연결부의 지점은 2개의 받침으로 지지하는 형식을 원칙으로 한다.

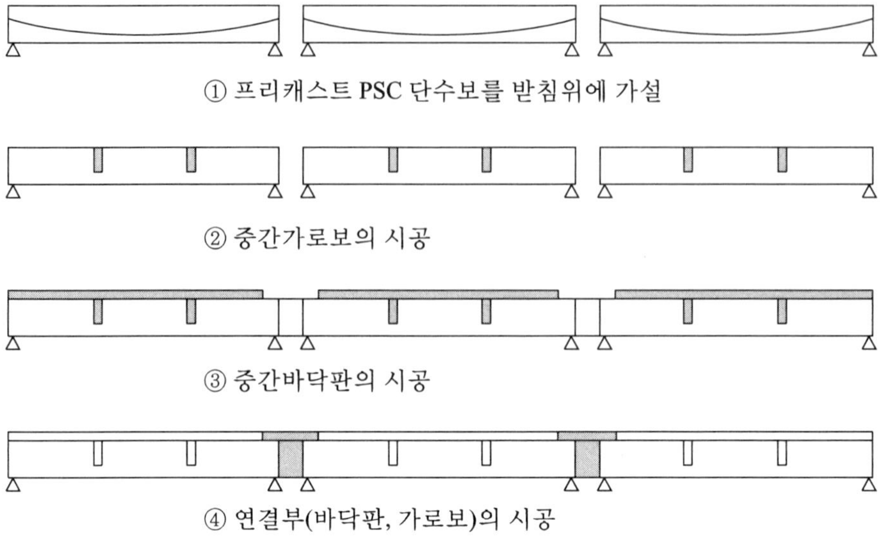

[그림 6.7] PSC 합성거더교 가설순서

지점상의 연속부 검토시 연결 후에 탄성받침을 갖는 연속보로서 구한 단면력으로 산정하며, 거더 연결 후에 발생하는 크리프, 건조수축 및 지점침하에 의한 영향은 고정하중 및 활하중등과의 하중조합을 통하여 가장 불리한 경우에 대해 고려하는 것으로 한다. 연결부의 단면산정시 부모멘트에 대한 설계단면은 연결부 단면으로 하고 단면형태는 [그림 6.8]과 같이 PSC 거더의 단면형상을 복부로 하고 [도로교설계기준 4.2.2.6]에 규정된 유효폭을 연결부 인장철근이 배근되는 플랜지의 유효 폭으로 한다.

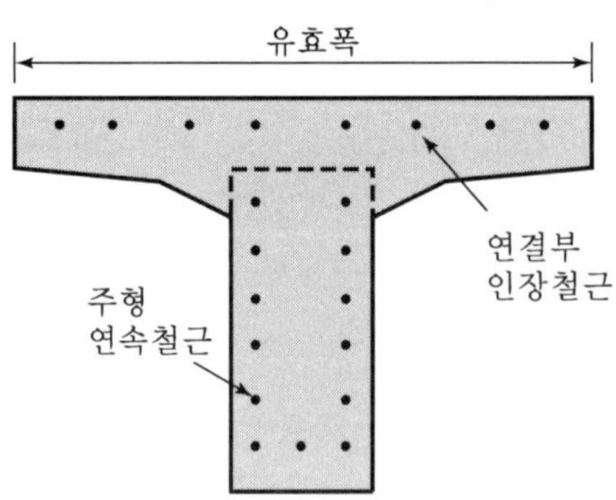

[그림 6.8] 연결부설계단면

6.4.7 [단계 7] 탄소성 수축량 및 신축량 검토

(1) 탄성수축량 : 프리스트레스에 의한 이동량

$$\Delta l_e = \epsilon_e \times l = \frac{f_c}{E_c} \times l \tag{6.13}$$

(2) 소성 수축량

① 콘크리트의 크리프에 의한 이동량

$$\Delta l_c = \frac{P_i}{E_c A_c} \times \phi \times l \times \beta \tag{6.14}$$

② 콘크리트의 건조수축에 의한 이동량

$$\Delta l_s = \Delta T \times \alpha \times l \times \beta \tag{6.15}$$

여기서 α : 선팽창계수

β : 건조수축, 크리프의 저감계수

l : 신축거더길이

P_i : 프리스트레싱 직후의 PS강재에 작용하는 인장력

A_c : 콘크리트의 단면적

E_c : 콘크리트의 탄성계수

ϕ : 콘크리트의 크리프계수

ΔT : 건조수축에 해당하는 온도변화

③ 여유 신축량

가동받침의 이동량 산정시 상기 계산이동량 외에 설치시 오차와 하부구조의 예상 밖의 변위에 대처할 수 있도록 여유량을 고려하여야 한다. 이 여유량은 교량 규모에 따라서 다른데 일반적으로 다음과 같은 값을 따른다.

– 신축장 100 m 미만 : (기본신축량 × 20%) + 10 mm (6.16)

– 신축장 100 m 이상 : 설치여유량(10 mm) + 부가여유량(20 mm) (6.17)

여기서, 신축장은 신축하는 거더의 길이이며, 일반 받침의 경우는 고정단으로부터의 거리, 면진받침의 경우에는 교량의 중심에서 부터의 거리로 본다.

연습문제

6.1 PSC빔교의 연속화 방안에 대하여 설명하시오.

6.2 PSC 교량의 설계시 처짐에 대하여 기술하시오(허용처짐, 하중재하방법, 처짐 계산시 사용하는 단면)

6.3 지간이 30 m인 단순 PSC빔교(도로교)의 설계시 구조검토항목을 기술하시오.

6.4 공용중 PSC 교량에서 PS강재의 인장력손실의 문제점과 PS강재의 잔류인장력 및 공용 내하력 평가방법에 대하여 설명하시오.

6.5 PSC 박스거더교, Extradosed교 및 PSC 사장교의 하중지지 개념에 대하여 기술하시오.

6.6 최근 들어 PSC 합성형 거더교가 장경간화 하는 추세이다. PSC 합성형거더교가 장경간화하는 주요 원인, 기술적 배경과 문제점을 서술하시오

6.7 PSC교의 계획 및 설계시 형식별 주요 고려 사항과 설계시 검토 사항을 기술하시오

6.8 다리밑공간이 30m이며 경간장 구성이 95m + 4×150m + 95m인 FCM 교량 계획시 다음 사항에 대하여 기술하시오.

1. 교각부를 강결로 할 경우와 받침배치를 할 경우에 대하여 주요 장단점을 비교하시오
2. 교각부를 One Column과 Two Column으로 계획시 온도하중에 대한 구조거동에 대한 안전성과 장단점에 대하여 비교 하시오
3. 교대부와 연계한 측경간부 거더 가설계획을 서술하시오

6.9 최근 들어 중소규모사장교 계획시 강사장교보다 콘크리트 사장교를 선호하는 추세이다. 두 형식의 사장교를 비교하고 그 이유에 대하여 서술하시오

6.10 고속철도나 철도교 교량 계획시 PSC거더교를 주요 교량 형식으로 선정하는 경우가 많다. 이러한 주요 원인에 대하여 기술하시오.

Chapter 7

최근의 프리스트레스 콘크리트 교량

7.1 서론

프리스트레스트 콘크리트 교량은 안전성과 경제성 그리고 유지관리적인 측면은 물론 미학적으로 매우 우수한 형식으로 인식되고 있어 전체 교량에서 차지하는 비율은 꾸준하게 증가해 오고 있다. 국내에서는 1960년대 교량적용을 시작으로 원효대교, 금곡천교를 비롯한 장대교량 적용이 1980년대 중반까지 이어졌으며 1989년 최초의 PSC 사장교인 올림픽대교가 완공되기에 이르렀다.

교량건설에 있어 최근에는 탄소섬유나 아라미드 같은 신소재 복합재료의 도입을 위한 다양한 연구개발이 진행되고 있으며 일부에서는 복합재료를 이용한 교량의 설계 및 시공 사례 또한 보고되고 있다.

최근 프리스트레스 교량의 경우 콘크리트와 강판, PS강재를 함께 적용하여 구조적 장점을 극대화하여 중장경간의 교량형식의 비약적인 발전을 이루고 있다. 또한 고성능 콘크리트의 개발이 빠르게 이루어지고 있어 프리스트레스 콘크리트 교량의 장경간화와 경간대비 형고의 축소를 가능하게 하고 있다. 상기와 같이 현대 PSC 교량 기술발달의 중요한 경향은 다음과 같이 요약할 수 있다.

- 외부프리스트레스의 사용 확대
- 합성 구조의 기술적 발전
- 새로운 재료의 사용
- 장비 개발에 따른 중량 구조 가설
- 케이블의 자유로운 사용 가능

7.2 Extradosed교

Extradosed교의 개념은 Christian Menn에 의해 설계된 스위스 남부의 Ganter Bridge에서 시작되었다고 할 수 있다. 총 700 m에 이르는 이 교량은 주변지형에 맞추어 양 측경간부를 곡선(R = 200 m) 처리하고 있으며 바닥판의 양측면에 콘크리트로 피복한 사재를 배치하였는데 높이 솟은 교각(H = 150 m)과 함께 스위스 산악지형과 잘 어울리는 상부구조상의 매우 아름다운 교량으로 인식되고 있다.

사장교와 거더교의 중간형식인 Extradosed 형식은 PSC교의 부모멘트부의 PS강재의 편심량을 증대시키기 위해 PS강재를 거더 단면내에서 벗어난 위치에 배치하여 대편심을 도입한 형식으로 PSC거더교에 비해 경량화 및 장경간화 한 형식이다.

일반적인 사장교와는 달리 주탑이 낮고 사재의 각이 작아 수직하중은 분담이 적어 사재 설계에 여러 가지 면에서 장점을 가지고 있다.

(a) Ganter bridge

(b) 양근대교

(c) 녹산대교

[그림 7.1] 사장재 처리방식에 따른 Extradosed교

Extradosed교는 사장재를 처리하는 방식에 따라 크게 3가지로 분류할 수 있다. [그림 7.1] (a)의 Ganter bridge와 같이 최초로 사재를 콘크리트로 피복한 사판식과 [그림 7.1] (b)의 국내최초 Extradosed교인 양근대교와 같이 사재와 콘크리트 벽제로 처리한 Fin-back식, [그림 7.1] (c)와 같이 External cable을 그대로 사용한 국내 최초의 사장외 케이블식인 녹산대교와 같은 형식이 있다.

사장교의 경우 보강형을 지지하기 위한 케이블의 연직도가 클수록 구조적 효율성이 높지만 Extradosed교의 주탑은 주형의 프리스트레스 도입을 위한 편심량 증가에 그 목적이 있으므로 상대적으로 낮게 된다. 즉 하부플랜지의 과도한 압축에 대하여 정모멘트의 도입에 주된 목적이 있으므로 케이블은 보다 수평에 가깝게 되고 탑고비(주탑고/지간장)는 1/8~1/21로 사장교의 1/3~1/5에 비해서는 매우 낮다.

7.3 복합교량

최근까지 토목 구조물의 대형화 및 다양화는 지속적으로 요구되어 오고 있으며 이는 강재와 콘크리트로 대표되는 구조재료를 새로운 관점에서 활용하게 되는 계기가 되고 있다. 즉, 강재와 콘크리트를 조합한 단면으로 설계하는 합성구조와 강재, 철근 콘크리트 부재, 혹은 PSC부재를 접합하여 하나의 구조부재로 설계 및 시공하는 혼합구조로 설명되는 경우가 많은데 이 모두를 포함하는 것으로 복합구조 개념으로 정리 될 수 있다. 복합주형을 갖는 교량은 복합 구조 교량의 대표적 형태중 하나이다. 이러한 구조는 장지간 사장교에서 유용하게 활용되고 있는데 프랑스의 Normandie교가 대표적이다. 이 교량은 중앙경간의 길이는 856 m로서 완공 당시 사용 중인 사장교로 경간장을 크게 상회하는 규모였다. 측경간은 PSC거더, 중앙경간은 강 보강형으로 계획되었다. 국내에서는 충주호의 청풍대교가 사장교 복합 주형 형식의 측경간만은 철근콘크리트 거더, 중앙경간 강합성거더로 최초로 설계 및 시공되었고 Extradosed교로는 여수시에 위치한 안도대교가 중앙경간 200 m의 복합주형을 갖는 교량으로 시공되었다. 주형자체의 복합형태는 바닥판과의 강합성 중심으로 연구와 기술개발이 되어 괄목할만한 성과를 내고 있으며 최근에는 PSC거더의 바닥판뿐만 아니라 복부판이나 상하플랜지도 복합구조로 적용하는 신개념의 복합교량이 개발되어 시공되고 있다.

7.3.1 파형강판 Web PSC교

파형강판 Web PSC교란 기존의 PSC교에서 주형자중의 10~30% 정도를 차지하는 Web 부분을 파형강판으로 대체한 콘크리트와 강재의 복합구조 교량이다. 이러한 파형강판 Web PSC거더교는 주형자중을 경감하여 상부구조뿐만 아니라 하부구조에서의 하중부담도 저감시킬 수 있다. 파형강판은 교축방향으로 축방향 강성이 거의 없고 아코디언(accordion)처럼 신축하는 성질이 있기 때문에 프리스트레스(Prestress) 도입의 효율을 향상시킬 수 있으며 보강재를 사용하지 않고도 높은 전단좌굴내력을 가질 수 있다. 또한, 파형강판 Web PSC교는 콘크리트 Web의 철근조립, 케이블 배치, 콘크리트 타설 등이 생략 가능하여 시공의 단순화는 물론 공기 단축을 통해 시공비를 절감할 수는 특성을 가지고 있다.

파형강판 Web PSC교의 적용 지간장은 PSC교량과 유사하지만 자중 경감에 따라 보다 상지산으로 적용될 수 있는데 압출공법의 경우 60 m, 캔틸레비 공법의 경우 최대 100 m까지의 지간장으로 적용할 수 있으며 최근에 일본에서는 사장교에 까지 적용됨으로써 장지간화에 부합할 수 있는 형식으로 인식되고 있다.

파형강판 Web PSC교는 콘크리트 복부가 없으므로 외부 강선의 적용이 필수적이며 상·하부 플랜지에 배치된 내부 강선과 함께 병용하는 것이 일반적이다. 이러한 경우 가설시의 단면력과 자중을 내부 케이블이 부담하고 완성 후의 활하중을 외부 케이블이 부담하도록 설계하는 것이 적절한 것으로 인식되고 있다. 그러나 이러한 병용구조에서 내부 강선과 외부 강선의 비율은 경간장과 부재 단면 설계, 그리고 가설 방식에 따라서 많은 영향을 받게 된다.

국내에는 최초로 파형강판 Web PSC교인 일선대교가 압출공법으로 시공되어 있으며 동일한 형식으로는 세계최대의 연장(801 m)과 최대 교폭으로 일반구간 21.2 m, 확폭구간 30.91 m로 폭원이 구성되어 있으며 박스거더의 상부 슬래브에는 횡방향 프리스트레스가 도입되어 있다.

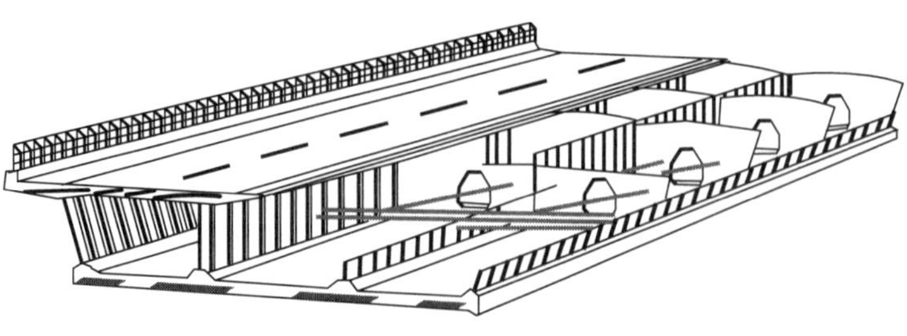

[그림 7.2] 내외부 강선이 병용된 파형강판 Web PSC교

[그림 7.3] 일선대교

7.3.2 트러스 Web PSC교

트러스 Web PSC교는 복부를 콘크리트에서 강재 트러스로 대체한 콘크리트와 강재의 복합구조 교량이다. 복부 트러스간의 연결이나 복부 트러스와 상·하부 플랜지의 연결 방식에 따라서 차이는 있지만 파형강판 Web PSC교와 같이 프리스트레싱의 도입 효율을 향상시킬 수 있으며 자중 경감에 따른 다수의 구조적 장점을 거둘 수 있는 형식으로 인식되고 있다.(그림 7.4 참조)

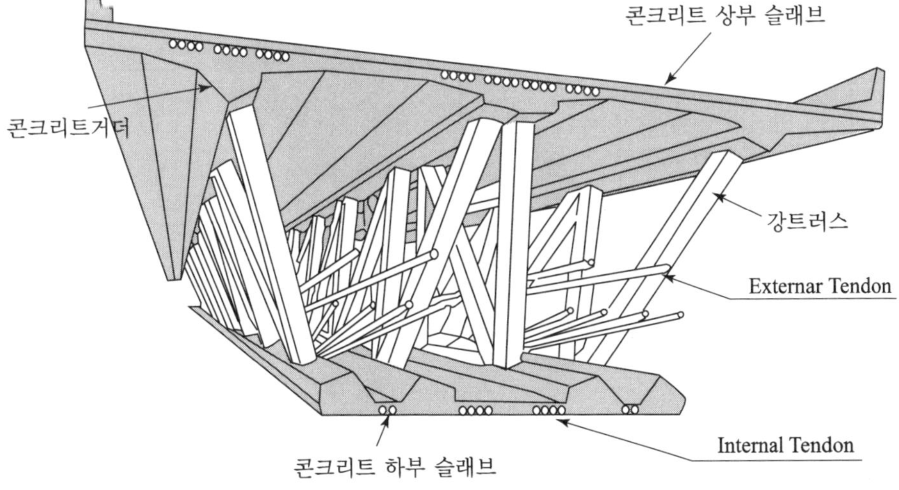

[그림 7.4] 트러스 Web PSC교 개념

특히 도시 내 구조물에서 최근 들어 많이 강조되는 투시성, 투명성을 확보할 수 있어 기존의 콘크리트 박스거더에 비해 사회적인 측면에서도 많은 장점을 기대할 수 있다. 트러스 Web PSC 교의 경우로 외부강선과 내부강선을 적절하게 배치하는 프리스트레싱이 교량구조의 핵심으로 교량의 장경간(50~100 m)이 가능하고 켄틸레버공법과 압출공법 등의 가설공법 적용이 가능하여 현장 적용성이 우수하다.

7.3.3 콘크리트 충전 합성거더교

콘크리트 충전 합성거더는 [그림 7.5]와 같이 I형 단면의 외부는 강판으로 이루어져 있으며, PS강재가 배치된 내부는 무근콘크리트로 채워지고 외부의 강판은 전단 연결재에 의해 내부콘크리트와 합성된 형식이다. 콘크리트 충전 합성거더의 제작은 [그림 7.6]과 같이 크게 강재거더 제작, 거더 콘크리트 타설, PS강재 긴장 및 바닥판 콘크리트 타설로 나눌 수 있다. 강재거더 제작의 대부분의 공정은 공장에서 자동화 제작으로 이루어지며, 현장에서는 운반되어온 세그먼트(Segment)의 용접연결로 강재거더가 완성된다. 거더 콘크리트 타설시 강재거더는 거푸집의 역할을 하게 되며, 거더 콘크리트가 경화된 후 PS강선을 긴장하여 거더를 완성하게 된다. 제작된 거더는 가설위치로 옮겨져 바닥판 콘크리트가 타설되며, 경화 후 포장 등 부가적인 고정하중과 활하중을 지지하게 된다.

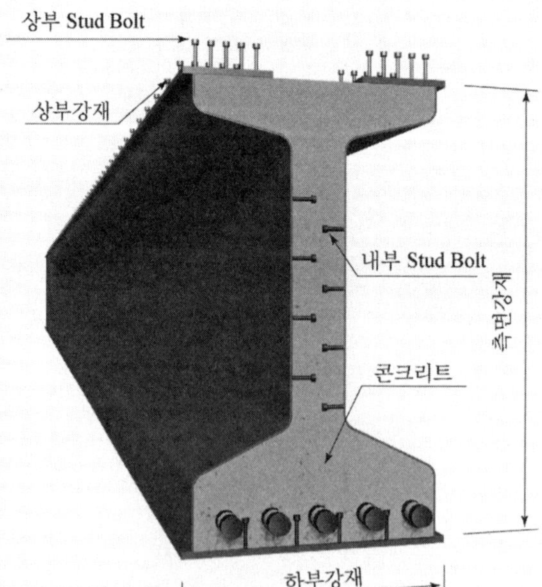

[그림 7.5] 콘크리트 충전 합성거더의 단면형상

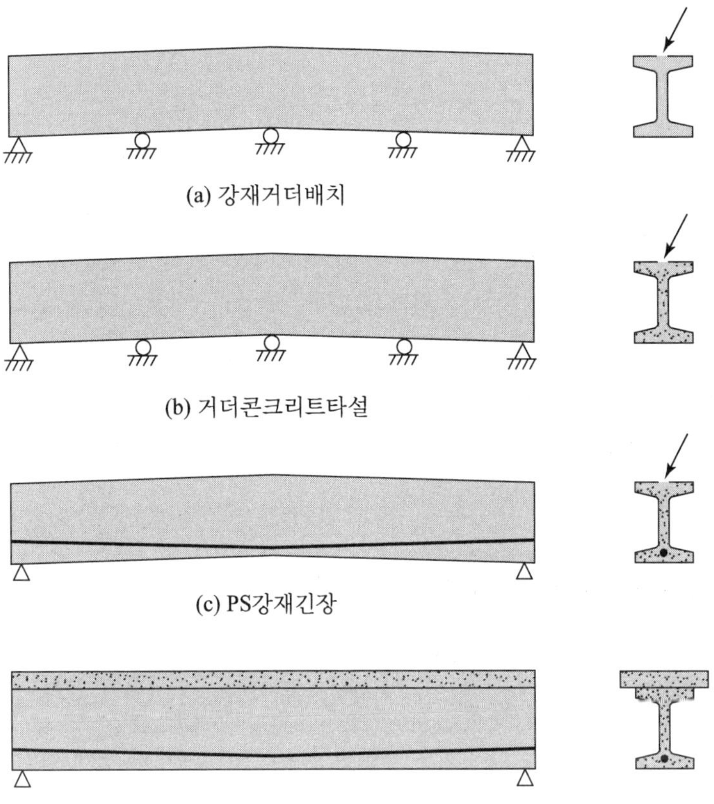

(a) 강재거더배치

(b) 거더콘크리트타설

(c) PS강재긴장

(d) 바닥 콘크리트타설

[그림 7.6] 콘크리트 충전 합성거더의 제작단계

콘크리트 충전 합성거더에서 강재는 거더의 최하단에 배치됨으로써 PS강재와 더불어 인장력에 저항하게 되며, 압축을 받게 되는 거더 상단부의 경우 콘크리트가 대부분의 응력을 분담하게 되지만 형고의 제약이 있는 경우 강재를 추가적으로 배치하여 형고를 낮출 수 있다. 강재거더 중 측면배치 강재는 절곡가공되고 상·하부 수평방향 강재와의 연결을 위해서만 용접이 사용되므로 일반 강교에 비해 용접부위가 대폭 감소하게 되며, 거더 콘크리트는 전체 거더의 강성을 높여 강거더형식 교량에 비하여 처짐 및 진동을 감소시키는 효과가 있다. PS 강선에 의해 거더에 도입된 프리스트레스는 콘크리트에 발생하는 인장응력을 최소화하며, 외부강재의 사용 비율을 높이고 거더 콘크리트의 강성 분담비율을 낮추게 되어 거더의 자중을 감소시켜 상대적으로 장경간(45~70 m)의 교량시공이 가능하게 된다.

7.4 개선된 PSC 합성거더

프리스트레스 합성거더교는 현재 국내에서 프리플렉스 거더교와 PSC 합성거더교가 가장 많이 시공되어 공용 중에 있다. PSC 합성거더교의 경우 30m내외의 교량에서는 경제성이 우수하고 제작장에서 거더를 제작하여 현장에 설치하므로 품질관리가 용이하고 시공성도 우수하여 가장 많이 사용되는 교량형식중 하나이다. 프리플렉스 거더의 경우도 지간에 대한 낮은 형고로 통과도로 및 하천을 낮게 횡단하는 지간이 40m 내외의 도로교에서는 매우 적용성이 뛰어난 교량 형식이다. 그러나 프리플렉스 거더교와 PSC 합성거더교의 경우 1950년대에 개발되어 사용 중 발생한 문제점을 보완하고 최근에 좀 더 발전적으로 합성형 거더를 개선하고 있다.

7.4.1 재긴장을 응용한 Preflex 거더교

프리플렉스 거더교는 1954년 벨Baes 교수와 Lipski 박사가 연구개발한 합성구조로 프리플렉스 합성형의 특징은 강재가 갖는 인장강도, 콘크리트가 갖는 압축강도를 충분히 발휘시켜, 강재의 압축으로 발생하는 좌굴현상과 콘크리트가 인장에 취약한 결점을 상호 보완하여, 전단면이 합리적인 구조로 된다는 점이다. 그러나 낮은 형고의 시공으로, 강성이 작게 되고 처짐 및 진동이 커지게 되며, 인장 구역에서의 인장응력 발생으로 균열응력 0.2 MPa까지 허용하는 Partial Prestressing 방법으로 설계하므로 하부플랜지 콘크리트에 인장균열이 발생하는 등 유지관리에 어려움을 겪고 있는 실정이다.

이 공법은 PSC 거더교 등 다른 PSC 구조물에 비하여 형고가 낮다는 장점을 유지하기 위하여 거더의 형고를 제한함으로써 하부플랜지 콘크리트에 도입되는 프리스트레스 압축응력의 크기가 제한된다. 즉, 하부플랜지 콘크리트에 큰 프리스트레스 압축응력을 도입시키기 위해서는 많은 양의 프리플렉션 하중과 복귀(Release) 변형량을 유발시켜야 하므로, 이는 곧 I 형 거더의 단면계수를 높여야 하고 하부플랜지 콘크리트의 인장 균열을 발생하는 단점을 가지고 있다. 기존의 공용된 프리플렉스 공법의 경우 강재에 미리 소정의 솟음(Camber)를 주어 Preflex 하중을 제거하는 방법으로 프리스트레스를 도입하였다. 재긴장을 응용한 Preflex 거더교는 기존의 공법에 프리스트레스 도입과정 중 하부플랜지 단면을 증가시켜 단면내 적정량의 Unbonded PC Strand(긴장재)를 배치하여 하부플랜지 콘크리트에 2차 Represtress 압축응력의 추가도입으로 합성형의 사하중 및 활하중에 대한 저항 모멘트의 증가와 이에 따른 부재자체의 강성을 증대시켜 하부플랜지 콘크리트의 인장응력을 허용하는 기존공법의 단점을 보완하여 경제적으로 적용할 수 있는 국내에서 개발된 교량공법이다.

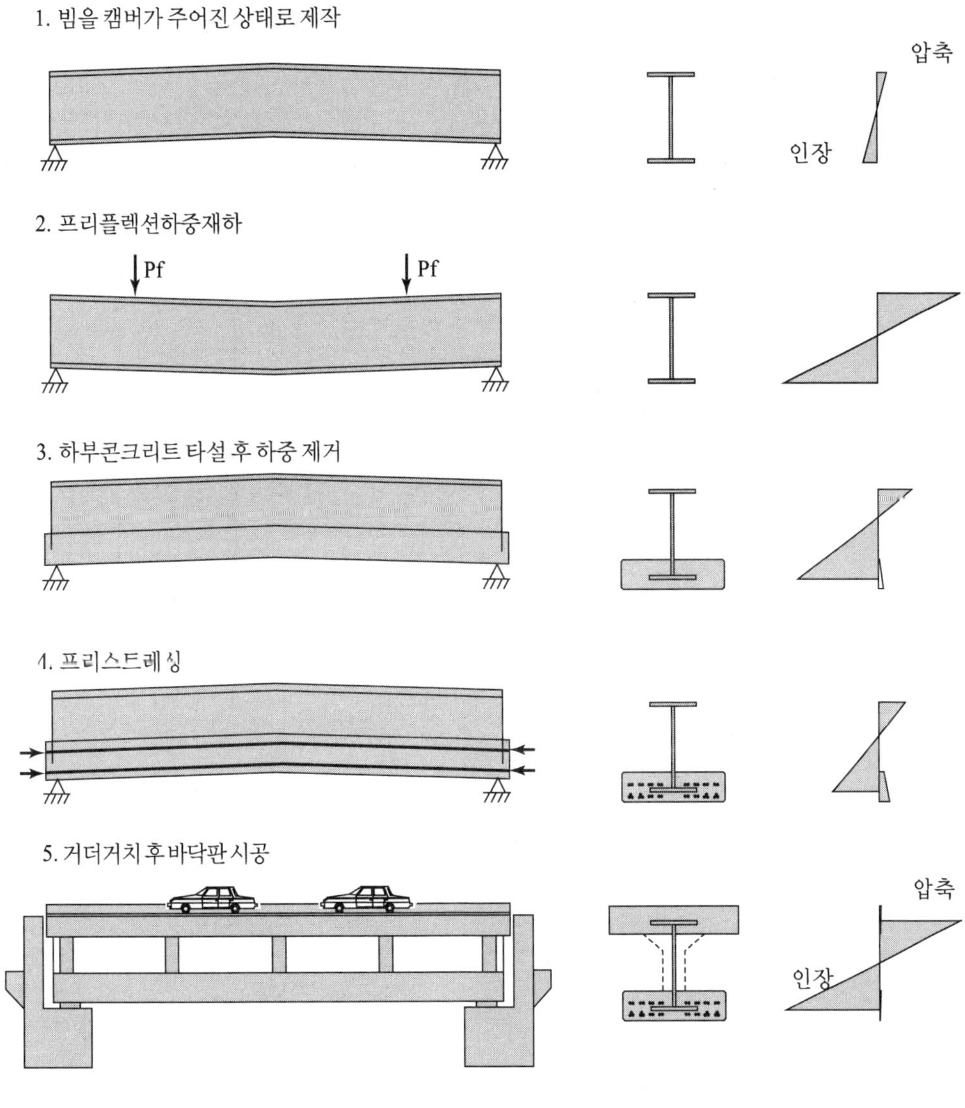

[그림 7.7] 재긴장을 응용한 PreFlex 거더교

7.4.2 단계적 인장력을 도입한 PSC 합성거더교

PSC 합성거더교는 1950년대에 미국에서 건설된 이후, 설계 및 시공이 편리하고, 건설비용이 저렴하며, 유지관리가 편리하여 지간 30 m 내외의 중경간 교량에서는 교량형식 중 가장 보편화되어 있는 교량이다. 그러나 오늘날에는 교통량의 급격한 증가와 막대한 화물의 이동 및 대형화로 인하여, 교량이 점점 더 큰 하중을 부담하게 되고, 차선의 확장, 하천 및 계곡부 횡단, 고가도로의 건설 등으로 경간이 점점 장경간화 되어 가고 있는 실정이다. 기존의 PSC 합성거더의 원리는 제작장에서 거더 제작시, 초기인장력을 최종

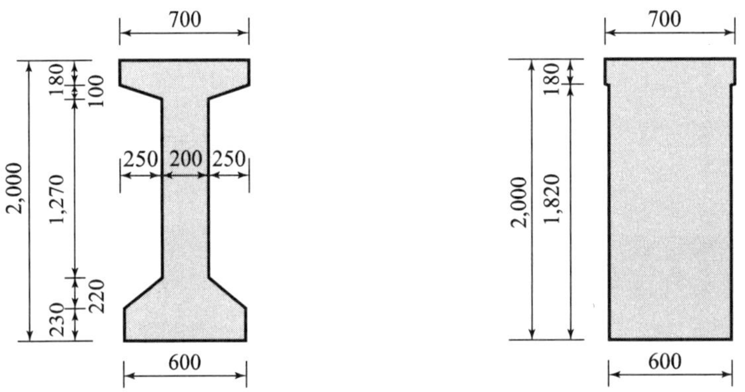

(a) 표준 PSC 거더단면 (L=30m)

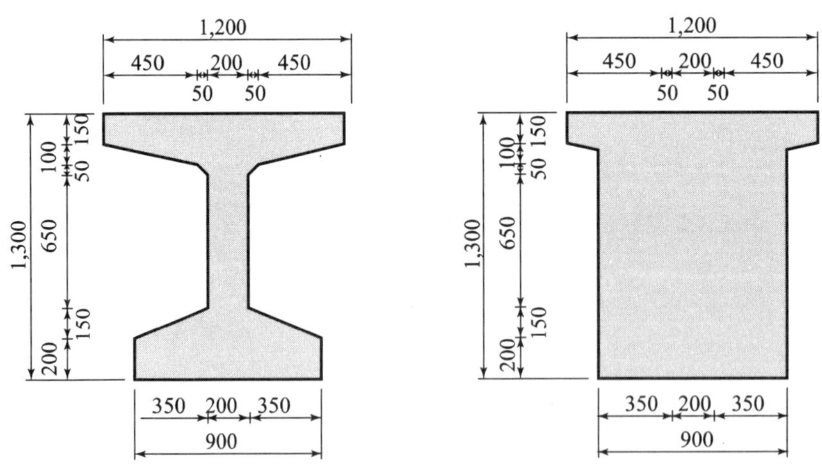

(b)단계적 긴장력을 도입한 PSC거더(L=30m)

[그림 7.8] PSC 거더의 단면

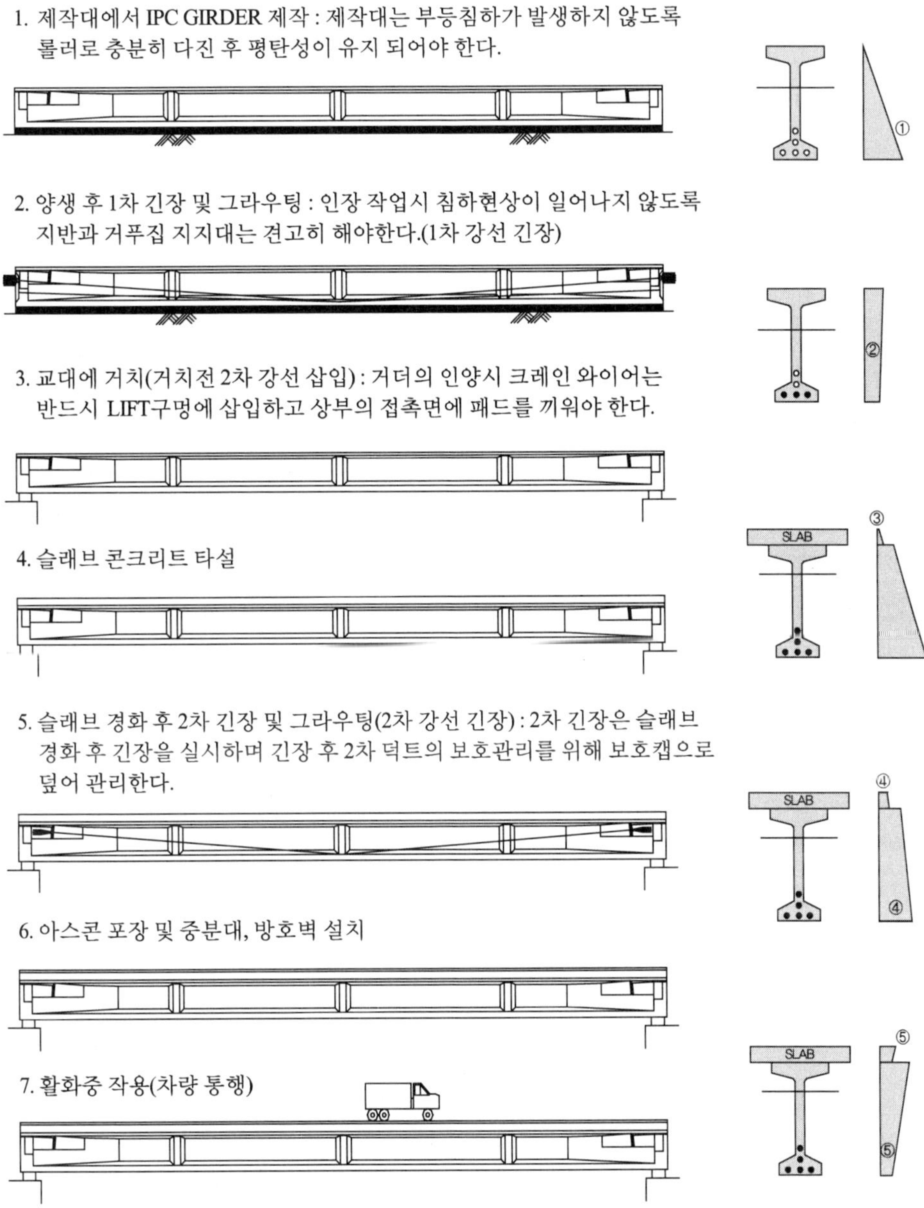

(a) 제작단계 (b) 시공단계별 응력도

[그림 7.9] 단계적 인장력을 도입한 PSC 합성거더의 시공 순서도

합성 후까지 고려하여 긴장하므로 큰 단면 및 형고가 필요한 형식이다. 이러한 기존의 PSC 거더교의 단점을 보완하여 시공단계별 하중과 슬래브의 합성유무를 고려하여 단계적으로 인장력을 도입한 PSC 합성거더의 경우 효율적인 단면이 가능하여 고정하중이 작아 기존의 PSC 합성거더에 비해 장경간 및 적은 형고의 설계가 가능하도록 국내에서 개발되었다.

7.4.3 PSC 합성거더의 장경간화

프리스트레스트 합성거더교의 경우 경간 30 m 내외의 교량에서 경제성이 우수하고 단면 및 인장력을 조절한 개선된 PSC 합성거더의 경우도 경간장 50 m 이상의 교량에서는 콘크리트교의 특성상 자중의 증가에 따라 적용이 어렵고 비경제적이므로 강교량형식으로 적용되었다. 그러나 콘크리트의 고강도화 및 시공기술의 발달로 50 m 이상의 장경화된 PSC 합성거더의 개발이 이루어지고 있다. [그림 7.10]과 같은 Segmental PSC 합성거더의 경우 공장에서 운반이 가능한 Segment를 콘크리트 설계기준 강도를 50 MPa이상으로 제작한 다음 현장운반하여 현장에서 강연선으로 긴장후 시공하는 방법으로 50m 이상의 경간장에도 적용이 가능하도록 개발되고 있다.

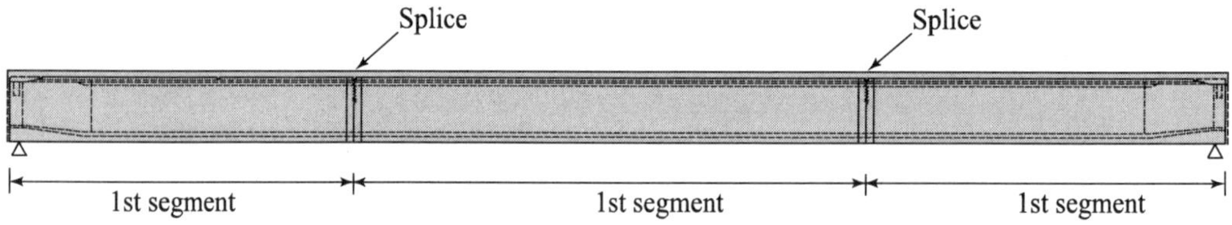

[그림 7.10] Segmental PSC 합성거더

PSC 합성거더의 경우 단경간으로 설계 및 시공될때 연속교 보다는 비경제적이므로 다경간 연속 PSC 합성거더로 설계를 하고 거더의 이음부를 정·부모멘트의 변곡점이 이음부(Splice)를 두어 시공할 수 있는 Spliced PSC 합성거더의 교량이 시공되고 있다.

Spliced PSC 합성거더의 시공은 측경간부와 주두부를 제작장에서 제작하여 현장으로 운반한 다음 이음부에 가설벤트 또는 강재프레임을 이용한 고정장치(Strong back)을 이용하여 측경간부 및 주두부를 크레인으로 거치하고 이음부(Splice)를 현장타설한 다음 강연선으로 긴장하여 연결하는 방법으로 연속교 구조 거동을 하도록 시공하는 교량형식이다.

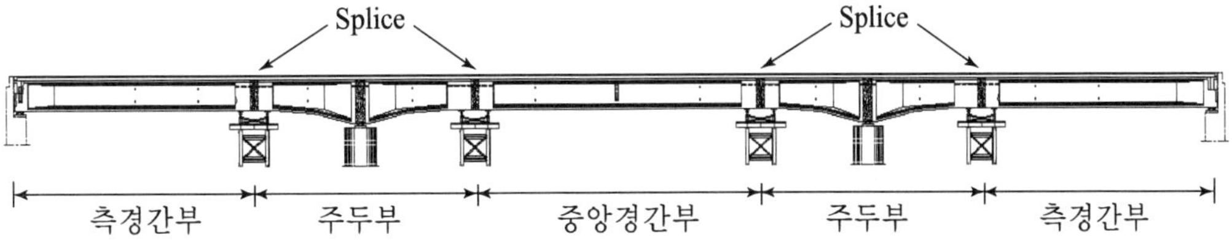

[그림 7.11] Spliced PSC 합성거더

연습문제

7.1 최근 프리스트레스 교량형식 선정시 고려하여야 할 사항을 가설여건을 고려하여 형식별로 설명하시오.

7.2 Extradosed교의 구조특성과 장·단점을 간략히 설명하시오.

7.3 FCM공법을 적용한 PSC 박스교량과 Extradosed교량의 구조System을 도식화하여 설명하시오.

7.4 PS강선을 적용한 복합형식 교량의 장·단점과 구조적 특성을 설명하시오.

7.5 PSC 합성거더의 장·단점과 50m이상 장경간화시 적용성에 대해 설명하시오.

Chapter 8

프리스트레스 콘크리트 교량의 시공

8.1 서론

1950년대 프리스트레스트 콘크리트의 개념이 처음 소개된 이후, 1960년대 초부터 우리나라에도 프리스트레스트 교량의 건설이 시작되었고, 1970년대를 거치면서 본격화 되었다. 1981년에는 Diwidag 공법에 의한 PSC 장대 교량인 원효대교가 완공되었고, 1985년에는 VSL 방식에 의한 PSC 연속교인 금곡천교가 개통되었다. 또, 1989년 11월에는 우리나라 최초의 PSC 사장교인 올림픽대교가 캔틸레버 공법에 의하여 완공되었다. 이와 같이 국내의 PSC 교량의 건설기술은 지난 50여년간 급격한 발전을 이루어 왔으며, 최근에는 서울시의 북부간선도로 및 강변도로, 중앙고속도로, 서해안 고속도로 등의 신설교량에 PSC 공법이 많이 적용되었다. 이러한 새로운 도로의 건설에 진보된 교량 형식과 교량 공법이 시도되었는데, 특히 서울시의 내부순환 도시고속도로와 강변 도시고속도로에 프리캐스트 세그멘탈 공법(Precast Segmental Method : PSM)의 PSC 박스 거더 교량이 건설되었고, 한강상의 서강대교에는 ILM(Incremental Launching Method)의 PSC 박스거더 교량과 닐센 아치 교량이 건설되었다. 또한 인천대교는 3가지 서로 다른 교량 형식으로 시공되었는데, 모두 제작장에서 상부를 대블럭 또는 소블럭으로 제작하여 운반하는 공법으로 사장교는 강바닥판 박스거더(주경간 800m)와 접속교는 PSC 세그멘트를 이용한 FCM(Free Cantilever Method)공법으로 시공하고, 고가교의 경우 한 경간을 제작장에서 생산하여 런칭거더를 이용한 FSLM(Full Span Launching Method)로 시공하여 해상구간 전구간(L = 12.343 km)을 제작장에서 시공하여 국내 교량시공의 발전에 기여했다.

8.2 동바리 공법(Full Staging Method)

동바리 공법은 콘크리트를 타설하는 경간전체에 동바리를 설치하여 타설된 콘크리트가 소정의 강도에 도달할 때까지 콘크리트의 자중 및 거푸집, 작업대 등의 자중을 일시적으로 동바리가 지지하는 방식으로서 PSC 콘크리트 교량 가설공법 중 가장 일반적인 공법이다.

이 공법은 최근에 압출공법, 이동식비계공법등 최신공법에 밀려 그 사용예가 줄어들었으나 이것은 사용비계의 비용이 저렴하고 비교적 간편한 이점이 있기 때문에 지금도 평이한 지형에 적당한 높이의 짧은 교량을 가설할 경우에는 보편적으로 이용되고 있다.

프리스트레스 콘크리트 교량에 동바리 공법을 적용할 경우 프리스트레스에 의한 변형이나 지지 지점과 지점침하 등을 사전에 충분히 계산하여 시공 시에 거푸집에 솟음(comber)을 두어 시공한다. 동바리 공법은 일반적으로 전체지지식, 지주지지식, 거더지지식 등 세가지로 분류하며 세가지 형식에 대하여 간단하게 소개한다.

8.2.1 전체지지식

가장 일반적인 전체지지식은 [그림 8.1]과 같이 상부구조의 하중을 동바리를 통해 하중을 지지하는 방식이다.

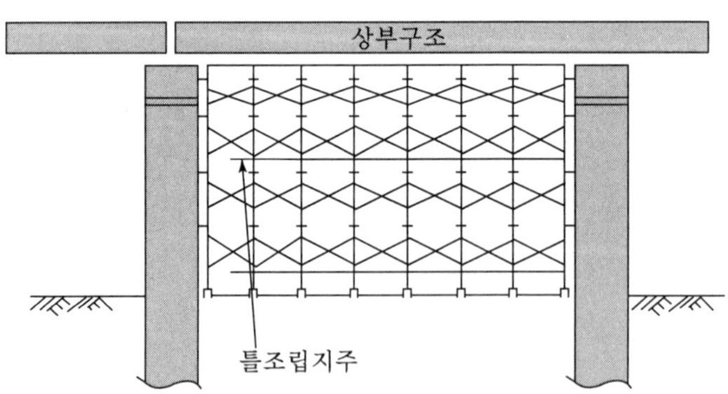

[그림 8.1] 전체지지식

이 방식은 여러 개의 조립재를 조합하여 사용하기 때문에 운반 및 조립 해체가 용이해야 하며 규격화 된 것을 사용하도록 하는 것이 유리하다. 일반적으로 조립재로서 관지

주나 틀조립지주 등이 사용되나 어느 것도 지면이 평편하지 않은 경우에는 사용상에 어려운 점이 많다. 또한 이 방식은 동바리를 지면으로부터 가설하는 방식으로 교량 하부공간을 이용하여야 하는 위치에는 적용하기가 어렵다.

8.2.2 지주지지식

이 가설방식은 상부로부터 전해 내려온 하중을 타설된 상부구조 바로 밑에 설치된 거더에서 받아 이 하중을 집중적으로 지주에 전달하는 방식으로서 [그림 8.2]에 이 방식의 개요도 및 교량 가설 모습이 나타나 있다.

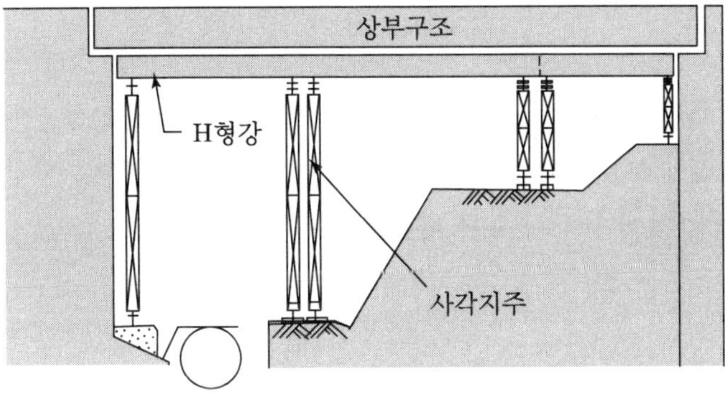

[그림 8.2] 지주지지식

이 방식에 사용되는 지주는 관 지주와 조립지주를 틀조립하여 주로 사용하며 강관이나 형관 3~4개를 주부재로 한 대형지주가 사용되기도 한다. 그리고 하중을 지지하는 거더는 I형강, H형강, 플레이트거더(Plate Girder)등이 주로 사용된다.

이 방식은 어느 정도 교량의 하부공간을 활용할 수 있으나 지주가 전체의 하중을 지지하게 되므로 지주의 기초가 견고해야 될 필요가 있다. 이 방식은 지반이 불량하여 지주 수를 줄여야 할 경우나 교량 하부공간을 이용해야 할 경우, 그리고 지반에서 교량상부구조까지의 높이가 높은 경우 등에 유리한 방식이다.

8.2.3 거더지지식

이 방식은 조립재를 지면으로부터 설치하지 않고 상부에서 내려오는 하중을 경간사이에 설치된 조립거더에서 받아 교각에 설치된 브라켓트를 통해 하부로 전달하도록 하는 방식으로 [그림 8.3]에 이 방식의 개요도 및 교량의 가설 모습이 나타나 있다.

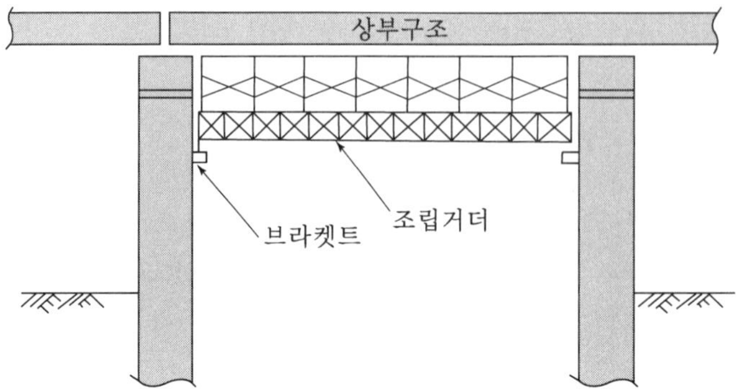

[그림 8.3] 거더지지식

이 방식은 지반상태가 불량하여 경간사이에 지주를 설치하기에 곤란한 장소나 입체교차지점 등 교량의 하부공간을 이용하고자 하는 위치에 주로 사용되며 지반으로부터 교량 상부구조까지의 높이가 특히 높은 경우에 유리한 방식이다.

8.3 이동식비계공법(Movable Scaffolding System)

이동식 비계공법은 교량 상부구조물 시공할 때 거푸집이 부착된 특수한 이동식 비계를 이용하여 한 경간씩 시공하여 나가는 공법으로 본래 독일에서 개발 된 후 많은 발전을 가져와 현재 널리 사용되고 있는 공법이다.

이 공법은 동바리공법(Full Staging Method)과 유사하므로 기계화된 타공법에 비해 구조계산이 비교적 단순하고 강선배치도 복잡하지 않은 특성이 있다. 그러나 대형장비를 사용하므로 상부구조와 교각 설계 시 장비중량을 반드시 고려해야 하며, 시공단계별 구조해석을 실시하고 이동식비계 자체도 시공 단계별 구조해석을 실시하여 시공 중 안전성을 확보해야 한다.

이동식 비계공법의 시공속도는 일반적으로 30~35 m의 한 경간을 시공하는 데에 14일 정도 소요되므로 한 달에 60~70 m의 길이를 시공할 수 있다 이 시공속도는 주로 비계 및 거푸집의 기계화에 의한 것이지만 반복수행 이므로 능률이 오르게 되면 더욱 효과를 나타낼 수 있다. 또한 이 공법의 문제점으로는 이동식 비계의 중량이 비교적 무겁고 대형이므로 장비의 제작비 및 감가상각비가 많이 소요된다는 점이다. 그러므로 이 공법의 특징 및 경제성을 발휘하기 위해서는 고교각, 다경간의 교량시공에 적용하는 것이 바람직하다.

이동식 비계공법으로서 현재 개발되어 사용되고 있는 종류에는 여러 가지가 있으나 사용장비에 따라 시공방법이 약간씩 다르지만 기본적인 원리는 동일하며 장비의 위치에 따라 하부이동식(Support Type)과 상부 이동식(Hanger Type)등으로 구분된다.

우리나라에서는 한강대교와 동작대교 사이의 올림픽 대로에 놓여 있는 노량대교가 1986년에 최초로 시공된 이래 올림픽대교와 경부고속전철 일부구간에 적용되어 왔다. 그리고 이 공법의 특징을 알아보면 다음과 같다.

① 고도의 기계화된 비계와 거푸집을 이용하므로 급속시공이 가능하고 안전한 시공을 할 수 있다.
② 동바리공이 필요 없고 공사용 가도를 만들 필요가 없으므로 하천, 도로, 계곡 등 교량의 하부 조건과 관계없이 시공할 수 있다.
③ 반복작업에 따라 적은 인원으로 시공이 가능하며 시공관리도 확실히 할 수 있고 우천 시에도 작업이 가능하다
④ 거푸집의 비계의 전용, 노무비절감 등으로 경제적으로 시공할 수 있다.
⑤ 교각의 높이가 높을수록 경제적이다.
⑥ 연속시공에 따라 공기 단축이 가능하고 교량의 연장이 클수록 장비전용이 많아져 경제적이다.
⑦ 이동식 비계의 중량이 무거우며 대형장비이므로 장비의 제작비가 과다하고 감가상각비가 많이 소요된다.

[그림 8.4] 이동식 비계공법

8.4 압출공법(Incremental Launching Method)

압출공법은 1960년초에 독일의 Leonhardt & Andra 회사의 Fritz Leonhardt, Willi Baur, Andra 3인에 의하여 개발된 공법으로 그 후 점차적으로 발전되어 현재까지 광범위하게 채택되고 있다. 이 공법은 교량의 상부 구조물을 교대 후방에 미리 설치한 제작장에서 한 세그먼트(15~20 m)씩 제작하여 교축 방향으로 밀어 점차적으로 교량을 가설하는 공법으로 동바리에 의한 시공이 비경제적인 계곡이나 하천 등을 횡단하는 곳에 많이 적용되고 있다.

국내에서는 1983년 호남고속도로 확장구간인 금곡천교에 이 공법이 도입된 이래로 현재에 이르기 까지 많은 교량이 시공되어져 왔으며, 총 연장 1,050 m의 교량(황산대교)이 한쪽에서 압출 시공되어진 바도 있다. 이 공법은 PSC 교량에서 많이 사용되는 공법으로 최근에는 강교에서도 압출공법의 적용사례가 늘고 있다.

이 공법의 특징은 알아보면 다음과 같다.

① 제작장은 공장 생산이 갖는 모든 장점을 갖는다. 즉, 반복 작업으로 수행될 뿐만 아니라 전천후 제작이 가능하다.
② 거푸집의 반복되는 가설 및 해체 작업으로 인한 시간 낭비가 없고 계곡, 하천, 교통 장애물의 통과 지역에 적합하다.
③ 연속교로 시공되므로 신축 이음 장치의 수가 줄어 차량의 주행성이 양호하다.
④ 적용 대상 교량은 직선 구간 혹은 단일 원곡선 구간이어야 한다.
⑤ 교대 후면에 일정한 작업 공간을 확보할 수 있어야 한다.

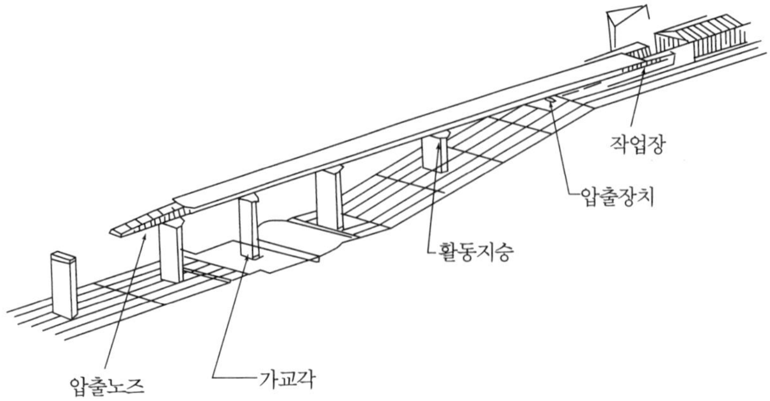

[그림 8.5] 압출공법에 의한 교량가설 개요도

⑥ 상부 구조물의 단면 높이가 일정하여야 하므로 경간이 긴 교량의 경우에는 재료 절감을 기대할 수 없다.

⑦ 교량 길이가 짧은 경우 가설 구조물 및 제작장 등에 대한 비용의 부담률이 커진다.

8.5 캔틸레버 공법(Free Cantilever Method)

캔틸레버 공법은 [그림 8.6]과 같이 교량하부에 동바리(Full Staging)를 설치하지 않고 특수한 가설장비를 이용하여 교각 또는 교대에서 순차적으로 한 세그멘트식 내민(Cantilevering)시공을 함으로써 가설하는 공법이다. 현장타설 캔틸레버 공법은 1928년 프랑스에서 처음 도입되었으나 프리스트레스 교량에 최초로 적용된 것은 1950년에 시공된 독일의 Lahn교이다. 이공법이 국내에서 최초로 적용된 것은 원효대교(1978~1981)이었으며, 이후 청풍교(1983~1985), 상진교(1983~1985), 운암교(1984~1989)가 이 공법으로 건설되었다. 이 교량들의 구조계는 중앙에 [그림 8.6] (a)와 같이 힌지를 갖는 구조였으며, 시공 후 크리프 변형 등에 의해서 많은 문제점을 나타내고 있다. [그림 8-6] (b)와 같이 연속보 형식의 구조계인 강동대교(1988~1990)가 우리나라의 캔틸레버 공법 기술의 실질적인 효시였다.

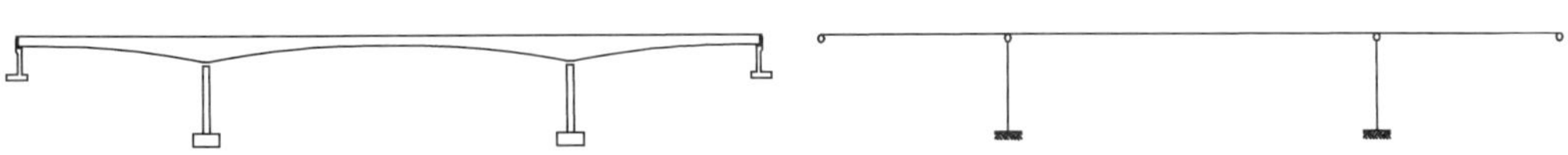

(a) 힌지식

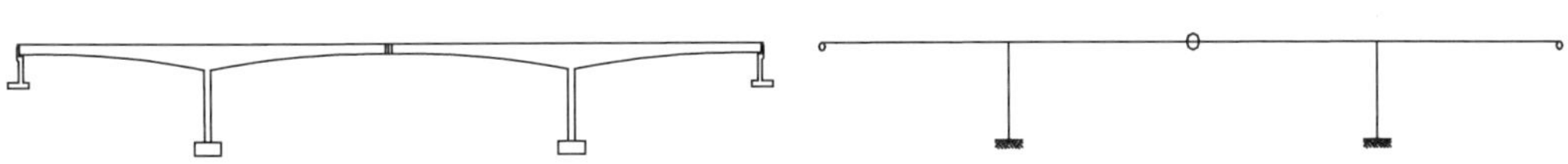

(b) 연속보식

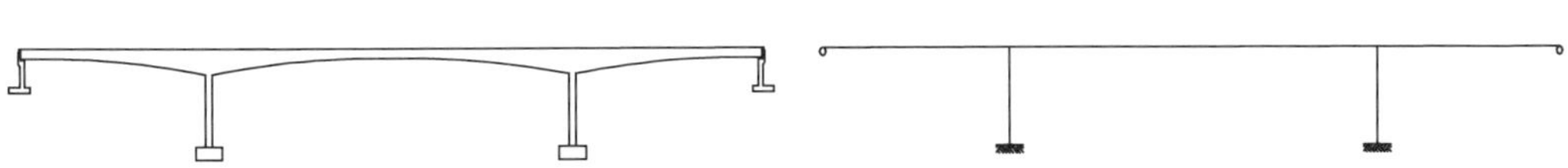

(c) 라멘식

[그림 8.6] 캔틸레버 공법 교량 형식

표 8.1 켄틸레버공법 형식별 특징

구분	힌지식	연속보식	라멘식
개 요	교각과 상부구조가 강결이며 경간 중앙부를 힌지로 연결	교각과 상부구조가 분리시공되며 경간 중앙부에서 강결	교각과 상부구조가 강결이며 경간 중앙부에서 강결
특 성	· 교량받침 불필요 · 정정구조계로 구조해석 용이. 가설중과 완공후의 단면력이 거의 일치 · 힌지로 인해 주행성 저하 및 유지관리 비용 증가 · 크리프, 건조수축으로 중앙부 장기처짐 발생 · 부등침하하는 연약지반에 적용 유리	· 교각의 세장비가 작을 경우 적용 · 공용중 받침 유지관리 필요 · 주행성 양호 · 시공중 안정 위한 가설 고정장치 필요 · 신축장치, 받침 등의 유지관리 비용 증가 · 교대측 신축이음부 규모의 증가	· 교각의 세장비가 클 경우 적용 · 교량받침 불필요 · 구조계가 시공단계별로 변하므로 구조해석이 복잡 · 연속교이므로 주행성 양호하고 유지관리 비용 감소 · 수평력 분산으로 지진시 유리 · 부등침하 영향이 큼 · 시공중 안정 위한 가설 고정장치 불필요
적 용 교 량	원효대교, 상진교, 청풍교, 운암교	강동대교, 김포대교, 주진교, 횡성대교(저교각부)	비금도초연육교, 안양동교, 횡성대교, 부산항 고가차도, 성산1,2,3교, 서해대교, 신촌교

이후 라멘식 형식의 구조를 지닌 나로도 연육·연도교, 안양동교, 횡성대교, 서해대교 보조항로교, 늑도대교, 신촌교 등 많은 교량들이 있고 익산-장수간 고속도로에 시공된 신촌교의 경우 국내최대 경간장 170m로 시공되었다.

현장타설 캔틸레버 공법의 특징은 다음과 같다.

① 동바리를 필요로 하지 않으므로 깊은 계곡이나 하천, 해상 그리고 교통량이 많은 위치에 적용할 경우 경제성이 높다.

② 세그먼트 제작에 필요한 모든 장비를 갖춘 이동식 작업차를 이용하여 시공 하므로 커다란 가설장비를 사용하지 않아도 장대교량의 시공이 가능하다.

③ 3~5m씩 세그먼트로 나누어 시공하므로 상부구조를 변단면으로 시공할 수 있다.

④ 대부분의 작업이 이동식 작업차 내에서 실시되므로 기후조건에 관계없이 품질, 공정 등의 시공관리를 확실하게 행할 수 있다.

⑤ 거푸집 설치, 콘크리트 타설, 프리스트레싱 작업 등 모든 작업이 동일하게 반복 수행되므로 1블럭을 시공하는데 보통 8~12일 소요되므로 시공속도가 빠르고 작업인원도 적게 필요하며 작업원의 숙련도가 빨라 작업을 능률적으로 행할 수 있다.

⑥ 각 시공단계마다 오차의 수정이 가능하므로 시공 정밀도를 높일 수 있다.

⑦ 구조계산 및 설계가 다른 형식의 교량보다 복잡하다.

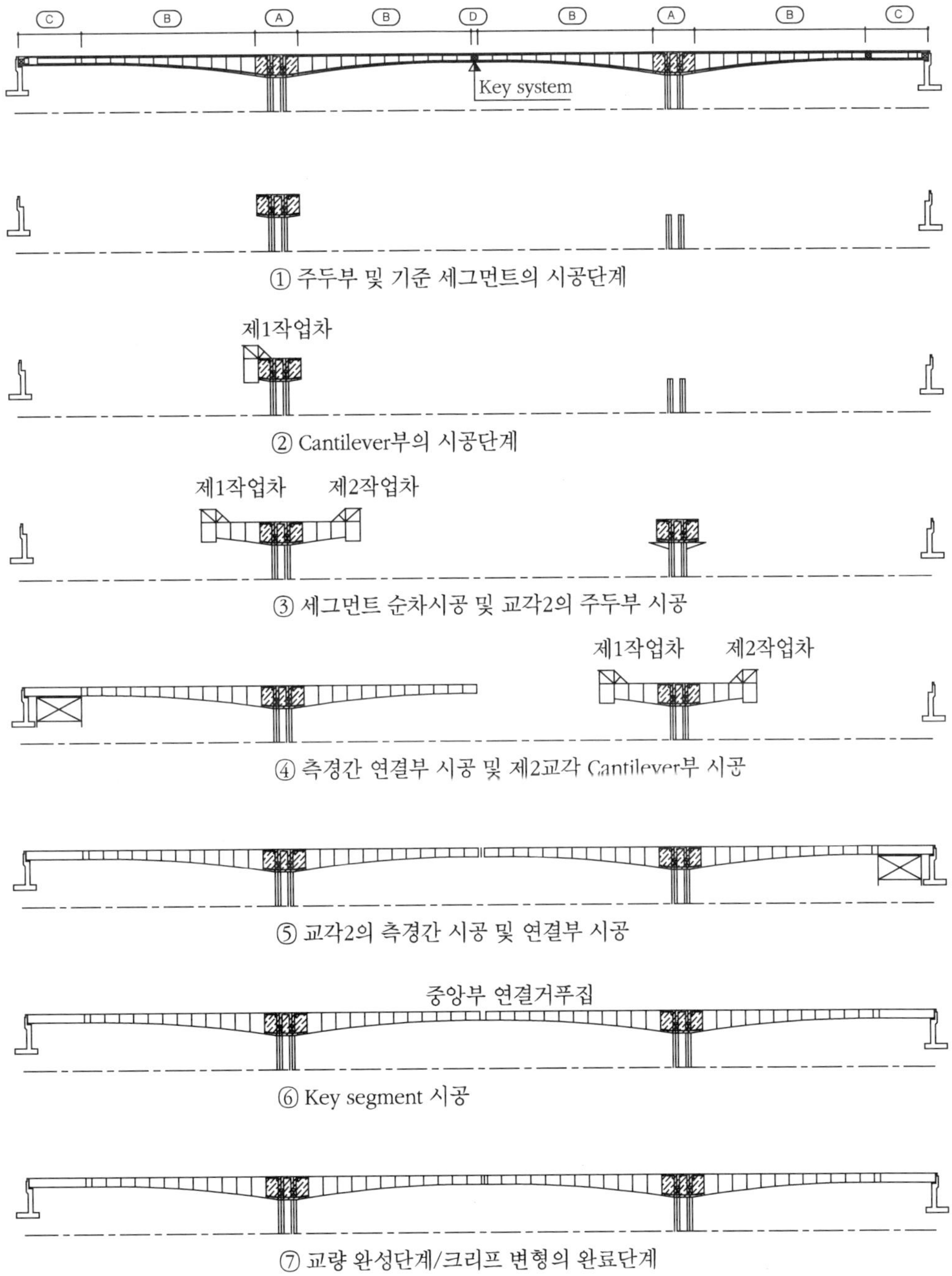

[그림 8.7] 캔틸레버 시공순서도

표 8.2 공법별 적용성 비교

구분	켄틸레버공법(FCM)	압출공법(ILM)	이동식비계공법(MSS)
적용지간	80~250m	40~60m	40~60m
평면선형	제약없음	직선 또는 일정 곡선 반경	R≥600
종단선형	제약없음	직선 또는 일정 곡선 반경	큰 제약 없음

8.6 프리캐스트 세그먼트 공법(Precast Segmental Method)

프리캐스트 세그먼트 공법은 일정한 길이로 분할된 세그먼트를 공장이나 제작장에서 제작하여 가설현장으로 운반하여 크레인 또는 특수한 가설장비를 이용하여 상부 구조를 가설하는 공법이다. 프리캐스트 세그먼트 공법을 현장타설 PSC 박스교와 비교하여 볼 때 구조물을 분할 계획하여, 제작된 세그먼트를 포스트 텐션에 의해 프리스트레스를 도입하여 순차적으로 조립 완성시키는 공법이다. 이러한 세그먼트 공법은 현장타설 방식과 비교할 경우 세그먼트의 생산방식, 운반 및 설치장비, 이음부의 접합 및 응력 전달의 설계개념이 추가된다. 최근의 프리스트레스 교량분야의 중요한 건설경향으로는 프리캐스트 공법의 도입이 확산되고 있다. 이 공법의 가장 중요한 특징은 상부공의 시공이 제작과 가설로 분리되고 상부 구조의 가설 공기가 대폭으로 단축되며, 상부와 하부 구조의 시공을 병행하기 때문에 공사 기간을 상당히 줄일 수 있다는 것이다. 이는 장기간의 공사로 인한 교통 체증을 피할 수 있고 지상 작업을 최소화시킬 수 있다.

프리캐스트 일반적인 특징은 다음과 같다.

① 취급이 편리한 치수, 경량의 세그먼트로 분할하여 시공할 수 있으므로 대형 구조물, 복잡한 형상의 구조물에도 비교적 쉽게 시공할 수 있다.

② 세그먼트는 일정한 장소에서 제작되므로 콘크리트의 품질관리가 용이하고, 세그먼트를 연속적으로 제작하므로 인력관리 및 거푸집 전용이 가능하다.

③ 상부구조 가설 시 콘크리트는 상당한 재령에 도달해 있으므로 가설 후에 발생하는 크리프, 건조수축 등에 의한 소성변형이 적게 발생하여 프리스트레스의 감소량 등이 작아져 유리하다.

④ 세그먼트의 운반, 가설을 위해 비교적 대형의 장비가 필요하다.

⑤ 세그먼트의 제작 및 야적을 위해 넓은 장소가 필요하다.

⑥ 선형관리가 현장타설 방식에 비해 복잡하고, 오차수정이 어렵다.

프리캐스트 세그먼트 공법은 가설방법에 따라 크게 두 가지로 구분 할 수 있다.

8.6.1 경간단위 가설공법(Span by Span Method)

경간단위 가설공법은 한쪽교대에서 시공하여 다른 쪽 교대방향으로 진행해 나가면서 한 경간씩 시공한다. 이 때 세그먼트는 교각에 의해 지지되는 특수 가설장비에 거치, 이동 배열하여 접합면에 에폭시수지를 접착한 후 외부 프리스트레싱을 하여 1경간씩 진행하여 나가는 공법이다. 이 공법 특성상 외부 프리스트레싱(External Prestressing) 방법과 함께 발전한 공법으로 일반적으로 국내에서는 서울의 반포대교 북단에서 성수대교 북단사이의 강변 도시고속도로 구간에 처음으로 적용하였다. 기존의 경간단위 가설 방법을 개선하여 한 경간의 박스거더를 제작장에서 특별히 제작된 몰드(Mould)를 이용하여 미리 생산하고 특수 장비로 가설지점에 운반 후 런칭거더(Launching Girder)를 이용하여 가설하는 전경 간 프리캐스트 가설방법인 FSLM(Full Span Launching Method)를 도로교에서는 세계 최초로 50 m 경간으로 인천대교 고가교 구간에 적용되었다. 철도교에서는 25~30 m의 경간을 제작장에서 프리텐션(Pretension)공법으로 Girder를 제작후에 가설지점까지 운반하여 런칭거더(Launching Girder)를 이용하여 시공하는 경간단위가설공법이 상용화 되고 있다.

(a) 제작장에서 FSLM 거더제작

(b) 런칭트러스를 이용한 FSLM 거더 설치

[그림 8.8] 인천대교 고가교구간 FSLM공법의 시공개요

8.6.2 캔틸레버 가설공법(Cantilever Method)

프리캐스트 캔틸레버공법은 제작장에서 거더를 분할하여 프리캐스트 제품으로 만들어 가설현장에서 캔틸레버 방법으로 가설하는 공법으로 교각 중심으로 양측으로 균형을 맞추면서 시공하는 균형캔틸레버공법(Balanced Cantilever Method)과 이동식비계공법(MSS)과 유사하게 교량의 시점에서 종점으로 연속적으로 캔틸레버 방법으로 시공하는 전진가설공법(Progressive Placement Method)이 있다. 전진가설공법의 경우 30~90 m 교량 시공에 실용적이라고 알려져 있고 가설 시 캔틸레버 길이가 길 경우 일시적 응력을 제어하기 위하여 가설교각이나 이동식 케이블 시스템을 설치할 필요가 있다. 일반적으로 가장 보편화되고 많은 실적이 있는 캔틸레버 공법은 균형캔틸레버 공법으로 국내에서는 서울 홍은동 사거리에 있는 서울 내곽 순환도로 교량구간에 처음 시공되었다. 인천대교 접속교구간의 경우 국내최초로 변단면 세그먼트를 제작하여 주두부를 포함하여 균형 캔틸레버공법으로 적용되었다.

(a) 주두부 대블럭 설치

(b) 데릭크레인을 이용한 세그먼트 설치

[그림 8.9] 인천대교 접속교 구간 프리캐스트 FCM 공법

연습문제

8.1 PSC 교량의 종류를 열거하고 그 특징을 설명하시오.

8.2 PSC 교량의 공법별 개요와 가설공법에 대하여 기술하시오.

8.3 FCM 가설공법을 적용한 3주탑 이상의 다경간 PSC 사장교와 2주탑 PSC 사장교에 대한 구조적 차이점과 주탑과 보강형 계획시 고려사항에 대하여 경관설계를 고려하여 설명하시오.

8.4 PSC 교량의 가설시 FCM공법, ILM공법 및 MSS 공법에 대하여 아래 사항에 대하여 설명하시오.

1) 교량가설 지역특성, 선형조건(종단 및 평면)을 고려한 가설공법 적용성
2) 적용가능 경간장
3) 가설공법특성, 설계 및 시공시 고려사항

8.5 동바리(staging) 공법의 종류와 특성을 설명하고, 설계 및 시공시 현장 여건을 고려한 검토사항을 기술하시오.

8.6 FCM공법중 현장타설공법과 프리캐스트(Precast)공법의 특징과 차이점을 기술하시오.

부 록

1. 설계조건

1.1 일반사항

1) **교량형식** : 단순합성형 PSC 빔교

2) **가설공법** : 크레인을 이용한 일괄가설 공법

3) **교량연장** : 1@35.0 = 35.0 m

4) **교량폭원** : 14.755 m(하행선)

5) **교량사각** : 80°

6) **교량 설계등급**

① 활하중 : 1등교 (DB－24, DL－24)

② 지진 : 1등급

7) **평면선형** : 직선구간

8) **종단선형** : －0.7 %

9) **PRESTRESS 도입방식** : POST－TENSIONING 방식

1.2 주요 사용재료

1.2.1 콘크리트

1) 바닥판 콘크리트

① 설계기준강도 $f_{ck} = 27.0\,\mathrm{MPa}$

② 탄성계수 $E_c = 4,700\sqrt{f_{ck}} = 24,421.9\,\mathrm{MPa}$

2) PSC BEAM

① 설계기준강도 $f_{ck} = 40.0\,\mathrm{MPa}$

② 탄성계수

$E_c = 3,300\sqrt{f_{ck}} + 7,700 = 28,571.0\ \text{MPa}$

③ 프리스트레스 도입시 콘크리트 압축강도

$f_{ci} = 32.0\ \text{MPa}$

④ 크리이프 및 건조수축계수

$\Phi = 3.0$(크리이프 계수)

$\epsilon = 0.0002$(건조 수축률)

☞ 크리이프 계수 및 건조수축률 산정시 재령 28일 기준임

1.2.2 PS강재

1) PS강재의 종류 및 단면적

KS D 7002, SWPC 712 Strand $\Phi 12.7\ \text{mm} - 5$ CABLE

$A = 0.9871\ \text{cm}^2$(STRAND 1개소당 단면적)

2) 탄성계수

$E_p = 200,000\ \text{MPa}$

3) 항복강도

$f_{py} = 1600.0\ \text{MPa}$

$P_y = 159.0\ \text{kN/Strand}$(0.2% 영구 연신률에 대한 하중)

4) 계수강도

$f_{pu} = 1,900.0\ \text{MPa}$

$P_u = 187.0\ \text{kN/Strand}$(계수 인장하중)

5) 마찰계수(아연도금 금속쉬스+PS 강연선)

$\mu = 0.250/\text{radian}$(곡률 마찰계수)

$k = 0.005/\text{m}$(파상 마찰계수)

6) 슬립량(정착시)

$\Delta \text{L} = 6.0\ \text{mm}$

1.2.3 철근

1) 바닥판 슬래브

① 항복강도 $f_y = 400.0\ \text{MPa}$

② 탄성계수 $E_S = 200,000\ \text{MPa}$

2) PSC BEAM

① 항복강도　　　$f_y = 300.0\,\mathrm{MPa}$

② 탄성계수　　　$E_S = 200{,}000\,\mathrm{MPa}$

1.3 허용응력

1.3.1 콘크리트

1) 프리스트레스 도입 직후, 손실발생 전

허용 휨 0.55 $f_{ci} = 17.6\,\mathrm{MPa}$

허용 휨 0.25 $\sqrt{f_c} = 1.414\,\mathrm{MPa}$(부착된 철근이 없는 경우)

$0.5\sqrt{f_c} = 2.828\,\mathrm{MPa}$(부착된 철근이 있는 경우)

2) 사용하중 작용시, 손실발생 후

허용 휨 압축 응력 $0.40\,f_{ck} = 16.0\,\mathrm{MPa}$

허용 휨 인장 응력 $0.5\sqrt{f_c} = 3.162\,\mathrm{MPa}$(부착된 철근을 갖는 부재)

3) 균열응력

보통 콘크리트 $0.63\sqrt{f_{ck}} = 3.984\,\mathrm{MPa}(f_{ru})$

1.3.2 PS강재

1) 정착 후 정착부에서의 응력

$f_{psa} = 0.70 \quad f_{pu} = 1{,}330.0\,\mathrm{MPa}$

2) 정착 후 정착장치의 활동에 의한 손실 끝부분에서의 응력

$f_{psa} = 0.83 \quad f_{py} = 1{,}328.0\,\mathrm{MPa}$

3) 손실발생 후 사용하중 상태에서의 응력

$f_{psa} = 0.80 \quad f_{py} = 1{,}280.0\,\mathrm{MPa}$

1.4. 설계하중

1.4.1 고정하중

$W_c = 2{,}500\,\mathrm{kg/m^3}$(철근 콘크리트, BEAM 및 바닥판)

$W_a = 2{,}350\,\mathrm{kg/m^3}$(교면 포장층 : LMC)

$W_p = 7{,}850\,\mathrm{kg/m^3}$(PS강재)

1.4.2 활하중

1) 하중 : 활하중 1등교

① DB－24

$P_f = 24\,\text{kN}$ (전륜하중), $P_s = 96\,\text{kN}$(후륜하중)

② DL－24

$W_l = 12.7\,\text{kN/m}$ (표준차선하중)

$P_m = 108.0\,\text{kN/m}$ (모멘트 계산시 작용 집중하중)

$P_s = 156.0\,\text{kN/m}$ (전단력 계산시 작용 집중하중)

2) 충격계수의 산정 및 적용하중의 계산

활하중에 의한 충격계수는 종방향에 대한 해석 적용치만 산정하고 횡방향 충격계수는 해당 부재 설계시 별도 산정하여 적용함.

$i = 15/(40+L) \le 0.300$

$L = 35.0\,\text{m}$(교량의 1－SPAN 경간장)

$i = 15/(40 + 35.0) = 0.20 \le 0.3$이므로

$i = 0.2$를 사용한다.

3) 재하차선 수에 의한 활하중 감소율

3차선 : 90 % 4차선 : 75%

1.4.3 온도하중

α= 0.00001(콘크리트의 선팽창계수)

1) 상 · 하연 온도차이 하중(Gradient)

$\Delta T = \pm 5℃$

2) 종방향 온도하중(Global)

± 10℃

3) 이동량 산정시 종방향 온도하중(Global)

－5℃～+35℃(보통지방, PSC 교량)

1.4.4 프리스트레스 하중

1) 도입 긴장력

$f_{pj} = 0.8\ f_{pu} = 1{,}520.0\,\text{MPa}$

$P_j = 0.8\ P_u = 149.6\,\text{kN/Strand}$(인장강도의 80%를 도입)

2) 프리스트레스의 손실

① PS 도입시 손실

- 정착장치에서의 슬립량
- PS강재와 쉬스 사이의 마찰
- 콘크리트의 탄성수축

② PS 도입 후 손실

- 콘크리트의 크리프
- 콘크리트의 건조수축
- PS 강연선의 릴랙세이션

1.4.5 지점침하

각각의 지점인 교대에서 각각 10 mm가 일어난다고 가정

1.4.6 풍하중

PSC 빔교의 경우 판형교의 형태로 봄

단 면 형 상	풍 하 중
1 ≤ B/D < 8	[4.0 − 0.2 (B/D) D]
8 ≤ B/D	2.4 D

☞ 단 판형교에 적용하는 풍하중의 6.0 kN/m 이상이어야 한다.

$W=$ 0.003 MPa(일반적으로 작용하는 풍하중, 활하중 비재하시)

1.5 설계방법

1) PSC 빔 : 허용응력 설계법

2) 바닥판 SLAB : 강도 설계법

1.6 설계에 필요한 기타사항

1) 강도감소 계수

① 휨 : 0.85 ② 전단 : 0.8

1.7 구조해석 PROGRAM

MIDAS CIVIL

1.8 참고문헌

1) 도로교 설계기준(2005) – 건설교통부
2) 콘크리트 구조 설계기준(2005) – 건설교통부
3) CEB – FIP(1978)
4) FIP Recommendation, "Practical Design of Reinforced and Prestress Concrete Structures"(1984) – Thomas Telford Limited Lendon
5) 도로설계 요령 제3권 – 한국도로공사
6) PSC교의 설계 계산예 – 건설도서

2. 설계단면가정

2.1 횡단면도(단위 m)

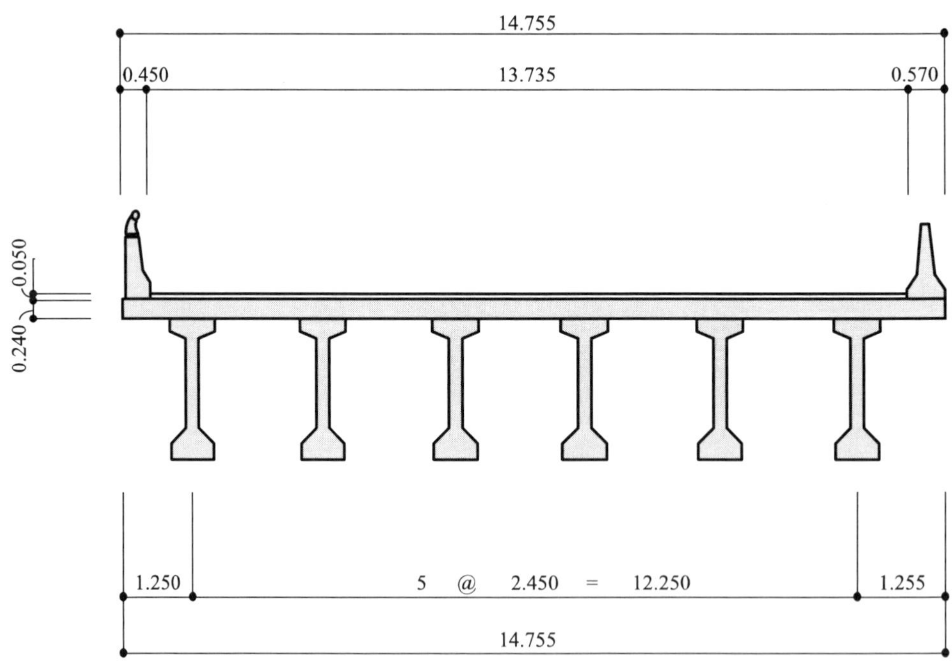

2.2 PSC 빔 제원(단위 m)

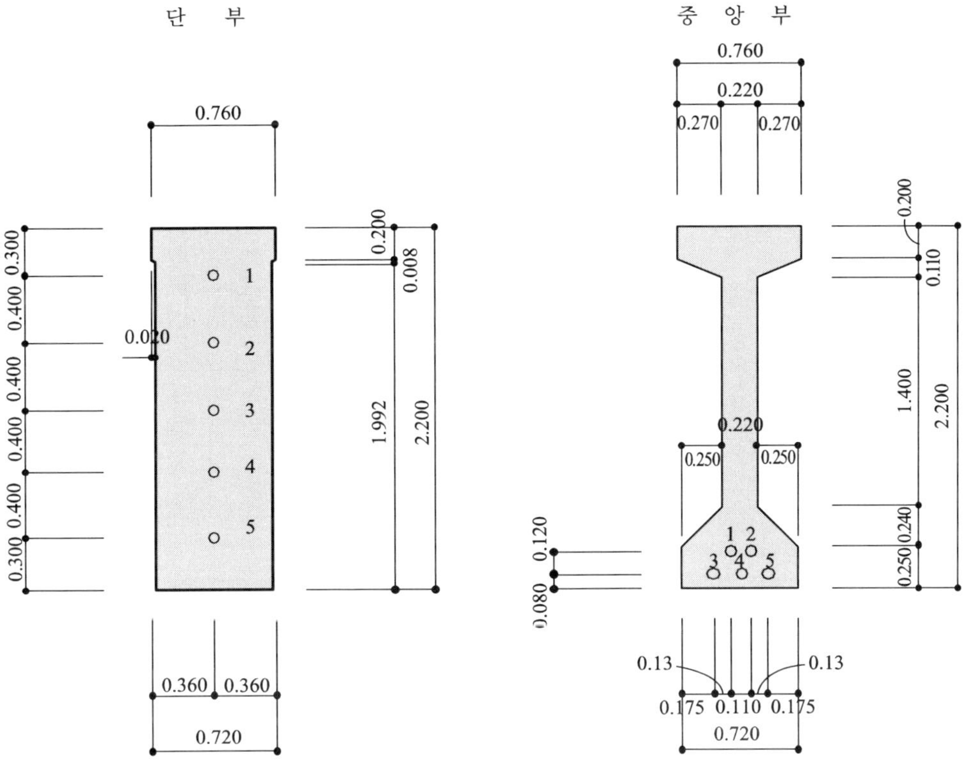

2.3 PSC 빔교

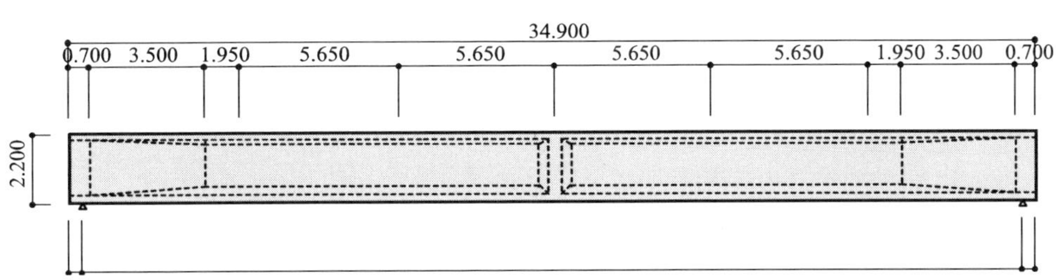

PSC 빔 측면도(L = 35.0 M)

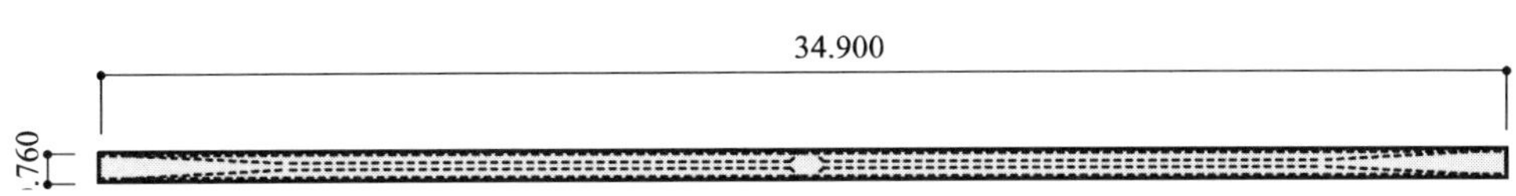

PSC 빔 평면도(L = 35.0 M)

3. 바닥판(SLAB)의 설계

3.1 경험적 설계법이 되기 위한 조건 검토

1) 설계 단면(단위 m)

① 방호벽 캔틸레버부

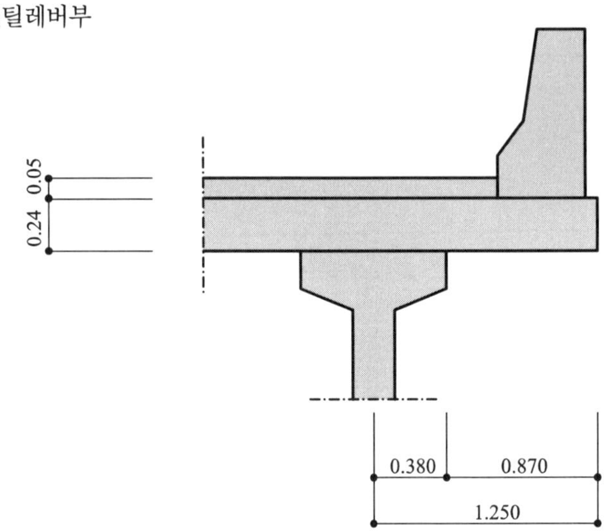

② 중앙부

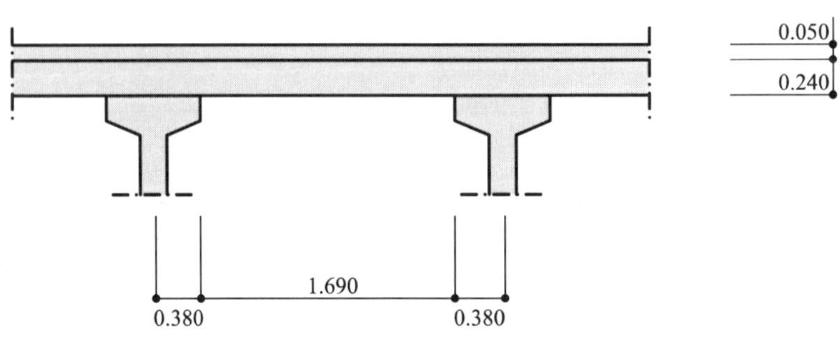

2) 도로교 설계기준에 의한 경험적 설계 적용 기준

① 지지 부재들이 콘크리트로 된 경우

콘크리트 교량 ·· O.K

② 콘크리트가 현장타설되고 습윤양생 되어야 함.

습윤 양생 ··· O.K

③ 중앙분리대 캔틸레버부

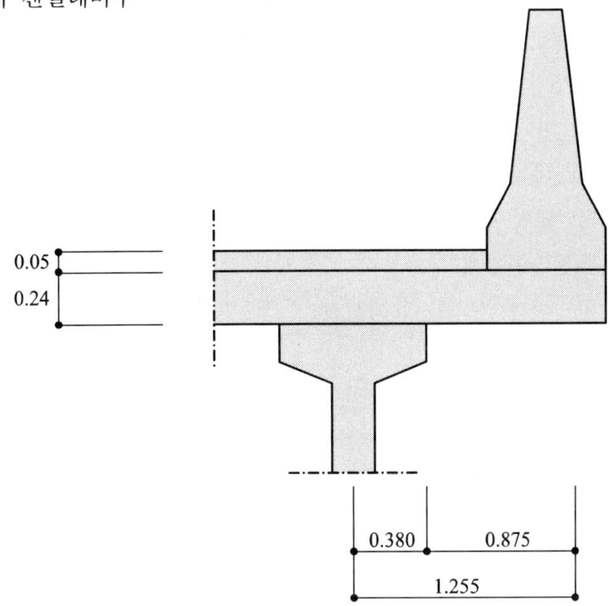

③ 바닥판이 두께에 대한 유효경간비가 6 이상 15 이하인 경우

중앙부 바닥 $1.69 \geq 0.24\times6 = 1.44$ ······································ O.K

$1.69 < 0.24\times15 = 3.6$ ······································ O.K

④ 바닥판의 상부와 하부에 배치된 철근의 외측면 사이의 두께가 15 cm 이상인 경우

상면 피복 6 cm 상부 철근의 직경 = 1.9 cm

하면 피복 4 cm 하부 철근의 직경 = 1.9 cm이므로

상부와 하부에 배치된 철근 외측면 사이의 두께 $= 15.9 > 15.0$ O.K

⑤ 유효경간이 표준차선폭 3.6 m 이하인 경우

유효 경간 = 1.69m < 3.6 m ··· O.K

⑥ 바닥판의 홈집, 마모면, 그리고 보호피복 두께층을 제외한 바닥판의 최소두께가 24 cm 이상인 경우

바닥판의 최소 두께 = 24cm ≥ 24cm ···································· O.K

⑦ 캔탈레버부의 길이가 내측바닥판 두께의 5배 이상이거나, 캔틸레버부의 길이가 내측 바닥판 두께의 3배 이상이고 구조적으로 연속적인 콘크리트 방호책과 합성인 경우

- 방호울타리 캔틸레버부

  캔틸레버의 길이 $= 125$ cm $\geq 24\times3 = 72$ cm ························ O.K

- 중앙분리대 캔틸레버부

캔틸레버의 길이 = 126 cm ≥ 24×3 = 72 cm ························ O.K

⑧ 콘크리트의 28일 압축강도는 27 MPa 이상인 경우

콘크리트의 28일 압축강도 = 27 MPa ≥ 27 MPa ··············· O.K

⑨ 철근콘크리트 바닥판은 바닥판을 지지하는 구조부재들과 완전합성 거동을 하는 경우

철근콘크리트 바닥판과 거더의 합성 거동 ································ O.K

⑩ 콘크리트 거더교인 경우 위의 조항을 만족시키기 위하여 바닥판과 콘크리트 주거더를 합성시키는 전단연결재가 충분히 배치되어야 한다.

콘크리트 바닥판과 거더를 합성시키는 전단연결재 배치 ········· O.K

3) 검토 결과

① 방호울타리 캔틸레버부 : 강도설계법 적용

② 중 앙 부 : 경험적설계법 적용

③ 중앙분리대 캔틸레버부 : 강도설계법 적용

3.2 방호벽 CANTILEVER(단위 m)

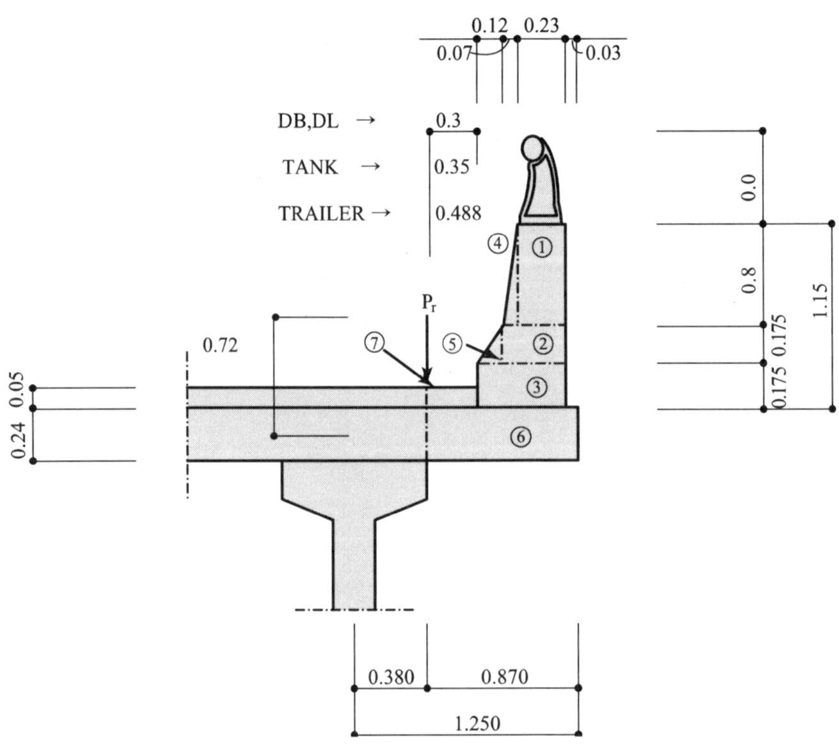

1) 바닥판 두께 검토

① 시방규정에 의한 최소두께 검토

상부플랜 0.76/0.24 = 3.167

∴ 바닥판두께에 대한 상부플랜지 폭비가 4 미만이므로 상부플랜지 끝단 사이의 순경간을 고정하중 유효지간으로 결정함.

$L = 1.25 - 0.38 - 0.45 - 0.3 = 0.12\ \text{m}$

$L < 0 \quad T_{min} = 280L + 180$

$T_{min} = 280 \times 120.0 + 1 = 213.6\ \text{mm} < 220.0\ \text{mm}$ 4.7.4

$T_{min} = 220.0\ \text{mm} < \text{T} = 240.0\ \text{mm}$ ∴ O.K

② 시공성을 감안한 바닥판 두께 검토

횡방향철근 H 19

종방향철근 H 16

사각부보강철근 H 19

SLAB 상면 6.0 cm

SLAB 하면 4.0 cm

$\text{S} = 240.0 - (19.0 + 16.0 \times 2 + 19.0 \times 2) - 100.0$

$= 51.0\ \text{mm} > \text{S}_{min} = 40.0\ \text{mm}$ ∴ O.K

2) 하중의 산정

① 고정하중

구 분	계 산 식	휨 모 멘 트	전 단 력
①	0.230×0.800×2,500×0.725/100	3.335 kN.m	4.600 kN/m
②	0.300×0.175×2,500×0.690/100	0.906 kN.m	1.313 kN/m
③	0.420×0.175×2,500×0.630/100	1.158 kN.m	1.838 kN/m
④	0.070×0.800/2×2,500×0.587/100	0.411 kN.m	0.700 kN/m
⑤	0.120×0.175/2×2,500×0.500/100	0.131 kN.m	0.263 kN/m
난 간	0.000×0.725/100	0.000 kN.m	0.000 kN/m
⑥	0.870×0.240×2,500×0.435/100	2.271 kN.m	5.220 kN/m
⑦	0.420×0.050×2,350×0.210/100	0.104 kN.m	0.494 kN/m
합 계		8.316 kN.m	14.428 kN/m

② 활하중(DB,DL하중)

$i_{max} = 0.3$(활하중 충격계수의 제한치)

$i = 15/(40 + L)$ 0.374 > 0.3이므로

그러므로 활하중 충격계수 0.3을 사용한다.

$E = 0.8\ L+1.14\ \ 1.236\ \text{m}$

$M = (P \cdot L/E) \times (1+i)\ \ 4.7.5.2$

$= (96.0 \times 0.12/1.236) \times (1.0+0.3) = 12.117\ \text{kN-m}$

③ 방호울타리 충돌하중

☞ "도로안전시설 설치 및 관리 지침" 기준 제기준 참조

$H_1 = 10\ \text{kN}$(방호울타리 상단에 작용하는 수평하중, 직선교량으로적용)

$M_1 = 10.0 \times 1.27 = 12.7\ \text{kN-m}$

☞ "건설교통부 도로설계 편람(1999.12) P803 기준 제기준 참조

$H_2 = \{(V/60)^2 \times 750 + 250\} \times \alpha$

$\alpha = 1.0$(평면 선형에 대한 보정계수, $R < 200$ m이면 2.0임.)

$V = 80.0$ km/hr(설계속도(노면상단 1.0m에 작용)

$H_2 = \{(80.0/60)^2 \times 750 + 250\} \times 1.0/100 = 15.833\ \text{kN}$

$M_2 = 15.833 \times 1.270 = 20.108\ \text{kN-m}$

☞ 설계 적용 충돌하중은 위의 두 값중 최대값을 선정한다.

$M = \text{MAX}(M_1,\ M_2) = 20.108\ \text{kN-m}$

④ 풍하중 ☞ 판형교 작용 풍하중의 검토 표 2.1.9

$B/D = 14.755/3.590 = 4.11$

$W = [4.0 - 0.2(B/D)]\ D = 11.409\ \text{kN/m}$

$W' = 11.409/3.59 \times 1.100 = 3.496\ \text{kN/m}$

$M_1 = 3.496 \times 1.1 \times 0.720 = 2.769\ \text{kN.m}$

☞ 일반 적용 풍하중의 고려

$W = 0.003\ \text{MPa}$

$M_2 = 3.0 \times 1.1 \times 0.72 = 2.376\ \text{kN-m}$

☞ 설계 풍하중 모멘트의 결정

$M = \text{MAX}(M_1,\ M_2) = 2.769\ \text{kN-m}$

⑤ 원심하중(DB, DL하중 작용시)

$V = 80.0$ km/hr(설계속도)

$R = 100{,}000{,}000$ m(교량의 곡선반경)

$CF = 0.79V^2/R = 0.79 \times 80.0^2/1{,}000{,}000{,}000 = 0\ \%$

$P = (P_r/E) \times (CF/100)$ "활하중 적용시만 해당" $= 0.0\ \text{kN/m}$

$M = 0.0 \times 1.800 = 0.0\ \text{kN-m}$

⑥ 설계단면력의 산정

▣ 단면설계시 하중조합 <계수하중>

LOAD CASE 1 : 1.3 고정하중 +1.3 충돌하중

$M = 36.951$ kN-m

LOAD CASE 2 : 1.3 고정하중 +1.3 풍하중

$M = 14.41$ kN-m

LOAD CASE 3 : 1.3 고정하중 + 2.15 활하중 + 1.3 원심하중

$M = 36.862$ kN-m

LOAD CASE 4 : 1.3 고정하중+1.3 활하중 + 1.3 원심하중 +1.3 충돌하중

$M = 52.703$ kN-m

LOAD CASE 5 : 1.3 고정하중 +1.3 활하중 +1.3 원심하중 + 0.65 풍하중

$M = 28.363$ kN-m

LOAD CASE 6 : 1.2 고정하중 + 1.2 충돌하중 +1.2 풍하중

$M = 37.431$ kN-m

☞ 단면 설계시 최대 계수모멘트 52.703 kN-m

▣ 사용성 검토시 하중조합 <사용하중>

LOAD CASE 7. 1.00 고정하중 +1.00 활하중 +1.00 원심하중+0.30 풍하중

$M = 21.264$ kN-m

☞ 사용성검토시 최대 사용모멘트 41.347 kN-m

⑦ 주철근의 산정

$M_u = 52.703$ kN-m　　　$\phi = 0.85$

$H = 240.0$ mm　　　$d_c = 60.0$ mm

$d = 180.000$ mm　　　$b = 1000.0$ mm

$f_{ck} = 27$ MPa　　　$f_y = 400$ MPa

$a = A_s f_y / \phi f_{ck}$ b $0.017\ A_s$

$A_s = M_u / \phi f_y (\mathrm{d} - \mathrm{a}/2) = 899.355\ \mathrm{mm}^2$

$a = 899.355 \times 400/(0.850 \times 27 \times 1{,}000) = 15.675$ mm

$A_{s1-1} = 0.25 \times \sqrt{27}/400 \times 1{,}000 \times 180 = 584.567\ \mathrm{mm}^2$

$A_{s1-2} = 1.4/400 \times 1{,}000 \times 180 = 630.0\ \mathrm{mm}^2$

A_{s2} = 0.002×1,000×180 = 360.0 mm^2

A_{s3} = 4/3×A_s =1199.14 mm^2

∴ A_s(use) : 899.355 mm^2

단 위	철근직경	간 격	단 수	철근단면적	적합유무	비 고
mm	19	200	1	14,325 mm^2	O.K	인장부

a = 1,432.500×400/(0.850×27×1,000) = 24.967 mm

사용 철근비의 검토

k_1 = 0.85

ρ_b = {(k,×0.850 f_{ck})/f_y}×{600 /(600+f_y)}

= {(0.850×0.850×27)/400}×{600 /(600+400)}

= 0.02926(균형 철근비)

ρ_{max} = 0.75 ρ_b = 0.02195(최대 철근비)

ρ_{min} = 1.4/f_y = 0.0035(최소 철근비)

ρ_{use} = A_s/(Bd) = 0.00796(사용 철근비)

∴ $\rho_{min} < \rho_{use} < \rho_{max}$ ∴ O.K

휨 응력의 검토

$\phi M_n = \phi A_s f_y$(d−a/2)

= 0.850×1,432.5×400.0×(180.0−24.967/2)/1,000,000

= 81.589 kN-m > Mu=52.703 kN-m ∴ O.K

* NOTE. 사용성 검토를 감안하여 철근직경을 결정하였음.

3.3 중앙분리대측 CANTILEVER

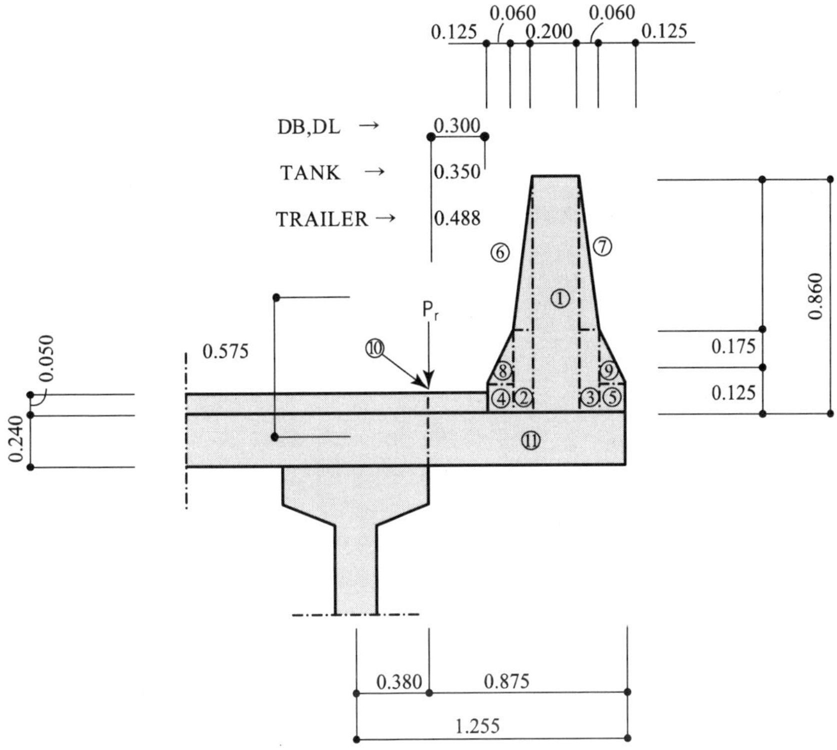

1) 바닥판 두께 검토

① 시방규정에 의한 최소두께 검토

상부플랜 0.76/0.24 = 3.167

∴ 바닥판두께에 대한 상부플랜지 폭비가 4 미만이므로 상부플랜지 끝단 사이의 순경간을 고정하중 유효지간으로 결정함.

$L = 1.255 - 0.380 - 0.570 - 0.300 = 0.005\,\text{m}$

$L < 0 \quad T_{\min} = 280\ L + 180$

$T_{\min} = 280 \times 5.0 + 180 = 181.4\,\text{mm} < 220.0\,\text{mm}$

$T_{\min} = 220.0\,\text{mm} < T = 240.0\,\text{mm}$ ∴ O.K 4.7.4

② 시공성을 감안한 바닥판 두께 검토

횡방향철근 H 16

종방향철근 H 16

사각부보강철근 H 16

SLAB 상면 6.0 cm

SLAB 하면 4.0 cm

$S = 240.0 - (16.0+16.0\times2+16.0\times2) - 100.0$
$= 60.000\ mm > S_{min} = 40.0\ mm \quad \therefore$ O.K

2) 하중의 산정

① 고정하중

구 분	계 산 식	휨 모 멘 트	전 단 력
①	0.200×0.86×2,500×0.59 / 100	2.537 kN-m	4.3 kN/m
②	0.060×0.3×2,500×0.46 / 100	0.207 kN-m	0.45 kN/m
③	0.060×0.3×2,500×0.72 / 100	0.324 kN-m	0.45 kN/m
④	0.125×0.125×2,500×0.368 / 100	0.144 kN-m	0.391 kN/m
⑤	0.125×0.125×2,500×0.813 / 100	0.317 kN-m	0.391 kN/m
⑥	0.060×0.56 / 2×2,500×0.47 / 100	0.197 kN-m	0.42 kN/m
⑦	0.060×0.56 / 2×2,500×0.71 / 100	0.298 kN-m	0.42 kN/m
⑧	0.125×0.175 / 2×2,500×0.388 / 100	0.106 kN-m	0.273 kN/m
⑨	0.125×0.175 / 2×2,500×0.792 / 100	0.216 kN-m	0.273 kN/m
⑩	0.305×0.05×2,500×0.153 / 100	0.058 kN-m	0.381 kN/m
⑪	0.875×0.24×2,500×0.438 / 100	2.297 kN-m	5.25 kN/m
합 계		6.701 kN-m	12.999 kN/m

② 활하중(DB,DL하중)

$i_{max} = 0.3$(활하중 충격계수의 제한치)

$i = 15/(40+L) = 0.375 > 0.3$ 이므로

그러므로 활하중 충격계수 0.3을 사용한다.

$E = 0.800\ L + 1.140 = 1.144\ m$

$M = (P \cdot L/E) \times (1+i)$

$= (96.0\times0.005/1.144)\times(1+0.3) = 0.545$ kN-m

③ 중앙분리대 충돌하중

☞ "도로안전시설 설치 및 관리 지침" 기준 제기준 참조

$H_1 = 10$ kN(중앙분리대 상단에 작용하는 수평하중, 직선교량으로 적용)

$M_1 = 10\times0.98 = 9.8$ kN-m

☞ "건설교통부 도로설계 편람(1999.12) P 803 기준

$H_2 = \{(V/60)^2\times750+250\}\times\alpha$

$\alpha = 1.000$(평면 선형에 대한 보정계수, $R < 200$ m이면 2.0임)

$V = 80.000$ km/hr(설계속도(노면상단 1.0 m에 작용)

$H_2 = \{(80.000/60)^2+750+250\}\times 1.000/100 = 15.830$ kN

$M_2 = 15.830\times 0.980 = 15.513$ kN-m

☞ 설계 적용 충돌하중은 위의 두 값중 최대값을 선정한다.

$M = \mathrm{MAX}(M_{1,} M_2) = 15.513$ kN-m

④ 풍하중

☞ 판형교 작용 풍하중의 검토

B/D = 14.755/3.300 = 4.471

$W = [4.0 - 0.2(\mathrm{B/D})]\ \mathrm{D} = 10.249$ kN-m

$W' = 11.409/3.300\times 0.810 = 2.516$ kN-m

$M_1 = 2.516\times 0.810\times 0.455 = 0.927$ kN-m

☞ 일반 적용 풍하중의 고려

$W = 0.003$ MPa

$M_2 = 3.000\times 0.810\times 0.575 = 1.397$ kN-m

☞ 설계 풍하중 모멘트의 결정

$M = \mathrm{MAX}(M_{1,} M_2) = 1.397$ kN m

⑤ 원심하중(DB, DL하중 작용시)

$V = 80.000$ km/hr(설계속도)

$R - 100,000,000$ m(교량의 곡선반경)

$CF = 0.79\ \mathrm{V}^2/\mathrm{R}$

$= 0.790\times 80.000^2/1,000,000,000.00 = 0.000\%$

$P = (P_r/E)\times(CF/100)$ "활하중 적용시만 해당" = 0.000 kN-m

$M = 0.000\times 1.800 = 0.000$ kN-m

⑥ 설계단면력의 산정

▣ 단면설계시 하중조합 <계수하중>

LOAD CASE 1 : 1.30 고정하중 +1.30 충돌하중

$M = 28.878$ kN-m

LOAD CASE 2 : 1.30 고정하중 +1.30 풍하중

$M = 10.528$ kN-m

LOAD CASE 3 : 1.30 고정하중 + 2.15 활하중 +1.30 원심하중

$M = 9.883$ kN-m

LOAD CASE 4 : 1.30 고정하중+1.30 활하중 +1.30 원심하중 +1.30 충돌하중

$M = 29.587$ kN-m

LOAD CASE 5 : 1.30 고정하중 +1.30 활하중 +1.30 원심하중+0.65 풍하중

M = 10.328 kN-m

LOAD CASE 6 : 1.20 고정하중+1.20 충돌하중 +1.20 풍하중

M = 28.334 kN-m

☞ 단면 설계시 최대 계수모멘트 29.587 kN-m

▣ 사용성 검토시 하중조합 <사용하중>

LOAD CASE 7 : 1.00 고정하중 +1.00 활하중 +1.00 원심하중+0.30 풍하중

M = 7.665 kN-m

☞ 사용성검토시 최대 사용모멘트 7.665 kN.m

⑦ 주철근의 산정

M_u = 29.587 kN-m ϕ = 0.85

H = 240.000 mm d_c = 60.000 mm

d = 180.000 mm b = 1000.000 mm

f_{ck} = 27 MPa f_y = 400 MPa

$a = A_s\ f_y/\phi f_{ck}\ b =\ 0.017\ \ A_s$

$A_s = \ \mathrm{Mu}/\phi f_y(\mathrm{d}-\mathrm{a}/2) = 495.019\ \mathrm{mm}^2$

a = 495.019×400/(0.850×27×1,000 = 8.628 mm

$A_{s1-1} = 0.25\times\sqrt{27}/400\times1{,}000\times180 = 584.567\ \mathrm{mm}^2$

$A_{s1-2} = 1.4/400\times1{,}000\times180 = 630.000\ \mathrm{mm}^2$

$A_{s2} = 0.002\times1{,}000\times180 = 360.000\ \mathrm{mm}^2$

$A_{s3} = 4/3\times A_s = 660.025\ \mathrm{mm}^2$

$\therefore\ A_s(\mathrm{use})\ 630.000\ \mathrm{mm}^2$

단 위	철근직경	간 격	단 수	철근단면적	적합유무	비 고
mm	16	200	1	993 mm^2	O.K	인장부

a = 993×400/(0.850×27×1,000) = 17.307 mm

사용 철근비의 검토

K_1 = 0.850

$\rho_b = \{(\mathrm{K}_1\times0.850\ \ f_{ck})/f_y\}\times\{600\ \ /(600+f_y)\}$

$= \{(0.850 \times 0.850 \times 27)/400\} \times \{600\ /(600+400)\}$

$= 0.02926$(균형 철근비)

$\rho_{max} = 0.750\ \rho_b = 0.02195$(최대 철근비)

$\rho_{min} = 1.4/f_y = 0.0035$(최소 철근비)

$\rho_{use} = A_s/(\mathrm{Bd}) = 0.00552$(사용 철근비)

$\therefore\ \rho_{min} < \rho_{use} < \rho_{max} \quad \therefore$ O.K

휨 응력의 검토

$\phi M_n = \phi A_s f_y (\mathrm{d} - \mathrm{a}/2)$

$= 0.85 \times 993 \times 400 \times (180 - 17.307/2)/100{,}000$

$= 57.850\ \mathrm{kN\text{-}m} > M_u = 29.587\ \mathrm{kN\text{-}m} \quad \therefore$ O.K

3.4 강도설계법 적용구간의 내측지간

중앙분리대가 없는 행선의 중앙분리대측 첫번째 내측지간 적용

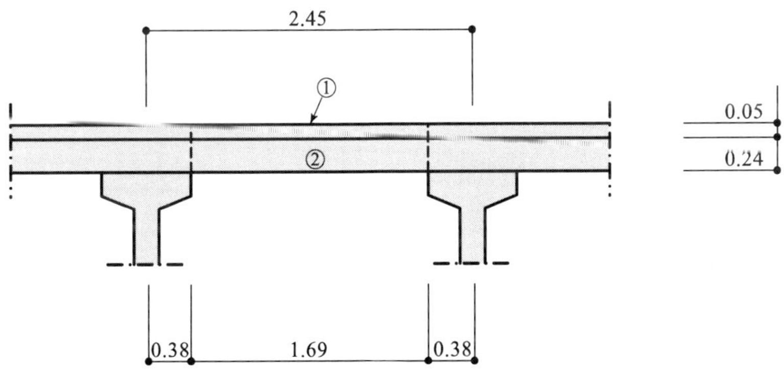

1) 바닥판 두께 검토

① 시방규정에 의한 최소두께 검토

상부플랜지폭/바닥판 두께 = 0.76/0.24 = 3.167

∴ 바닥판두께에 대한 상부플랜지 폭비가 4 미만이므로 상부플랜지 끝단 사이의 순경간을 고정하중 유효지간으로 결정함.

$L = 2.45 - 0.38 - 0.38 = 1.69\ \mathrm{m}$

$T_{min} = 30\,\mathrm{L} + 130 = 180.7\ \mathrm{mm} < 220.0\ \mathrm{mm}$

$T_{min} = 220.0\ \mathrm{mm} < T = 240.0\ \mathrm{mm} \quad \therefore$ O.K

② 시공성을 감안한 바닥판 두께 검토

횡방향철근 = H16

종방향철근 = H16

사각부보강철근 = H16

SLAB 상면 = 6.0 cm

SLAB 하면 = 4.0 cm

S = 240.0 − (16.0+16.0×2+0.0×2) − 100.0

= 92.0 mm > S_{min} = 40.0 mm ∴ O.K

2) 하중의 산정

① 고정하중

구 분	계 산 식	하 중	모 멘 트
①	0.05×2,350/100	1.175 kN	kN·m
②	0.24×2,500/100	6.0 kN	kN·m
합 계		7.175 kN	kN·m
모 멘 트	$7.175 \times 1.69^2/10$		2.049 kN·m

② 활하중

i_{max} = 0.3 (활하중 충격계수의 제한치)

$i = 15 \ /(40 + \mathrm{L}) = 0.36 > 0.3$

그러므로 활하중 충격계수 0.3을 사용한다.

$E = 2.4 \ \mathrm{L}/(L + 0.6) = 1.771$ m

$M = \{(\mathrm{L} + 0.6) \times P_r \times (1 + i)\}/9.600$

$= \{(1.69 + 0.6) \times 96 \times 1.3\}/9.6$

= 29.77 kN-m

$M_l = 0.8 \times M$ = 23.816 kN-m

③ 원심하중(DB,DL하중 작용시)

V = 80 km/hr(설계속도)

R = 100,000,000 m(교량의 곡선반경)

$CF = 0.79\,V^2/\mathrm{R}$

$= 0.79 \times 80^2/100{,}000{,}000.00 = 0$ %

P = (Pr/E)×(CF/100) “활하중 적용시만 해당 = 0 kN/m

$M = 0 \times 1.8 = 0$ kN-m

④ 설계단면력의 산정

▣ 단면설계시 하중조합 <계수하중>

LOAD CASE 1 : 1.30 고정하중+2.15 활하중+1.30 원심하중

$$M = 53.868 \text{ kN.m}$$

☞ 단면 설계시 최대 계수모멘트 53.868 kN.m

▣ 사용성 검토시 하중조합 <사용하중>

LOAD CASE 2 : 1.0 고정하중 +1.0 활하중 +1.0 원심하중

$$M = 25.865 \text{ tf-m}$$

☞ 사용성검토시 최대 사용모멘트 25.865 kN-m

⑤ 주철근의 산정

▣ 바닥판 상면이 인장인 경우

$M_u = 53.868$ kN.m $\phi = 0.85$

$H = 240.0$ mm $d_c = 60.0$ mm

$d = 180.0$ mm $b = 1000.0$ mm

$f_{ck} = 27.0$ MPa $f_y = 400.0$ MPa

$a = A_s\ f_y / \phi f_{ck} b = 0.017\ A_s$

$A_s = M_u / \phi f_y (\text{d} - \text{a}/2) = 920.182 \text{ mm}^2$

$a = 920.182 \times 400 / (0.85 \times 27 \times 1{,}000 = 16.038$ mm

$A_{s1-1} = 0.25 \times \sqrt{27} / 400 \times 1{,}000 \times 180 = 584.567 \text{ mm}^2$

$A_{s1-2} = 1.4 / 400 \times 1{,}000 \times 180 = 630.0 \text{ mm}^2$

$A_{s2} = 0.002 \times 1{,}000 \times 180 = 360.0 \text{ mm}^2$

$A_{s3} = 4/3 \times A_s = 1226.909 \text{ mm}^2$

$\therefore\ A_{s(use)} = 920.182 \text{ mm}^2$

단 위	철근직경	간 격	단 수	철근단면적	적합유무	비 고
mm	16	200	1	993.0	O.K	인장부
mm	13	200	1	633.5 mm^2		

a = 993×400/(0.850×27×1,000) = 17.307 mm

사용 철근비의 검토

$K_1 = 0.85$

$\rho_b = \{(\mathrm{K_1}\ 0.85\ f_{ck})/f_y\}\times\{600\ /(600+f_y)\}$

$= \{(0.85\times0.85\times27)/400\}\times\{600\ /(600+400)\}$

$= 0.02926$(균형 철근비)

$\rho_{\max} = 0.75\ \rho_b = 0.02195$(최대 철근비)

$\rho_{\min} = 1.4/f_y = 0.0035$(최소 철근비)

$\rho_{use} = A_s\ /(\mathrm{Bd}) = 0.00552$(사용 철근비)

$\therefore\ \rho_{\min} < \rho_{use} < \rho_{\max}$ CASE $\therefore$ O.K

휨 응력의 검토

$\phi M_n = \phi A_s f_y(\mathrm{d}-\mathrm{a}/2)$

$= 0.85\times993\times400\times(180-17.307/2)/1000$

$= 57.850\ \mathrm{kN\text{-}m} > M_u = 53.868\ \mathrm{kN\text{-}m}\quad \therefore$ O.K

▣ 바닥판 하면이 인장인 경우

$M_u = 53.868\ \mathrm{kN\text{-}m}$ $\phi = 0.85$

$H = 240.0\ \mathrm{mm}$ $d_c = 40.0\ \mathrm{mm}$

$d = 200.0\ \mathrm{mm}$ $b = 1000.0\ \mathrm{mm}$

$f_{ck} = 27\ \mathrm{MPa}$ $f_y = 400\ \mathrm{MPa}$

$a = A_s\ f_y/\phi f_{ck}\ b = 0.017\ A_s$

$A_s = M_u/\phi f_y(\mathrm{d}-\mathrm{a}/2) = 820.812\ \mathrm{mm}^2$

$a = 820.812\times400/(0.850\times27\times1{,}000) = 14.306\ \mathrm{mm}$

$A_{s1-1} = 0.25\times\sqrt{27}/400\times1{,}000\times200 = 649.519\ \mathrm{mm}^2$

$A_{s1-2} = 1.4/400\times1{,}000\times200 = 700.0\ \mathrm{mm}^2$

$A_{s2} = 0.002\times1{,}000\times200 = 400.0\ \mathrm{mm}^2$

$A_{s3} = 4/3\times A_s = 1094.416\ \mathrm{mm}^2$

$\therefore\ A_s(\mathrm{use})\ 820.812\ \mathrm{mm}^2$

단 위	철근직경	간 격	단 수	철근단면적	적합유무	비 고
mm	16	200	1	993 mm^2	O.K	인장부
mm	13	200	1	633.5 mm^2		

$a = 993\times400/(0.85\times27\times1{,}000) = 17.307\ \mathrm{mm}$

사용 철근비의 검토

$K_1 = 0.85$

$\rho_b = \{(K_1\ 0.850\ f_{ck})/f_y\}\times\{600/(600+f_y)\}$

$= \{(0.85\times0.85\times27)/400\}\times\{600/(600+400)\}$

$= 0.02926$(균형 철근비)

$\rho_{max} = 0.750\ \rho_b = 0.02195$(최대 철근비)

$\rho_{min} = 1.4/f_y = 0.0035$(최소 철근비)

$\rho_{use} = A_s\ /(Bd) = 0.00497$(사용 철근비)

$\therefore\ \rho_{min} < \rho_{use} < \rho_{max}$ CASE $\therefore$ O.K

휨 응력의 검토

$\phi M_n = \phi A_s\ f_y(d-a/2)$

$= 0.85\times993\times400\times(200-17.307/2)/1000$

$= 64.602$ kN-m $> M_u = 53.868$ kN-m $\therefore$ O.K

3.5 바닥판 배력철근의 산정

1) 방호벽 CANTILEVER

$L = 0.87$ m(캔틸레버 유효 지간)

$S = 120/\sqrt{L} = 128.654\% > 67.0\%$이므로

$S = 67.0\%$ 이상이어야 한다.

$A_s = 899.355\ mm^2$

$A_b = 899.355\times0.67 = 602.6\ mm^2$ 이상 배근하여야 한다.

단 위	철근직경	간 격	단 수	철근단면적	적합유무
mm	16	250	1	794.4 mm^2	O.K

2) 중앙분리대측 CANTILEVER

$L = 0.875$ m(캔틸레버 유효 지간)

$S = 120/\sqrt{L} = 128.285\% > 67.0\%$ 이므로

$S = 67.000\%$ 이상이어야 한다.

$A_s = 630.0\ mm^2$

A_b = 630.0×0.670 = 422.1 mm^2 이상 배근하여야 한다.

단 위	철근직경	간 격	단 수	철근단면적	적합유무
mm	16	250	1	794.4	O.K

3) 내측 연속부 바닥판 : 상면인장(강도설계법 적용구간)

L = 1.690 m(캔틸레버 유효 지간)

$S = 120/\sqrt{L}$ = 92.308 % > 67.0 % 이므로

S = 67.0 % 이상이어야 한다.

A_s = 920.182 mm^2

A_b = 920.182×0.670 = 616.5 mm^2 이상 배근하여야 한다.

단 위	철근직경	간 격	단 수	철근단면적	적합유무
mm	16	250	1	794.4	O.K

4) 내측 연속부 바닥판 : 하면인장(강도설계법 적용구간)

L = 1.690 m(캔틸레버 유효 지간)

$S = 120/\sqrt{L}$ = 92.308% > 67.0 %이므로

S = 67.0 % 이상이어야 한다.

A_s = 820.812 mm^2

A_b = 820.812×0.67 = 549.9 mm^2 이상 배근하여야 한다.

단 위	철근직경	간 격	단 수	철근단면적	적합유무
mm	16	250	1	794.400 mm^2	O.K

3.6 바닥판 단부 보강철근의 계산

☞ 들보단부의 차도부 바닥판은 연속성이 끝나는 곳이므로 구조상의 약점이 될 뿐 아니라 신축장치 부근의 단차로 인한 활하중 충격이 크고 다른 부분의 바닥판에 비해 손상이 발생되기 쉬우므로 아래와 같이 충분히 보강하여야 한다.

1) 방호벽 CANTILEVER

☞ 철근량 : 들보단부 이외의 캔틸레버판에서 필요한 주철근 및 배력근량의 2배를 각각 배치

$A_{s1} = 2 \times 899.355 = 1798.71\ mm^2$ (바닥판 단부의 필요 주철근량)

$A_{s2} = 2 \times 602.6 = 1205.2\ mm^2$ (바닥판 단부의 필요 배력철근량)

☞ 보강범위 : 들보단부로부터 캔틸레버판의 고정하중에 대한 지간

$L_{as} = 0.87\ m$ $L_d = 2.0\ m$(적용배근구간)

단 위	철근직경	간 격	단 수	철근단면적	적합유무	비 고
mm	19	100	1	$2865.0\ mm^2$	O.K	주철근
mm	16	125	1	$1588.8\ mm^2$	O.K	배력철근

2) 중앙분리대측 CANTILEVER

☞ 철근량 : 들보단부 이외의 캔틸레버판에서 필요한 주철근 및 배력근량의 2배를 각각 배치

$A_{s1} = 2 \times 630.0 = 1260.0\ mm^2$(바닥판 단부의 필요 주철근량)

$A_{s2} = 2 \times 422.1 = 844.2\ mm^2$(바닥판 단부의 필요 배력철근량)

☞ 보강범위 : 들보단부로부터 캔틸레버판의 고정하중에 대한 지간

$L_{as} = 0.875\ m$ $L_d = 2.0\ m$(적용배근구간)

단 위	철근직경	간 격	단 수	철근단면적	적합유무	비 고
mm	19	100	1	$2865\ mm^2$	O.K	주철근
mm	16	125	1	$1588.8\ mm^2$	O.K	배력철근

3.7 들보 단부 BLOCK-OUT부 단면검토

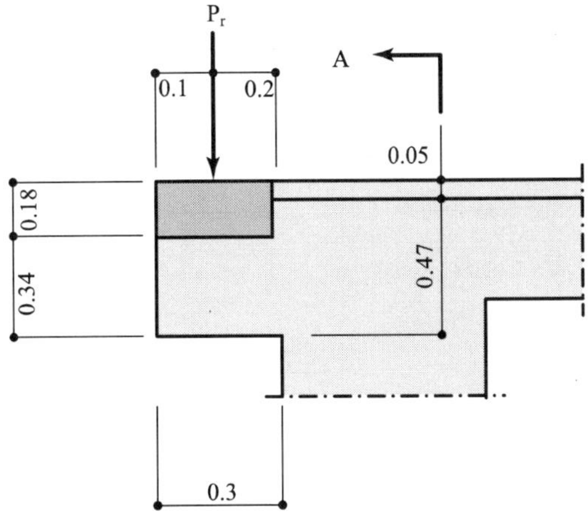

1) 설계제원의 산정

$i = 0.3$ 활하중(DB, DL하중) 충격계수

$E = 0.35L + 0.98 = 1.050\ \text{m}$

2) 고정하중에 의한 단면력

$S_d = (0.34 + 0.18) \times 0.3 \times 2{,}500/1{,}000 \times 10 = 3.9\ \text{kN}$

$M_d = 3.9 \times 0.3/2 = 0.585\ \text{kN-m}$

3) 활하중(DB, DL하중)에 의한 단면력

$M_l = 96/1.05 \times 1.3 \times 0.2 = 23.771\ \text{kN-m}$

4) 설계단면력의 산정

▣ 단면설계시 하중조합 <계수하중>

LOAD CASE 1 : 1.30 고정하중 + 2.15 활하중

$M_u = 1.3 \times 3.9 + 2.15 \times 23.771 = 56.178\ \text{kN-m}$

5) 주철근의 산정

$M_u = 56.178\ \text{kN-m}$ $\phi = 0.85$

$H = 340.0\ \text{mm}$ $d_c = 60.0\ \text{mm}$

$d = 280.0\ \text{mm}$ $b = 1{,}000.0\ \text{mm}$

$f_{ck} = 27\ \text{MPa}$ $f_y = 400\ \text{MPa}$

$a = A_s\ f_y/\phi f_{ck} b = 0.017\ A_s$

$A_s = M_u/\phi f_y (\text{d} - \text{a}/2) = 601.073\ \text{mm}^2$

$a = 601.073 \times 400/(0.850 \times 27 \times 1{,}000) = 10.476\ \text{mm}$

$A_{s1-1} = 0.25 \times \sqrt{27}/400 \times 1{,}000 \times 280 = 909.327\ \text{mm}^2$

$A_{s1-2} = 1.4/400 \times 1{,}000 \times 280 = 980.0\ \text{mm}^2$

$A_{s2} = 0.002 \times 1{,}000 \times 280 = 560.0\ \text{mm}^2$

$A_{s3} = 4/3 \times A_s = 801.431\ \text{mm}^2$

$\therefore\ A_s(\text{use})\ 801.431\ \text{mm}^2$

단 위	철근직경	간 격	단 수	철근단면적	적합유무	비 고
mm	16	125	1	1588.8 mm^2	O.K	인장부

사용 철근비의 검토

$K_1 = 0.85$

$\rho_b = \{(K_1\ 0.85\ f_{ck})/f_y\}\times\{6{,}000/(6{,}000+f_y)\}$

$= \{(0.85\times0.850\times27)/400\}\times\{6{,}000/(6{,}000+400)\}$

$= 0.04572$(균형 철근비)

$\rho_{\max} = 0.75\ \rho_b = 0.03429$(최대 철근비)

$\rho_{\min} = 1.4/f_y = 0.0035$(최소 철근비)

$\rho_{use} = A_s\ /(Bd) = 0.00567$(사용 철근비)

$\therefore\ \rho_{\min} < \rho_{use} < \rho_{\max}$ CASE $\therefore$ O.K

휨 응력의 검토

$\phi M_n = \phi A_s f_y (d - a/2)$

$= 0.85\times1{,}588.8\times400.0\times(280.0-27.692/2)/100{,}000$

$= 143.774$ kN-m $> M_u = 56.178$ kN-m $\therefore$ O.K

3.8 경험적 설계법에 의한 중앙부 바닥판 철근량 산정

1) 경험적 설계법에 의한 철근량 산정

① 경간 방향 : 하부 철근량 = 콘크리트 바닥판 단면의 0.4% 이상(주철근)
상부 철근량 = 콘크리트 바닥판 단면의 0.3% 이상(주철근)

② 경간 방향에 직각 방향 : 하부 철근량 = 콘크리트 바닥판 단면의 0.3% 이상(배력철근)
상부 철근량 = 콘크리트 바닥판 단면의 0.3% 이상(배력철근)

경간 방향 : 하부철근량 = $240\times1{,}000\times0.004 = 960.0\ \text{mm}^2$
상부철근량 = $240\times1{,}000\times0.003 = 720.0\ \text{mm}^2$

직각 방향 : 하부철근량 = $240\times1{,}000\times0.003 = 720.0\ \text{mm}^2$
상부철근량 = $240\times1{,}000\times0.003 = 720.0\ \text{mm}^2$

2) 주철근의 산정

① 경간 방향 : 하부철근량

단 위	철근직경	간 격	단 수	철근단면적	적합유무	비 고
mm	16	200	1	993.0 mm^2	OK	인장부

② 경간 방향 : 상부철근량

단 위	철근직경	간 격	단 수	철근단면적	적합유무	비 고
mm	16	200	1	993.0 mm^2	OK	인장부

③ 직각 방향 : 하부철근량

단 위	철근직경	간 격	단 수	철근단면적	적합유무	비 고
mm	16	250	1	794.4 mm^2	OK	인장부

④ 직각 방향 : 상부철근량

단 위	철근직경	간 격	단 수	철근단면적	적합유무	비 고
mm	16	250	1	794.4 mm^2	OK	인장부

3.9 사용성 검토

1) 방호벽 CANTILEVER

① 처짐에 대한 검토

f_y = 400 MPa T_{use} = 240.0 mm

$T_{\min}$ = L/10 = 87.0 mm

f_y = 400.0 MPa이므로

T = 87.0×1.0 = 87.0 mm

$T_{use} > T$ 이므로 콘크리트 구조 설계기준의 규정에 따라 처짐검토를 생략하여도 좋다.

② 휨균열에 대한 검토

M_a = 41.347 kN.m(사용하중) n = 8.000(탄성계수비)

A_s = 1432.5 mm^2 H = 240.0 mm

B = 1000.0 mm d = 180.0 mm

d_c = 60.0 mm ρ= 0.00796(사용 철근비)

K = 0.299 J = 0.90

N = 5.000 EA(m 당 주철근 개수) D = 19.0 mm(주철근 직경)

$A = (2\times d_c \times B)/N$ = 24000.0 mm^2

R = 최소값$\{(H-k\times d)/(d-k\times d),\ 1.35\}$ = 1.350(슬래브 부재로 취급)

$C = d_c -$(주철근직경/2) = 50.500 mm

$f_s = M_a/(A_s \cdot \mathrm{J} \cdot \mathrm{d})$ = 178.168 MPa

$W = 1.080\ R\ f_s \times \sqrt[3]{(d_c \times A)} \times 10^{-5}$ = 0.293 mm

$W_a = 0.006 \times t_c$ = 0.303 mm

$W = 0.293 \text{ mm} < W_a = 0.303 \text{ mm}$ ∴ O.K

③ 피로에 대한 검토

$M_L = 12.117$ kN-m(활하중에 의한 최대 모멘트)

$f_b = M_L /(A_s \cdot \mathrm{J} \cdot \mathrm{d}) = 52.214 \text{ MPa} < f_a = 150 \text{ MPa}$

∴ 콘크리트 구조 설계기준 및 도로교 설계기준에 따라 피로검토 생략

2) 중앙분리대측 CANTILEVER

① 처짐에 대한 검토

$f_y = 400$ MPa $T_{use} = 240.0$ mm

$T_{\min} = \mathrm{L}/10 = 87.5$ mm

$f_y = 400.0$ MPa 이므로

$T = 87.500 \times 1.0 = 87.5$ mm

$T_{use} > T$이므로 콘크리트 구조 설계기준의 규정에 따라 처짐검토를 생략하여도 좋다.

② 휨균열에 대한 검토

$M_a = 7.665$ kN-m(사용하중) $n = 8.0$(탄성계수비)

$A_s = 993.0 \text{ mm}^2$ $H = 240.0$ mm

$B = 1000.0$ mm $d = 180.0$ mm

$d_c = 60.0$ mm $\rho = 0.00552$(사용 철근비)

$K = 0.256$ $J = 0.915$

$N = 5.000$ EA(m 당 주철근 개수) $D = 16.0$ mm(주철근 직경)

$A = (2 \times d_c \times B)/N$ $= 24000.0 \text{ mm}^2$

$R =$ 최소값$\{(H - k \times d)/(d - k \times d),\ 1.35\} = 1.350$(슬래브 부재로 취급)

$C = d_c -$ (주철근직경/2) $= 52.0$ mm

$f_s = M_a/(A_s \cdot \mathrm{J} \cdot \mathrm{d}) = 46.868$ MPa

$W = 1.080\ R\ f_s \times \sqrt[3]{(d_c \times A)} \times 10-5 = 0.077$ mm

$W_a = 0.006 \times t_c = 0.312$ mm

$W = 0.077 \text{ mm} < W_a = 0.312 \text{ mm}$ ∴ O.K

③ 피로에 대한 검토

$M_L = 0.545$ kN-m(활하중에 의한 최대 모멘트)

$f_b = M_L/(A_s \cdot \mathrm{J} \cdot \mathrm{d})\ 3.332 \text{ MPa} < f_a = 150 \text{ MPa}$

∴ 콘크리트 구조 설계기준 및 도로교 설계기준에 따라 피로검토 생략

3) 내측 연속부 바닥판 : 상면인장

① 처짐에 대한 검토

f_y = 400 MPa　　　　T_{use} = 240.0 mm

$T_{\min}$ = $L/28$ = 60.357 mm

f_y = 400 MPa 이므로

T = 60.357×1.000 = 60.357 mm

$T_{use} > T$ 이므로 콘크리트 구조 설계기준의 규정에 따라 처짐검토를 생략하여도 좋다.

② 휨균열에 대한 검토

M_a = 25.865 kN-m(사용하중)　　　　n = 8(탄성계수비)

A_s = 993.0 mm^2　　　　H = 240.0 mm

B = 1,000.0 mm　　　　d = 180.0 mm

d_c = 60.0 mm　　　　ρ= 0.00552(사용 철근비)

K = 0.256　　　　J = 0.915

N = 5 EA(m 당 주철근 개수)　D = 16.0 mm(주철근 직경)

$A = (2\times d_c\times B)/N$　　　　= 24000.0 mm^2

R = 1.350(슬래브 부재로 취급)

$C = d_c -$ (주철근직경/2) = 52.0 mm

$f_s = M_a/(A_s \cdot \mathrm{J} \cdot \mathrm{d})$ 158.150 MPa

$W = 1.080\ R\ f_s \times \sqrt[3]{(d_c \times A)} \times 10^{-5}$ = 0.26 mm

$W_a = 0.006\times t_c$ = 0.312 mm

W = 0.26 mm < W_a = 0.312 mm　∴ O.K

③ 피로에 대한 검토

M_L = 29.77 kN-m(활하중에 의한 최대 모멘트)

$f_b = M_L/(A_s \cdot \mathrm{J} \cdot \mathrm{d})$ 182.027 MPa > f_a = 150 MPa

∴ 철근의 응력의 기준치 초과로 인해 피로의 재검토 필요.

4) 내측 연속부 바닥판 : 하면인장

① 처짐에 대한 검토

f_y = 400 MPa　　　　T_{use} = 240.0 mm

$T_{\min}$ = L/28 = 60.357 mm

f_y = 400 MPa 이므로

$T = 60.357 \times 1.0 = 60.357$ mm

$T_{use} > T$이므로 콘크리트 구조 설계기준의 규정에 따라 처짐검토를 생략하여도 좋다.

② 휨균열에 대한 검토

$M_a = 25.865$ kN-m(사용하중) $n = 8$(탄성계수비)

$A_s = 993.0\ \text{mm}^2$ $H = 240.0$ mm

$B = 1000.0$ mm $d = 200.0$ mm

$d_c = 40.0$ mm ρ= 0.00497(사용 철근비)

$K = 0.245$ $J = 0.918$

$N = 5$ EA(m 당 주철근 개수) $D = 16.0$ mm(주철근 직경)

$A = (2 \times d_c \times \text{B})/N$ $= 16000.0\ \text{mm}^2$

$R = 1.35$(슬래브 부재로 취급)

$C = d_c -$ (주철근직경/2) $= 32.0$ mm

$f_s = M_a\ /(A_s\ \text{J}\ \text{d}) = 141.87$ MPa

$W = 1.080\ R\ f_s \times \sqrt[3]{(d_c \times A)} \times 10^{-5} = 0.178$ mm

$W_a = 0.006 \times t_c = 0.192$ mm

$W = 0.178\ \text{mm} < W_a = 0.192\ \text{mm}$ ∴ O.K

③ 피로에 대한 검토

$M_L = 29.77$ kN-m(활하중에 의한 최대 모멘트)

$f_b = M_L\ /(A_s \cdot \text{J} \cdot \text{d})\ 163.289\ \text{MPa} > f_a = 150$ MPa

∴ 철근의 응력의 기준치 초과로 인해 피로의 재검토 필요.

4. PSC 빔의 설계

4.1. 설계제원의 산정

4.1.1 주BEAM의 단면제원

1) BEAM 단부

$Y_{pu} = (190.0 \times 1\ \text{EA} + 150.0 \times 1\ \text{EA} + 110.0 \times 1\ \text{EA} + 70.0 \times 1\ \text{EA} + 30.0 \times 1\ \text{EA})/5$

$= 110.0$ cm

$Y_{pl} = 220.0 - 110.0 = 110.0$ cm

☞ SHEATH 관(ϕ66 mm)

A = 34.212×5 EA = 171.06 cm^2

☞ PS STRAND(ϕ12.7 mm×12 T)

A_1 = 0.9871×12 STRAND = 11.845 cm^2/CABLE

N_p = Ep/Ec = 200,000.0/28,571.0 = 7.0

A_2 = 11.845×5 EA×7.0 = 414.575 cm^2

☞ 유효폭 산정, 외측 BEAM 중앙분리대측 <비대칭 단면>

B_s = 248.0 cm(실제 유효 바닥판 폭)

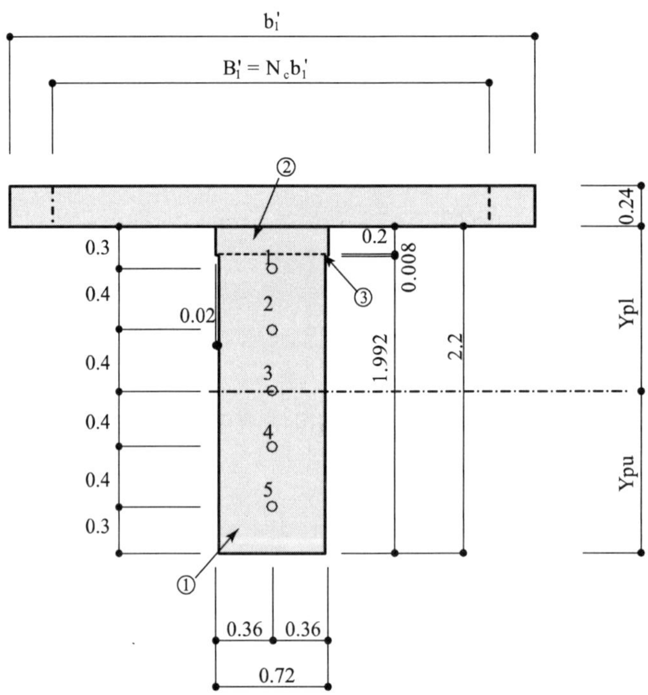

N_c = 24,421.9/28,571.0 = 0.855

$b' = b_1 + b_o/2$ = 125.5+72.0/2 = 161.5 cm

b_{11} = b'+6 t = 161.5+6×24.0 = 305.5 cm

$b_{12} = L/12 + b'$ = 3,400/12+161.5 = 444.833 cm

$b_{13} = b' + S/2$ = 161.5+173/2 = 248.0 cm

(MIN. CASE)

b_1' = Min(b_{11}, b_{12}, b_{13}) = 248.0 cm

B_1' = 0.855×248.0 = 212.04 cm

$A_1 = 212.040 \times 24.0 = 5088.96 \ cm^2$

☞ 유효폭 산정, 외측 빔 방호울타리측 <비대칭 단면>

$B_s = 247.500$ cm(실제 유효 바닥판 폭)

$N_c = 24{,}421.9/28{,}571.0 = 0.855$

$b' = b_1 + b_o/2 = 125.0+72.0/2 = 161.0$ cm

$b_{11} = b' + 6 \ t = 161.0+6\times24.0 = 305.0$ cm

$b_{12} = L/12 + b' = 3{,}400/12+161.0 = 444.333$ cm — MIN. CASE

$b_{13} = b' + S/2 = 161.0+173.0/2 = 247.5$ cm

$b_{1'} = \text{Min}(b_{11},\ b_{12},\ b_{13}) = 247.5$ cm

$B_1' = 0.855\times247.5 = 211.613$ cm

$A_1 = 211.613\times24.0 = 5078.712 \ cm^2$

☞ 유효폭 산정, 내측 BEAM <대칭 단면>

$B_s = 245.0$ cm(실제 유효 바닥판 폭)

$N_c = 24{,}421.9/28{,}571.0 = 0.855$

$b_{11} = L/4 = 3{,}400/4 = 850.0$ cm

$b_{12} = b_o + 12 \ t = 22.0+12\times24.0 = 310.0$ cm — MIN. CASE

b_{13} = 거더중심거리 = 245.0 cm

$b_1' = \text{Min}(b_{11},\ b_{12},\ b_{13}) = 245.0$ cm

$B_1' = 0.855\times245.0 = 209.475$ cm

$A_1 = 209.475\times24.0 = 5027.400 \ cm^2$

☞ 설계제원(I_{33}의 산정)

구 분	A	Y	A Y	A Y^2	I_o	Y_t	I_{33}
1	14400.0	120.000	1728000.0	207360000	48000000		
2	1520.0	10.000	15200.0	152000	50666.66667		
3	1.6	20.267	32.4	657	0.057		
총 단 면	15921.6	-	1743232.4	207512657	48050667	109.489	64697713
쉬스공제 단면	−171.060	110.000	−18816.6	−2069826			
순 단 면	15750.5	-	1724415.8	205442831	48050667	109.483	64699220
강 선 단 면	414.575	110.000	45603.3	5016358			
환 산 단 면	16165.1	-	1770019.1	210459189	48050667	109.496	64700246

슬래브	중앙분리대	5089.0	−12.000	−61067.5	732810	244270		
	방호울타리	5078.7	−12.000	−60944.5	731335	243778		
	내측 BEAM	5027.4	−12.000	−60328.8	723946	241315		
총환산 단면	중앙분리대	21254.1	-	1708951.6	211191999	48294937	80.406	122076688
	방호울타리	21243.8	-	1709074.5	211190523	48294445	80.450	121990618
	내측 BEAM	21192.5	-	1709690.3	211183134	48291982	80.674	121547992

∴ 여기에서 $Y_t = AY/Y$ $I_c = I_o + AY^2 - AY_t^2$

순단면 = 총단면 − 쉬스공제단면

환산단면 = 순단면+강선단면

총환산단면 = 환산단면+슬래브

☞ 설계제원(I_{22}의 산정)

구 분		A	X	AX	AX^2	I_o	X_t	I_{22}
1		14400.0	0.0	0.0	0	6220800		
2		1520.0	0.0	0.0	0	731626.6667		
3		1.6	0.0	0.0	2151.111	0.356		
총 단 면		15921.6	-	0.0	2151.111	6952427	0.0	6954578
쉬스공제 단면		−171.060	0.0	0.0	0			
순 단 면		15750.5	-	0.0	2151.111	6952427	0.0	6954578
강 선 단 면		414.575	0.0	0.0	0			
환산단면		16165.1	-	0.0	2151.111	6952427	0.0	6954578
슬래브	중앙분리대	5089.0	0.0	0.0	0	19067045		
	방호울타리	5078.7	0.0	0.0	0	18952086		
	내측 BEAM	5027.4	0.0	0.0	0	18383432		
총환산 단면	중앙분리대	21254.1	-	0.0	2151.111	26019472	0.0	26021623
	방호울타리	21243.8	-	0.0	2151.111	25904513	0.0	25906665
	내측 BEAM	21192.5	-	0.0	2151.111	25335859	0.0	25338010

☞ 설계제원(비틀림 상수 J의 산정)

<table>
<tr><th colspan="2">구 분</th><th>a</th><th>b</th><th>a/b</th><th>β</th><th>aβ b³</th></tr>
<tr><td colspan="2">1</td><td>200.0</td><td>72.0</td><td>2.778</td><td>0.258</td><td>19239781</td></tr>
<tr><td colspan="2">2</td><td>76.0</td><td>20.0</td><td>3.8</td><td>0.278</td><td>169057</td></tr>
<tr><td colspan="2">비틀림상수 (총단면)</td><td></td><td></td><td></td><td></td><td>19408838</td></tr>
<tr><td rowspan="3">슬래브</td><td>중앙분리대</td><td>212.040</td><td>24.0</td><td>8.835</td><td>0.31</td><td>907386</td></tr>
<tr><td>방호울타리</td><td>211.613</td><td>24.0</td><td>8.817</td><td>0.31</td><td>905418</td></tr>
<tr><td>내측 BEAM</td><td>209.475</td><td>24.0</td><td>8.728</td><td>0.309</td><td>895566</td></tr>
<tr><td rowspan="3">비틀림상수
(총환산 A)</td><td>중앙분리대</td><td></td><td></td><td></td><td></td><td>20316224</td></tr>
<tr><td>방호울타리</td><td></td><td></td><td></td><td></td><td>20314257</td></tr>
<tr><td>내측 BEAM</td><td></td><td></td><td></td><td></td><td>20304405</td></tr>
</table>

2) BEAM 중앙부

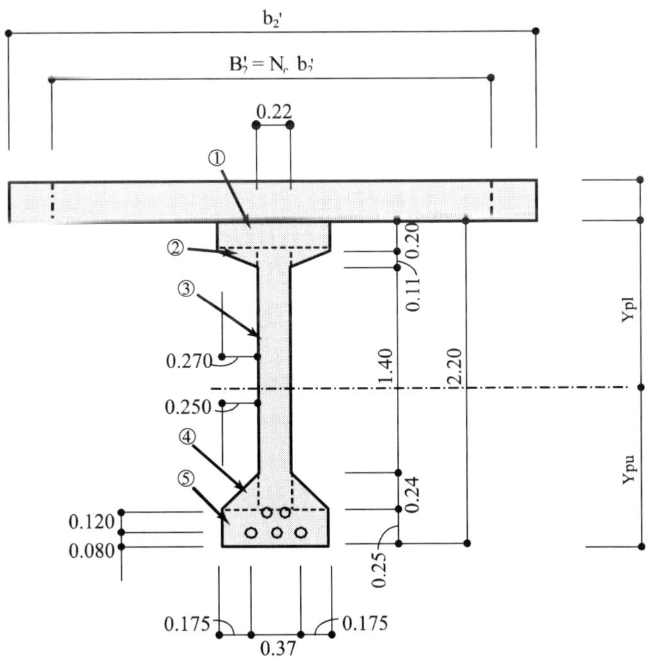

$Y_{pu} = (8.0\times3\text{ EA}+20.0\times2\text{ EA})/5 = 12.8\text{ cm}$

$Y_{pl} = 220.0-12.8 = 207.2\text{ cm}$

☞ SHEATH 관(ϕ66.0 mm)

$A = 34.212\times5\text{ EA} = 171.06\text{ cm}^2$

☞ PS STRAND(ϕ12.7 mm×12 T)

A_1 = 0.9871×12 STRAND = 11.845 cm^2/CABLE

$N_p = E_p / E_c$ 200,000.0/28,571.0 = 7.0

A_2 = 11.845×5 EA×7.0 = 414.575 cm^2

☞ 유효폭 산정, 외측 BEAM 중앙분리대측 <비대칭 단면>

B_s = 248.0 cm(실제 유효 바닥판 폭)

N_c = 24,421.9/28,571.0 = 0.855

$b' = b_1 + b_o/2$ = 125.5+22.0/2 = 136.5 cm

$b_{21} = b'$+6 t = 136.5+6×24.0 = 280.5 cm

$b_{22} = L/12 + b'$ = 3,400/12+136.5 = 419.833 cm   MIN. CASE

$b_{23} = b' + S/2$ = 136.5+223/2 = 248.0 cm

b_2' = Min(b_{11}, b_{12}, b_{13}) = 248.0 cm

B_2' = 0.855×248.000 = 212.04 cm

A_2 = 212.040×24.000 = 5088.96 cm^2

☞ 유효폭 산정, 외측 BEAM 방호울타리측 <비대칭 단면>

B_s = 247.5 cm(실제 유효 바닥판 폭)

N_c = 24,421.9/28,571.0 = 0.855

$b' = b_1 + b_o/2$ = 125.0+22.0/2 = 136.0 cm

$b_{21} = b' + 6t$ = 136.0+6×24.0 = 280.0 cm

$b_{22} = L/12 + b'$ = 3,400/12+136.0 = 419.333 cm   MIN. CASE

$b_{23} = b' + S/2$ = 136.0+223.0/2 = 247.5 cm

b_2' = Min(b_{11}, b_{12}, b_{13}) = 247.5 cm

$B_{2'}$ = 0.855×247.5 = 211.613 cm

A_2 = 211.613×24.0 = 5078.712 cm^2

☞ 유효폭 산정, 내측 BEAM <대칭 단면>

B_s = 245.0 cm(실제 유효 바닥판 폭)

N_c = 24,421.9/28,571.0 = 0.855

$b_{21} = L/4$ = 3,400/4 = 850.0 cm

$b_{22} = b_o$+12 t = 22.0+12×24.0 = 310.0 cm   MIN. CASE

b_{23} = 거더중심거리 = 245.0 cm

$b_{2'} = \text{Min}b_{11},\ b_{12},\ b_{13}) = 245.0\ \text{cm}$

$B_{2'} = 0.855 \times 245.000 = 209.475\ \text{cm}$

$A_2 = 209.475 \times 24.000 = 5027.4\ \text{cm}^2$

☞ 설계제원(I_{33}의 산정)

구 분		A	Y	A Y	A Y^2	I_o	Y_t	I_{33}
1		1520.0	10.0	15200.0	152000	50667		
2		297.0	23.667	7029.0	166353	1997		
3		3850.0	107.5	413875.0	44491563	9825521		
4		600.0	187.0	112200.0	20981400	19200		
5		1800.0	207.5	373500.0	77501250	93750		
총 단 면		8067.0	-	921804.0	143292566	9991134	114.269	47949619
쉬스공제 단면		−171.060	207.2	−35443.6	−7343921			
순 단 면		7895.9	-	886360.4	135948645	9991134	112.255	46441578
강 선 단 면		414.575	207.2	85899.9	17798468			
환산 단면		8310.5	-	972260.3	153747113	9991134	116.992	49991163
슬래브	중앙분리대	5089.0	−12.0	−61067.5	732810	244270		
	방호울타리	5078.7	−12.0	−60944.5	731335	243778		
	내측 BEAM	5027.4	−12.0	−60328.8	723946	241315		
총환산 단면	중앙분리대	13399.5	-	911192.8	154479923	10235404	68.002	102752510
	방호울타리	13389.2	-	911315.8	154478447	10234912	68.063	102686802
	내측 BEAM	13337.9	-	911931.5	154471058	10232449	68.371	102354175

∴ 여기에서 $Y_t = AY/Y$ $\qquad I_c = I_o + AY^2 - AY_t^2$

순 단 면 = 총단면 − 쉬스공제단면

환산단면 = 순단면+강선단면

총환산단면 = 환산단면+슬래브

☞ 설계제원(I_{22}의 산정)

구 분	A	X	AX	AX^2	I_o	X_t	I_{22}
1	1520.0	0.0	0.0	0	731627		
2	297.0	0.0	0.0	118800	12029		
3	3850.0	0.0	0.0	0	155283		
4	600.0	0.0	0.0	224267	20833		
5	1800.0	0.0	0.0		777600		
총 단 면	8067.0	-	0.0	343067	1697372	0.0	2040439

쉬스공제 단면		−171.060	0.0	0.0	0			
순 단 면		7895.9	-	0.0	343067	1697372	0.0	2040439
강 선 단 면		414.575	0.0	0.0	0			
환산 단면		8310.5	-	0.0	343067	1697372	0.0	2040439
슬래브	중앙분리대	5089.0	0.0	0.0	0	19067045		
	방호울타리	5078.7	0.0	0.0	0	18952086		
	내측 BEAM	5027.4	0.0	0.0	0	18383432		
총환산 단면	중앙분리대	13399.5	-	0.0	343067	20764416	0.0	21107483
	방호울타리	13389.2	-	0.0	343067	20649458	0.0	20992525
	내측 BEAM	13337.9	-	0.0	343067	20080804	0.0	20423870

☞ 설계제원(비틀림 상수 J의 산정)

구 분		a	b	a/b	β	$a \beta b^3$
1		76.000	20.0	3.800	0.278	169057
3		175.000	22.0	7.955	0.307	571924
5		72.000	25.0	2.880	0.260	292963
비틀림상수 (총단면)						1033944
슬래브	중앙분리대	212.040	24.0	8.835	0.310	907386
	방호울타리	211.613	24.0	8.817	0.310	905418
	내측 BEAM	209.475	24.0	8.728	0.309	895566
비틀림상수 (총환산 A)	중앙분리대					1941330
	방호울타리					1939362
	내측 BEAM					1929511

4.1.2 CROSS BEAM의 단면제원

1) 단부 CROSS BEAM

B_s = 900.0 cm(실제 유효 바닥판 폭)

N_c = 24,421.9/24,421.9 = 1.0

$b' = b_1 + b_o/2$ = 75.0+50.0/2 = 100.0 cm

$b_{11} = b'+6\,t = 100.0+6\times24.0 = 244.0$ cm

$b_{12} = L/12 + b' = 3{,}400/12+100.0 = 383.333$ cm MIN. CASE

$b_{13} = b' + S/2 = 100.0+1{,}678.0/2 = 939.000$ cm

$b_1' = \text{Min}(b_{11},\ b_{12},\ b_{13}) = 244.0$ cm

$B_1' = 1.0\times244.0 = 244.0$ cm

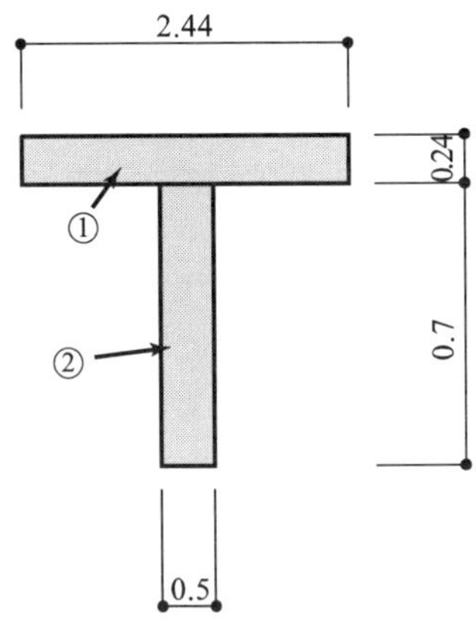

☞ 설계제원(I_{33}의 산정)

구 분	A	Y	A Y	A Y^2	I_o	Y_t	I_{33}
1	5856.0	12.0	70272.0	843264	281088		
2	3500.0	59.0	206500.0	12183500	1429167		
총 단 면	9356.0	-	276772.0	13026764	1710255	29.582	6549632

☞ 설계제원(I_{22}의 산정)

구 분	A	X	A X	A X^2	I_o	Xt	I_{22}
1	5856.0	0.0	0.0	0	29053568		
2	3500.0	0.0	0.0	0	729167		
총 단 면	9356.0	-	0.0	0	29782735	0.0	29782735

☞ 설계제원(비틀림 상수 J의 산정)

구 분	a	b	a/b	β	$a\beta b^3$
1	244.0	24.0	10.167	0.313	1054658
2	70.0	50.0	1.4	0.187	1635526
비틀림상수 (총단면)					2690183

2) 중앙부 CROSS BEAM

N_c = 24,421.9/24,421.9 = 1.0

b_{11} = b' = L/4 = 3,400/4 = 850.0 cm

b_{12} = bo + 12 t = 30.0+12×24.0 = 318.0 cm　　MIN. CASE

b_{13} = 거더중심거리 = 1700.0 cm

b_1' = Min(b_{11}, b_{12}, b_{13}) = 318.0 cm

B_1' = 1.000×318.000 = 318.0 cm

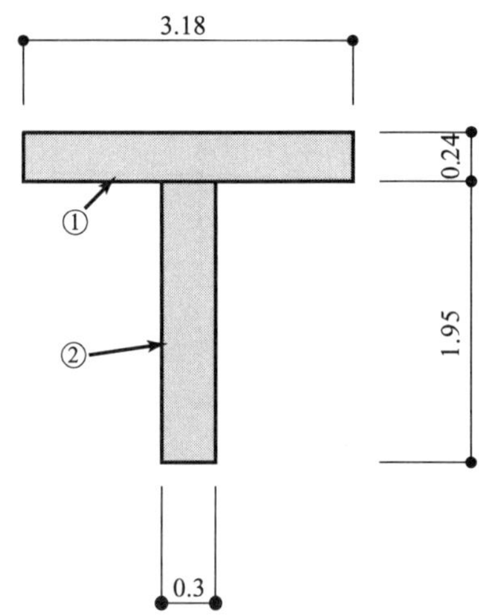

☞ 설계제원(I_{33}의 산정)

구 분	A	Y	A Y	A Y^2	I_o	Y_t	I_{33}
1	7632.0	12.0	91584.0	1099008	366336		
2	5850.0	121.5	710775.0	86359163	18537188		
총 단 면	13482.0	-	802359.0	87458171	18903524	59.513	58611185

☞ 설계제원(I_{22}의 산정)

구 분	A	X	A X	A X^2	I_o	Xt	I_{22}
1	7632.0	0.0	0.0	0	64314864		
2	5850.0	0.0	0.0	0	438750		
총 단 면	13482.0	-	0.0	0	64753614	0.000	64753614

☞ 설계제원(비틀림 상수 J의 산정)

구 분	a	b	a/b	β	$a\beta b^3$
1	318.000	24.0	13.25	0.317	1395650
2	195.000	30.0	6.5	0.301	1584848
비틀림상수(총단면)					2980497

4.2. 횡분배를 위한 하중의 계산

4.2.1 표준차선폭 산정(활하중 재하시)

W_c = 13.735 m(설계 교폭 − 교량폭원 중 연석간 순거리)

N = 4차선(12.8 ≤ W_c < 16.4)의 경우

$W = 13.735/4 = 3.434\ \text{m}$

$W = 3.434\ \text{m}$ < 표준폭 = 3.6

$W_a = 3.434\ \text{m}$ ∴ 직선교량이므로 산정된 설계 차선폭을 적용

4.2.2 횡방향 하중 분배 구조 MODEL

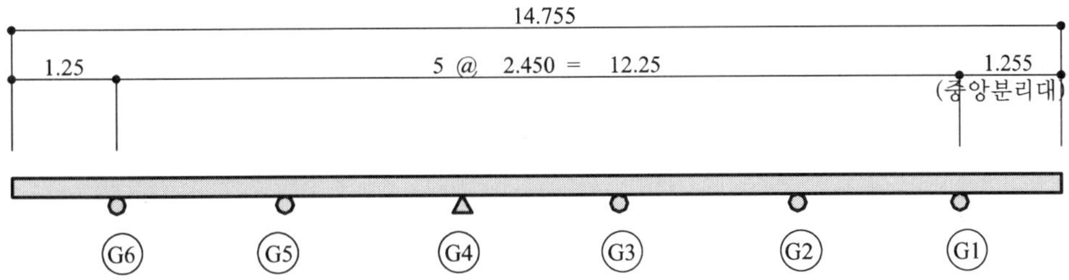

4.2.3 하중의 재하

1) 합성전 BEAM 자중(PSC 빔 + CROSS BEAM)(LOAD CASE − 1)

$W_{p1} = 1.592 \times 2{,}500 = 39.804\ \text{kN/m}$(BEAM 단부 및 중앙가로보부)

$W_{p2} = 0.807 \times 2{,}500 = 20.168\ \text{kN/m}$(BEAM 일반부)

$P = (1.592 - 0.807) \times 0.550 \times 2{,}500 = 10.8\ \text{kN}$

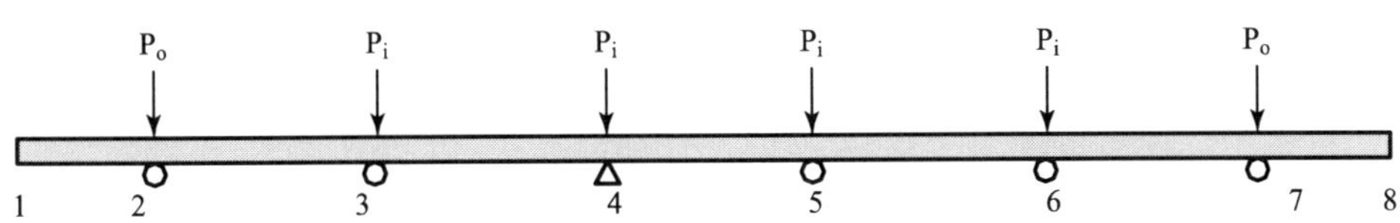

2) 합성전 슬래브 자중(LOAD CASE − 2)

$W_s = 0.24 \times 2{,}500 = 6.0\ \text{kN/m}^2$

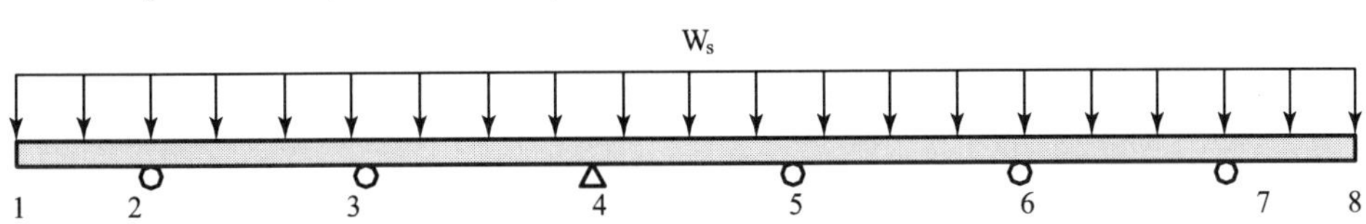

3) 합성후 고정하중(교면포장, 방호울타리, 중앙분리대)(LOAD CASE－3)

$W_s = 0.05 \times 2{,}350 = 1.175\ \mathrm{kN/m^2}$

$P_{방호벽} = 8.714\ \mathrm{kN/m}$ $e_{b(우측)} = 0.188\ \mathrm{m}$(슬래브외측면에서 하중점까지의 거리)

$P_{중분대} = 7.368\ \mathrm{kN/m}$ $e_{b(좌측)} = 0.285\ \mathrm{m}$(슬래브외측면에서 하중점까지의 거리)

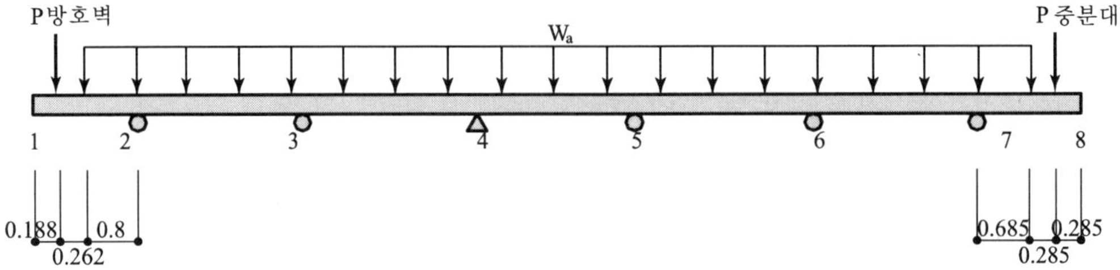

4) 합성후 활하중

① 표준트럭하중(DB－24) 방호벽측－2~4차선 편재하

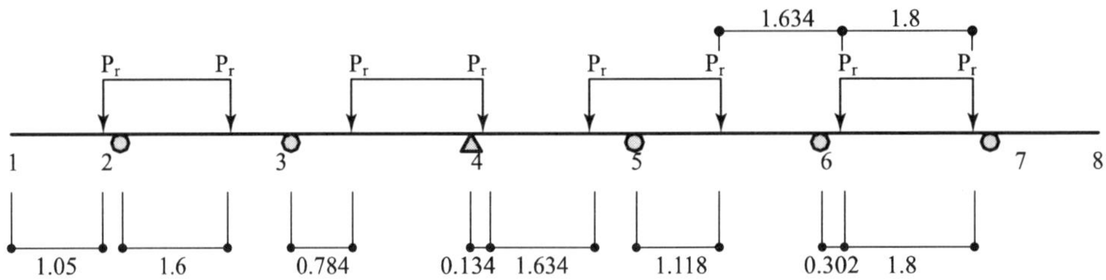

② 표준차선하중(DL－24) 방호울타리측－2~4차선 편재하

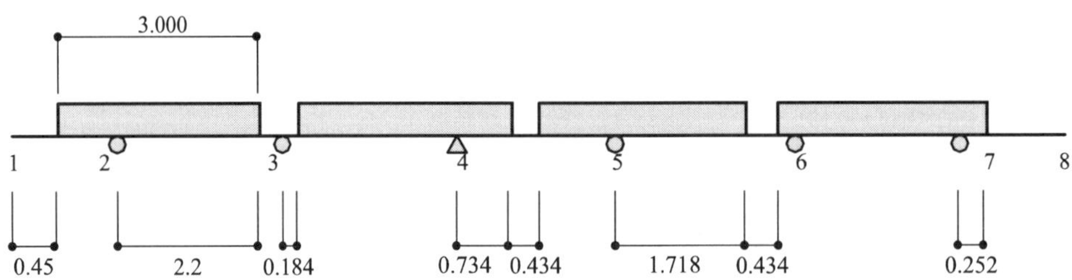

③ 표준트럭하중(DB－24) 중앙분리대측－2~4차선 편재하

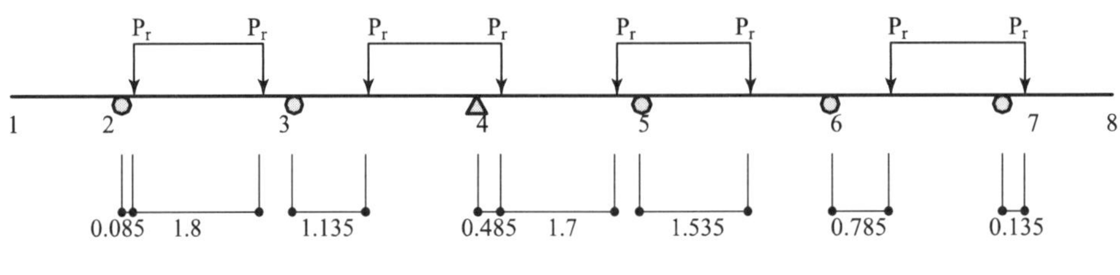

④ 표준차선하중(DL－24) 중앙분리대측－2~4차선 편재하

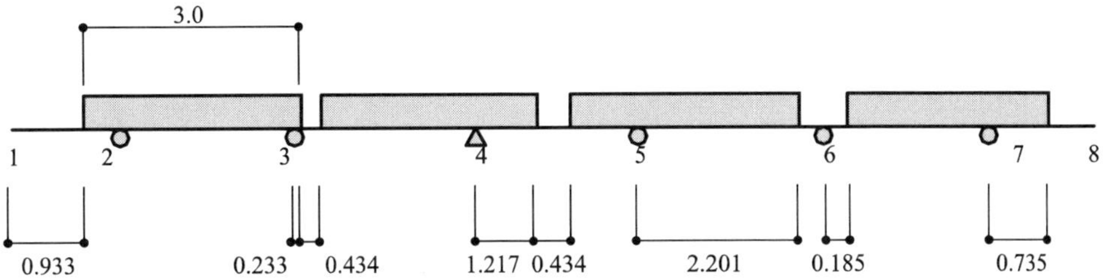

4.2.4 횡방향 해석 반력 집계

구 분	2	3	4	5	6	7	비 고
CASE 1	39.804	39.804	39.804	39.804	39.804	39.804	합성전 BEAM 자중 (지점부)
CASE 2	15.715	13.623	14.910	14.918	13.598	15.765	합성전 슬래브 자중
CASE 3	15.735	－2.922	4.113	3.640	－1.464	13.116	합성후 고정하중
CASE 4	122.833	142.988	118.818	－0.789	0.179	－0.029	활하중 (DB-24 2차선 방호벽)
CASE 5	123.432	139.342	135.435	144.642	37.970	－4.821	활하중 (DB-24 3차선 방호벽)
CASE 6	123.578	138.457	139.047	130.780	155.473	80.666	활하중 (DB-24 4차선 방호벽)
CASE 7	8.096	9.440	8.001	-0.178	0.047	－0.008	활하중 (DL-24 2차선 방호벽)
CASE 8	8.123	9.278	8.841	9.815	2.324	－0.283	활하중 (DL-24 3차선 방호벽)
CASE 9	8.134	9.214	9.101	8.816	10.212	5.319	활하중 (DL-24 4차선 방호벽)
CASE 10	85.266	154.315	130.395	17.318	－3.943	0.648	활하중 (DB-24 2차선 중분대)
CASE 11	85.184	154.811	128.315	150.725	63.008	－6.043	활하중 (DB-24 3차선 중분대)
CASE 12	85.317	154.006	131.604	138.103	140.896	118.074	활하중 (DB-24 4차선 중분대)
CASE 13	5.628	10.106	8.907	0.915	－0.189	0.031	활하중 (DL-24 2차선 중분대)
CASE 14	5.616	10.183	8.616	9.940	4.153	－0.411	활하중 (DL-24 3차선 중분대)
CASE 15	5.625	10.127	8.845	9.063	9.365	7.772	활하중 (DL-24 4차선 중분대)
CASE 16	－0.332	1.993	65.006	65.006	1.993	－0.332	탱크궤도하중 1차선
CASE 17	0.547	－3.324	94.130	92.027	－4.045	0.665	탱크트레일러하중 1차선

4.2.5 하중의 산정 및 재하

1) 합성 전 PSC 빔 자중(PSC 빔+CROSS BEAM)

W_{p1} = 39.804 kN/m(BEAM 단부)

W_{p2} = 20.168 kN/m(BEAM 일반부) : 모든 거더 동일

W_{p3} = 19.637×0.55 = 10.8 kN(중앙횡빔부 헌치자중 – 개소당)

2) 합성 전 고정하중

① 합성 전 슬래브 자중

W_{s1} = 15.715 kN/m(GIRDER 6 – 방호벽측 외측거더)

W_{s2} = 13.623 kN/m(GIRDER 5 – 내측거더)

W_{s3} = 14.910 kN/m(GIRDER 4 – 내측거더)

W_{s4} = 14.918 kN/m(GIRDER 3 – 내측거더)

W_{s5} = 13.598 kN/m(GIRDER 2 – 내측거더)

W_{s6} = 15.765 kN/m(GIRDER 1 – 중앙분리대측 외측거더)

② CROSS BEAM 자중

– 단부 CROSS BEAM

A = 500.0×700.0 = 350,000 mm^2

W = 0.35×2.5 = 8.750 kN/m

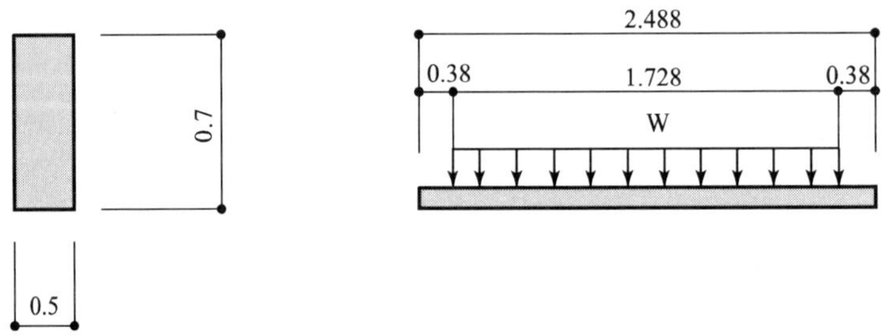

– 중앙부 CROSS BEAM

A = 300.0×1,950.0 = 585,000 mm^2

W = 0.585×2.5 = 14.63 kN/m

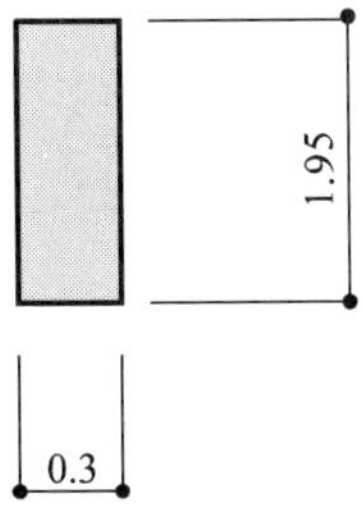

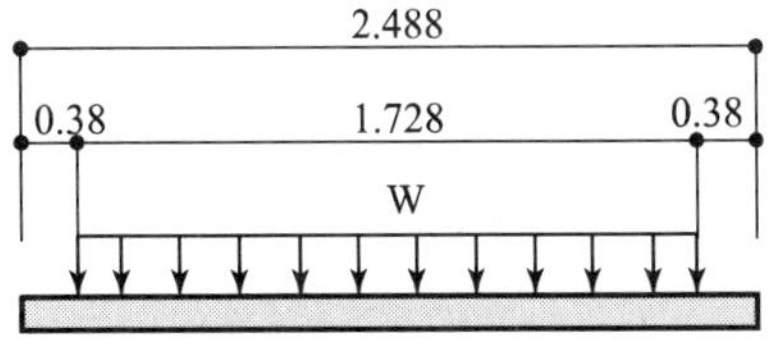

3) 합성 후 고정하중(교면포장, 방호울타리)

W_{a1} = 15.735 kN/m(GIRDER 6 − 방호벽측 외측거더)

W_{a2} = −2.922 kN/m(GIRDER 5 − 내측거더)

W_{a3} = 4.113 kN/m(GIRDER 4 − 내측거더)

W_{a4} = 3.640 kN/m(GIRDER 3 − 내측거더)

W_{a5} = −1.464 kN/m(GIRDER 2 − 내측거더)

W_{a6} = 13.116 kN/m(GIRDER 1 − 중앙분리대측 외측거더)

4) 합성 후 활하중(DB, DL하중)

▣ 충격계수의 산정

i = 15/(40+L) ≤ 0.3

L = 35.0 m(교량의 1 − SPAN 경간장)

i = 15/(40+35.0 = 0.2 ≤ 0.3이므로

i = 0.2를 사용한다.

▣ 재하 차로수에 의한 하중 감소계수

2차선 : 100 % 3차선 : 90 % 4차선 : 75 %

☞ 충격계수 및 재하차선수에 의한 감소계수는 마이다스 PROGRAM내에서 자동처리함.

① 표준트럭하중(DB − 24) 방호벽측 − 2차선 편재하

P_{r1} = 122.833 kN/m	P_{f1} = 30.708 kN/m(GIRDER 6)
P_{r2} = 142.988 kN/m	P_{f2} = 35.747 kN/m(GIRDER 5)
P_{r3} = 118.818 kN/m	P_{f3} = 29.705 kN/m(GIRDER 4)
P_{r4} = −0.789 kN/m	P_{f4} = −0.197 kN/m(GIRDER 3)
P_{r5} = 0.179 kN/m	P_{f5} = 0.045 kN/m(GIRDER 2)
P_{r6} = −0.029 kN/m	P_{f6} = −0.007 kN/m(GIRDER 1)

② 표준트럭하중(DB−24) 방호벽측−3차선 편재하

$P_{r1} = 123.432$ kN/m $P_{f1} = 30.858$ kN/m(GIRDER 6)

$P_{r2} = 139.342$ kN/m $P_{f2} = 34.836$ kN/m(GIRDER 5)

$P_{r3} = 135.435$ kN/m $P_{f3} = 33.859$ kN/m(GIRDER 4)

$P_{r4} = 144.642$ kN/m $P_{f4} = 36.161$ kN/m(GIRDER 3)

$P_{r5} = 37.970$ kN/m $P_{f5} = 9.493$ kN/m(GIRDER 2)

$P_{r6} = -4.821$ kN/m $P_{f6} P_{f5} = -1.205$ kN/m(GIRDER 1)

③ 표준트럭하중(DB−24) 방호벽측−4차선 편재하

$P_{r1} = 123.578$ kN/m $P_{f1} = 30.895$ kN/m(GIRDER 6)

$P_{r2} = 138.457$ kN/m $P_{f2} = 34.614$ kN/m(GIRDER 5)

$P_{r3} = 139.047$ kN/m $P_{f3} = 34.762$ kN/m(GIRDER 4)

$P_{r4} = 130.780$ kN/m $P_{f4} = 32.695$ kN/m(GIRDER 3)

$P_{r5} = 155.473$ kN/m $P_{f5} = 38.868$ kN/m(GIRDER 2)

$P_{r6} = 80.666$ kN/m $P_{f5} = 20.167$ kN/m(GIRDER 1)

④ 표준차선하중(DL−24) 방호벽측−2차선 편재하

$W_1 = 8.096$ kN/m $P_{m1} = 68.848$ kN/m $P_{s1} = 99.447$ kN/m

$W_2 = 9.440$ kN/m $P_{m2} = 80.277$ kN/m $P_{s2} = 115.956$ kN/m

$W_3 = 8.001$ kN/m $P_{m3} = 68.040$ kN/m $P_{s3} = 98.28$ kN/m

$W_4 = -0.178$ kN/m $P_{m4} - 1.514$ kN/m $P_{s4} = -2.186$ kN/m

$W_5 = 0.047$ kN/m $P_{m5} = 0.4$ kN/m $P_{s5} = 0.577$ kN/m

$W_6 = -0.008$ kN/m $P_{m6} = -0.068$ kN/m $P_{s6} = -0.098$ kN/m

⑤ 표준차선하중(DL−24) 방호벽측−3차선 편재하

$W_1 = 8.123$ kN/m $P_{m1} = 69.077$ kN/m $P_{s1} = 99.779$ kN/m

$W_2 = 9.278$ kN/m $P_{m2} = 78.9$ kN/m $P_{s2} = 113.966$ kN/m

$W_3 = 8.841$ kN/m $P_{m3} = 75.183$ kN/m $P_{s3} = 108.598$ kN/m

$W_4 = 9.815$ kN/m $P_{m4} = 83.466$ kN/m $P_{s4} = 120.562$ kN/m

$W_5 = 2.324$ kN/m $P_{m5} = 19.763$ kN/m $P_{s5} = 28.547$ kN/m

$W_6 = -0.283$ kN/m $P_{m6} = -2.407$ kN/m $P_{s6} = -3.476$ kN/m

⑥ 표준차선하중(DL−24) 방호벽측−4차선 편재하

$W_1 = 8.134$ kN/m $P_{m1} = 69.171$ kN/m $P_{s1} = 99.914$ kN/m

$W_2 = 9.214$ kN/m $\quad P_{m2} = 78.355$ kN/m $\quad P_{s2} = 113.180$ kN/m

$W_3 = 9.101$ kN/m $\quad P_{m3} = 77.394$ kN/m $\quad P_{s3} = 111.792$ kN/m

$W_4 = 8.816$ kN/m $\quad P_{m4} = 74.971$ kN/m $\quad P_{s4} = 108.291$ kN/m

$W_5 = 10.212$ kN/m $\quad P_{m5} = 86.842$ kN/m $\quad P_{s5} = 125.439$ kN/m

$W_6 = 5.319$ kN/m $\quad P_{m6} = 45.232$ kN/m $\quad P_{s6} = 65.336$ kN/m

⑦ 표준트럭하중(DB－24) 중앙분리대측－2차선 편재하

$P_{r1} = 85.266$ kN/m $\quad P_{f1} = 21.317$ kN/m(GIRDER 6)

$P_{r2} = 154.315$ kN/m $\quad P_{f2} = 38.579$ kN/m(GIRDER 5)

$P_{r3} = 130.395$ kN/m $\quad P_{f3} = 32.599$ kN/m(GIRDER 4)

$P_{r4} = 17.318$ kN/m $\quad P_{f4} = 4.330$ kN/m(GIRDER 3)

$P_{r5} = -3.943$ kN/m $\quad P_{f5} = -0.986$ kN/m(GIRDER 2)

$P_{r6} = 0.648$ kN/m $\quad P_{f6} = 0.162$ kN/m(GIRDER 1)

⑧ 표준트럭하중(DB－24) 중앙분리대측－3차선 편재하

$P_{r1} = 85.184$ kN/m $\quad P_{f1} = 21.296$ kN/m(GIRDER 6)

$P_{r2} = 154.811$ kN/m $\quad P_{f2} = 38.703$ kN/m(GIRDER 5)

$P_{r3} = 128.315$ kN/m $\quad P_{f3} = 32.079$ kN/m(GIRDER 4)

$P_{r4} = 150.725$ kN/m $\quad P_{f4} = 37.681$ kN/m(GIRDER 3)

$P_{r5} = 63.008$ kN/m $\quad P_{f5} = 15.752$ kN/m(GIRDER 2)

$P_{r6} = -6.043$ kN/m $\quad P_{f6} = -1.511$ kN/m(GIRDER 1)

⑨ 표준트럭하중(DB－24) 중앙분리대측－4차선 편재하

$P_{r1} = 85.317$ kN/m $\quad P_{f1} = 21.329$ kN/m(GIRDER 6)

$P_{r2} = 154.006$ kN/m $\quad P_{f2} = 38.502$ kN/m(GIRDER 5)

$P_{r3} = 131.604$ kN/m $\quad P_{f3} = 32.901$ kN/m(GIRDER 4)

$P_{r4} = 138.103$ kN/m $\quad P_{f4} = 34.526$ kN/m(GIRDER 3)

$P_{r5} = 140.896$ kN/m $\quad P_{f5} = 35.224$ kN/m(GIRDER 2)

$P_{r6} = 118.074$ kN/m $\quad P_{f6} = 29.519$ kN/m(GIRDER 1)

⑩ 표준차선하중(DL－24) 중앙분리대측－2차선 편재하

$W_1 = 5.628$ kN/m $\quad P_{m1} = 47.860$ kN/m $\quad P_{s1} = 69.131$ kN/m

$W_2 = 10.106$ kN/m $\quad P_{m2} = 85.941$ kN/m $\quad P_{s2} = 124.137$ kN/m

$W_3 = 8.907$ kN/m $\quad P_{m3} = 75.745$ kN/m $\quad P_{s3} = 109.409$ kN/m

$W_4 = 0.915$ kN/m $\quad P_{m4} = 7.781$ kN/m $\quad P_{s4} = 11.239$ kN/m

$W_5 = -0.189$ kN/m $\quad P_{m5} = -1.607$ kN/m $\quad P_{s5} = -2.322$ kN/m

$W_6 = 0.031$ kN/m $\quad P_{m6} = 0.264$ kN/m $\quad P_{s6} = 0.381$ kN/m

⑪ 표준차선하중(DL-24) 중앙분리대측-3차선 편재하

$W_1 = 5.616$ kN/m $\quad P_{m1} = 47.758$ kN/m $\quad P_{s1} = 68.984$ kN/m

$W_2 = 10.183$ kN/m $\quad P_{m2} = 86.596$ kN/m $\quad P_{s2} = 125.083$ kN/m

$W_3 = 8.616$ kN/m $\quad P_{m3} = 73.270$ kN/m $\quad P_{s3} = 105.834$ kN/m

$W_4 = 9.940$ kN/m $\quad P_{m4} = 84.529$ kN/m $\quad P_{s4} = 122.098$ kN/m

$W_5 = 4.153$ kN/m $\quad P_{m5} = 35.317$ kN/m $\quad P_{s5} = 51.013$ kN/m

$W_6 = -0.411$ kN/m $\quad P_{m6} = -3.495$ kN/m $\quad P_{s6} = -5.049$ kN/m

⑫ 표준차선하중(DL-24) 중앙분리대측-4차선 편재하

$W_1 = 5.625$ kN/m $\quad P_{m1} = 47.835$ kN/m $\quad P_{s1} = 69.094$ kN/m

$W_2 = 10.127$ kN/m $\quad P_{m2} = 86.119$ kN/m $\quad P_{s2} = 124.395$ kN/m

$W_3 = 8.845$ kN/m $\quad P_{m3} = 75.217$ kN/m $\quad P_{s3} = 108.647$ kN/m

$W_4 = 9.063$ kN/m $\quad P_{m4} = 77.071$ kN/m $\quad P_{s4} = 111.325$ kN/m

$W_5 = 9.365$ kN/m $\quad P_{m5} = 79.639$ kN/m $\quad P_{s5} = 115.035$ kN/m

$W_6 = 7.772$ kN/m $\quad P_{m6} = 66.093$ kN/m $\quad P_{s6} = 95.467$ kN/m

4.3 구조해석

4.4 구조해석 결과 SUMMARY 및 하부구조 설계를 위한 반력의 산정

4.4.1 부재력 SUMMARY

☞ 격자 해석결과 각 절점의 휨모멘트 및 전단력.

구 분		위 치	합성 전 해석결과		합성 후 해석결과			합 계
			BEAM자중	고정하중	고정하중	DB,DL	군용하중	
외측 BEAM 중앙분리대	전 단 력	0.45	387.53	275.17	222.96	219.41	2.56	1105.07
		6.15	233.3	185.31	148.19	179.32	2.08	746.12
		11.80	119.35	96.24	74.09	139.58	1.58	429.26
		17.45	5.4	7.17	0.02	99.87	1.08	112.46
	휨모멘트	0.45	-4.03	-1.38	-1.33	47.82	0.64	41.08
		6.15	1702.69	1311.0	1056.45	1022.1	11.85	5092.24
		11.80	2689.92	2106.39	1684.40	1584.41	19.07	8065.12

		17.45	3051.34	2398.52	1893.66	1753.2	21.27	9096.72
외측 BEAM 방호울타리	전 단 력	0.45	387.53	274.32	267.47	304.33	2.11	1233.65
		6.15	233.3	184.75	177.78	248.73	1.71	844.56
		11.80	119.35	95.96	88.88	193.61	1.3	497.8
		17.45	5.4	7.17	0.02	138.53	0.89	151.12
	휨모멘트	0.45	−4.03	−1.81	−1.59	66.33	0.53	58.9
		6.15	1702.69	1306.54	1267.4	1417.74	9.75	5694.37
		11.8	2698.92	2099.53	2020.73	2197.7	15.69	9016.88
		17.45	3051.34	2390.87	2271.77	2431.82	17.5	10145.8
내측 BEAM	전 단 력	0.45	387.53	271.12	69.91	382.33	362.8	1110.89
		6.15	233.3	186.08	46.47	312.46	294.34	778.31
		11.80	119.35	101.8	23.23	243.21	223.38	487.59
		17.45	5.4	17.51	0.01	174.06	152.51	196.98
	휨모멘트	0.45	−4.03	−1.51	0.42	83.33	90.7	85.58
		6.15	1702.69	1301.5	331.26	1781.0	1677.73	5116.45
		11.8	2698.92	2114.76	528.15	2760.71	2699.44	8102.54
		17.45	3051.34	2451.8	593.74	3054.67	3010.62	9151.55

4.4.2 지점반력의 SUMMARY

☞ 격자 해석결과 각 절점의 반력.

구 분	절점번호	고 정 하 중				활 하 중		비 고
		BEAM 자중	합성 전	합성 후	합 계	DB, DL	군용 하중	
시점측지점 반력결과	2	405.45	289.30	228.87	923.62	222.57	2.63	1146.19
	15	405.44	285.10	-25.54	665.00	293.07	9.77	958.07
	28	405.44	298.23	63.52	767.19	340.94	363.30	1130.49
	41	405.44	298.09	71.77	775.30	327.73	371.60	1146.90
	54	405.44	285.53	-50.98	639.99	387.85	9.77	1027.84
	66	405.43	288.42	274.57	968.42	308.73	2.16	1277.15
종점측지점 반력결과	12	405.43	289.29	228.87	923.59	222.57	2.63	1146.17
	25	405.44	285.10	-25.54	665.00	293.07	9.77	958.07
	38	405.44	298.22	63.52	767.18	340.94	363.30	1130.48
	51	405.44	298.09	72.77	776.30	327.73	371.60	1147.90
	64	405.44	285.53	-50.98	639.99	387.85	9.77	1027.84
	72	405.45	288.43	274.57	968.45	308.73	2.16	1277.17

4.4.3 교대부 받침의 선정

탄성받침 1750.0 kN 사용 > 최대반력 1277.17 kN/ea　　∴ O.K

참조) 허용수평력 검토는 “6. 지진에 대한 안정검토” 고려

4.5. 콘크리트 단면 및 PS 강선의 응력검토

4.5.1 휨응력 검토를 위한 세부단면제원의 산정

1) 총단면

☞ 세부적인 단면형태 및 계산과정은 “5.1.1 주빔의 단면제원” 참조

구 분	A	Y	A Y	A Y^2	I^o
1	1520.0	10.000	15200.0	152000	50667
2	297.0	23.667	7029.0	166353	1997
3	3850.0	107.500	413875.0	44491563	9825521
4	600.0	187.000	112200.0	20981400	19200
5	1800.0	207.500	373500.0	77501250	93750
총단면	8067.0	-	921804.0	143292566	9991134

$Y_{t1} = AY/A = 921{,}804.0/8{,}067.0 = 114.269\ \text{cm}$

$Y_{b1} = H - Y_{t1} = 220.0 - 114.269 = 105.731\ \text{cm}$

$I_{c1} = I_o + AY_2 - AY_{t1}^2 = 9{,}991{,}134.0 + 143{,}292{,}565.5 - 8{,}067.0 \times 114. = 47{,}949{,}619\ \text{cm}^4$

$Z_{t1} = I_{c1}/Y = 47{,}949{,}618.52/114.269 = 419620.5\ \text{cm}^3$

$Z_{b1} = I_{c1}/Y = 47{,}949{,}618.52/105.731 = 453505.8\ \text{cm}^3$

$r_{12} = I_{c1}/A = 47{,}949{,}618.52/8{,}067.0 = 5943.922\ \text{cm}^2$

2) 순단면

☞ 세부적인 단면형태 및 계산과정은 “5.1.1 주빔의 단면제원” 참조

구 분	A	Y	A Y	A Y^2	I_o
순 단 면	7895.9	-	886360.4	135948645	9991134

$Y_{t2} = AY/A = 886{,}360.368/7{,}895.94 = 112.255\ \text{cm}$

$Y_{b2} = H - Y_{t1} = 220.000 - 112.255 = 107.745\ \text{cm}$

$I_{c2} = I_o + AY_{2-A}Y_{t12} = 9{,}991{,}134.0 + 135{,}948{,}644.9 - 7{,}895.9 \times 112$

$= 46{,}441{,}578\ \text{cm}^4$

$Z_{t2} = I_{c1}/Y = 46{,}441{,}578.063/112.255 = 413715.0\ \text{cm}^3$

$Z_{b2} = I_{c1}/Y = 46{,}441{,}578.063/107.745 = 431032.3\ \text{cm}^3$

$e_{p2} = Y_{b2-Y} = 107.745 - 12.8 = 94.945\ \text{cm}$

$Z_{p2} = I_{c2}/e = 46{,}441{,}578.1/94.945 = 489142\ \text{cm}^3$

3) PS 강선 환산단면

☞ 세부적인 단면형태 및 계산과정은 "5.1.1 주빔의 단면제원" 참조

구 분	A	Y	A Y	A Y²	I₀
순 단 면	8310.5	-	972260.3	153747113	9991134

$Y_{t3} = AY/A = 972{,}260.308/8{,}310.515 = 116.992\ \text{cm}$

$Y_{b3} = H - Y_{t3} = 220.0 - 116.992 = 103.008\ \text{cm}$

$I_{c3} = I_o + AY^2 - AY_{t3}^2$

$= 9{,}991{,}134.0 + 153{,}747{,}112.5 - 8{,}310.5 \times 116.0 = 49{,}991{,}163\ \text{cm}^4$

$Z_{t3} = I_{c3}/Y = 49{,}991{,}163.435/116.992 = 427{,}304.1\ \text{cm}^3$

$Z_{b3} = I_{c3}/Y = 49{,}991{,}163.435/103.008 = 485{,}313.4\ \text{cm}^3$

$e_{p3} = Y_{b2} - Y = 103.008 - 12.8 = 90.208\ \text{cm}$

$Z_{p3} = I_{c2}/e = 49{,}991{,}163.4/90.208 = 554{,}177\ \text{cm}^3$

4) 슬래브 환산단면

☞ 세부적인 단면형태 및 계산과정은 "5.1.1 주빔의 단면제원" 참조

구 분		A	Y	A Y	A Y²	Io
총환산단면	방호책(우측)	13399.5	-	911192.8	154479923	10235404
	방호책(좌측)	13389.2	-	911315.8	154478447	10234912
	내측 BEAM	13337.9	-	911931.5	154471058	10232449

① 외측 빔(방호울타리측 – 우측)

$Y_{t4} = AY/A = 911{,}192.788/13{,}399.475 = 68.002\ \text{cm}$

$Y_{b4} = H - Y_{t4} = 220.000 - 68.002 = 151.998\ \text{cm}$

$I_{c4} = I_o + AY^2 - AY_{t4}^2$

$= 10{,}235{,}404.1 + 154{,}479{,}922.8 - 13{,}399.5 \times 68 = 102{,}752{,}510\ \text{cm}^4$

$Z_{t4} = I_{c4}/Y = 102{,}752{,}509.727/68.002 = 1{,}511{,}022\ \text{cm}^3$

$Z_{b4} = I_{c4}/Y = 102{,}752{,}509.727/151.998 = 676{,}012\ \text{cm}^3$

$Y_s = Y_{t4} + t = 68.002 + 24.000 = 92.002\ \text{cm}$

$Z_s = I_{c4}/\,Y = 102{,}752{,}509.727/92.002 = 1{,}116{,}851\ \text{cm}^3$

$ep_4 = Y_{b4} - Y = 151.998 - 12.800 = 139.198\ \text{cm}$

② 외측 빔(방호울타리측 - 좌측)

$Y_{t4} = A\,Y/A = 911{,}315.764/13{,}389.227 = 68.063\ \text{cm}$

$Y_{b4} = H - Y_{t4} = 220.000 - 68.063 = 151.937\ \text{cm}$

$I_{c4} = I_o + A\,Y^2 - A\,Y_{t4}^2 = 10{,}234{,}912.2 + 154{,}478{,}447.0 - 13{,}389.2 \times 68$

$= 102{,}686{,}802\ \text{cm}^4$

$Z_{t4} = I_{c4}/\,Y = 102{,}686{,}801.535/68.063 = 1{,}508{,}702\ \text{cm}^3$

$Z_{b4} = I_{c4}/\,Y = 102{,}686{,}801.535/151.937 = 675{,}851\ \text{cm}^3$

$Y_s = Y_{t4} + t = 68.063 + 24.000 = 92.063\ \text{cm}$

$Z_s = I_{c4}/\,Y = 102{,}686{,}801.535/92.063 = 1{,}115{,}397\ \text{cm}^3$

$ep_4 = Y_{b4} - Y = 151.937 - 12.800 = 139.137\ \text{cm}$

③ 내측 BEAM

$Y_{t4} = A\,Y/A = 911{,}931.508/13{,}337.915 = 68.371\ \text{cm}$

$Y_{b4} = H - Y_{t4} = 220.000 - 68.371 = 151.629\ \text{cm}$

$I_{c4} = I_o + A\,Y^2 - A\,Y_{t4}^2 = 10{,}232{,}449.2 + 154{,}471{,}058.1 - 13{,}337.9 \times 68$

$= 102{,}354{,}175\ \text{cm}^4$

$Z_{t4} = I_{c4}/\,Y = 102{,}354{,}174.674/68.371 = 1{,}497{,}041\ \text{cm}^3$

$Z_{b4} = I_{c4}/\,Y = 102{,}354{,}174.674/151.629 = 675{,}030\ \text{cm}^3$

$Y_s = Y_{t4} + t = 68.371 + 24.000 = 92.371\ \text{cm}$

$Z_s = I_{c4}/\,Y = 102{,}354{,}174.674/92.371 = 1{,}108{,}077\ \text{cm}^3$

$ep_4 = Y_{b4} - Y = 151.629 - 12.800 = 138.829\ \text{cm}$

4.5.2 응력산정

1) 외측 BEAM(중앙분리대측)

구 분		모 멘 트 (kN-m)	단면계수 Z (cm^3)	콘크리트 단면 휨응력 (MPa)				PS 강선 (MPa)
				슬 래 브	PSC 빔			
				상연	상연	하연	강선도심	강선도심
고정하중	BEAM 자중	3051.34	413715.0		7.38			
			−431032.3			−7.08		
			−489141.9				−6.24	
	합성 전	2398.52	427304.1		5.61			
			−485313.4			−4.94		
			−554176.6				−4.33	−30.30
	합성 후	1893.66	1511021.9		1.25			
			−676012.2			−2.80		
			1116850.8	1.70				
			−738175.2				−2.57	−17.96
활하중		1753.20	1511021.9		1.16			
			−676012.2			−2.59		
			1116850.8	1.57				
			−738175.2				−2.38	−16.63
합 계		9096.72	-	3.27	15.40	−17.41	−15.52	−64.89

− 휨응력은 아래의 식으로 구한다.

* PSC 빔 및 슬래브 $f = M/Z$

* PS STRAND $f = M/Z \times N_p$

☞ 여기서 $N_p = E_p/E_c = 7.0$

2) 외측 BEAM(방호울타리측)

구 분		모 멘 트 (kN-m)	단면계수 Z (cm^3)	콘크리트 단면 휨응력 (MPa)				PS 강선 (MPa)
				슬 래 브	PSC 빔			
				상연	상연	하연	강선도심	강선도심
고정하중	BEAM 자중	3051.34	413715.0		7.38			
			−431032.3			−7.08		
			−489141.9				−6.24	
	합 성 전	2390.87	427304.1		5.60			
			−485313.4			−4.93		
			−554176.6				−4.31	−30.20
	합 성 후	2271.77	1508702.3		1.51			

			-675851.2			-3.36		
			1115397.1	2.04				
			-738026.6				-3.08	-21.55
활 하 중		2431.82	1508702.3		1.61			
			-675851.2			-3.60		
			1115397.1	2.18				
			-738026.6				-3.30	-23.07
합 계		10145.80	-	4.22	16.10	-18.97	-16.93	-74.82

- 휨응력은 아래의 식으로 구한다.
  * PSC 빔 및 슬래브 $f = M/Z$
  * PS STRAND $f = M/Z \times N_p$
  ☞ 여기서 $N_p = E_p/E_c = 7.0$

3) 내측 BEAM(최대부)

구 분		모 멘 트 (kN-m)	단면계수 Z (cm^3)	콘크리트 단면 휨응력 (MPa)				PS 강선 (MPa)
				슬 래 브	PS.C BEAM			
				상 연	상 연	하 연	강선도심	강선도심
고정하중	BEAM 자중	3051.34	413715.0		7.38			
			-431032.3			-7.08		
			-489141.9				-6.24	
	합 성 전	2451.80	427304.1		5.74			
			-485313.4			-5.05		
			-554176.6				-4.42	-30.97
	합 성 후	593.74	1497040.8		0.40			
			-675030.3			-0.88		
			1108076.9	0.54				
			-737268.0				-0.81	-5.64
활 하 중		3054.67	1497040.8		2.04			
			-675030.3			-4.53		
			1108076.9	2.76				
			-737268.0				-4.14	-29.00
합 계		9151.55	-	3.30	15.56	-17.54	-15.61	-65.61

- 휨응력은 아래의 식으로 구한다.
  * PSC 빔 및 슬래브 $f = M/Z$
  * PS STRAND $f = M/Z \times N_p$
☞ 여기서 $N_p = E_p/E_c = 7$

4.6. PSC 빔 검토

4.6.1 PRESTRESS 계산(설계단면의 경간중앙)

1) 소요되는 PS강선 개수의 산정

$\eta = P_e / P_t = 0.8$로 가정(유효 프리스트레스 계수)

▣ PS강선의 소요 인장력(P_{t1})

$P_e = (\Sigma f_t - f_{ct}) A_c / [1 + \{ Y_{b2} / \gamma_2^2 \, e_{p2} \}]$

$= (18.970 - 1.414) \times 7{,}895.940 / [1 + \{107.745 / 5{,}881.704 \times 94.945\}]$

$= 5{,}060{,}520$ N

여기에서, Σf_t : 외측 BEAM의 하연 휨 인장응력(MPa)

f_{ct} : 프리스트레스 도입직후 허용인장응력(MPa)

A_c : 주 BEAM 순단면적(cm^2)

y_{b2} : 주 BEAM 순단면의 도심에서 하연까지의 거리(cm^2)

γ_2^2 : 주 BEAM 순단면의 단면 2차 반경(cm^2) $= I_{C2} / \Sigma A$

$= 5881.7 \ cm^2$

$P_{t1} = 5{,}060{,}520 / 0.8 = 6{,}325{,}650$ N $= 6325.65$ kN

▣ 강연선마다의 인장력(P_{t2}) : 손실이 일어난 후 사용하중 상태에서의 인장력

$P_{t2} = 0.8 \times f_{py} \times Ap = 0.800 \times 1{,}600 \times 11.845 / 1{,}000 = 1{,}516.160$ kN

▣ 소요되는 PS강선의 개수(n)

$n = P_{t1} / P_{t2} = 6{,}325.65 / 1{,}516.16 = 4.172$ EA

$n_{use} = 5$ EA $> n = 4.172$ EA $\therefore$ O.K

2) PRESTRESS 도입 직후의 응력

① 초기 프리스트레스

$f_{pt1} = 1{,}260.0$ MPa $< 0.9 \ f_{py} = 1440.0$ MPa $\therefore$ O.K

(허용치의 87.5% 적용 → 가정치임)

② PS강선과 SHETH사이의 마찰에 의한 손실

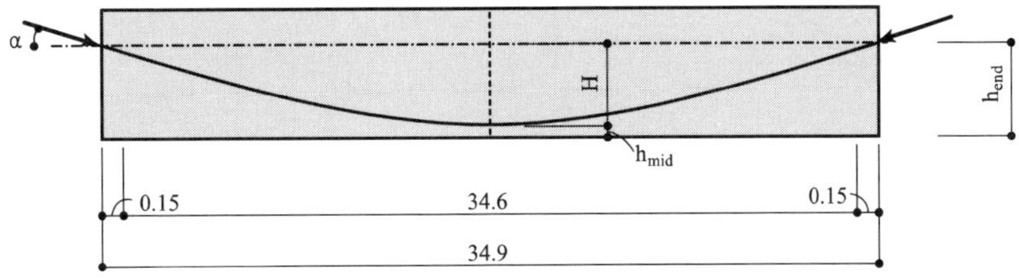

■ PS강선의 길이 및 접선변화각 산정

$L_r = 34.9 - 0.15 - 0.15 = 34.6\ \text{m}$

$L = L_r(1 + 8/3H^2/L_{r2} + 32/5H^4/L_{r3})$

$H = h_{end} - h_{mid}$

$a = H/(L_{r/2})^2$

$a = \tan^{-1}\{2a(L_r/2) = \tan^{-1}(aL_r) <\text{Radians}>$

강선번호	h_{mid}	h_{end}	a	L_1	α		L
					RADIANS	DEGREES	
1	0.200	1.900	0.0056801	34.600	0.1940585	11.118735	34.86739
2	0.200	1.500	0.0043436	34.600	0.1491726	8.5469600	34.74552
3	0.080	1.100	0.0034081	34.600	0.1173770	6.7252089	34.68597
4	0.080	0.700	0.0020716	34.600	0.0715539	4.0997383	34.63042
5	0.080	0.300	0.0007351	34.600	0.0254280	1.4569196	34.60374
합 계			0.0162384		0.5575901	31.94756168	173.53304
평 균			0.003247686		0.1115180	6.389512336	34.70661

$X = \text{L}/2 = 34.70661/2 = 17.3533\ \text{m}$

$\kappa = 0.005/\text{m}$(파상 마찰계수) 아연도금 금속 쉬스

$\mu = 0.25/\text{Rad}$(곡률 마찰계수)

$\kappa X + 0.005 \times 17.3533 + 0.25 \times 0.111518 = 0.114646$

$P_o = P_x e(KX + \mu\alpha)$

$P_x = P_o - [(P_o/e(KX + \mu\alpha)]$

여기에서, X : 정착단으로부터 주범 중심까지의 PS 강선의 길이

P_o : 정착단에서의 긴장($P_o = 1260.0\ \text{MPa}$)

$\Delta f_{pf} = 1{,}260.0 - \{1{,}260.0/e^{(0.114646)}\} = 136.481\ \text{MPa}$

3) PS강선 세트량에 의한 손실량

▣ PS강선과 쉬스 사이에 마찰이 있는 경우

$\Delta L = A_{ep}/A_p \times E_p$

$A_{ep} = \Delta L \times A_p \times E_p$ = 0.6×11.845×5EA×200,000 = 7,107,000 MPa

☞ 마찰에 의한 손실이 직선변화한다고 가정

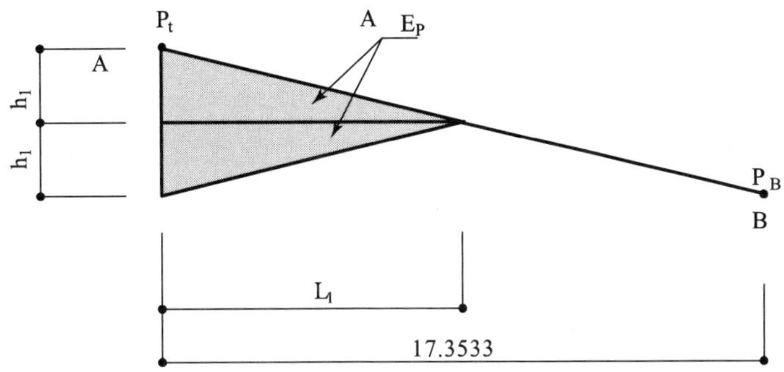

$P_t = f_{pt1} \Sigma A_p$ = 1,260×11.845×5E = 7,462,350 N

$P_B = (f_{pt1 - \Delta f_{pf}}) \times \Sigma A_p$ = (1,260 − 136.481)×11.845×5EA = 6,654,041 N

ΔP_t = 7,462,350 − 6,654,041 = 808,309 N

∴ 1,735.330 : 808,309.0 = L_1 : h_1

h_1 = (808,309.0/1,735.330)×L_1

$A_{EP} = L_1 \times h_1 \times 1/2 \times 2\,\mathrm{EA} = L_1 \times h_1$

= (808,309.0/1,735.330)×L_1^2 = 7,107,000 MPa

L_1 = 12.352 m < X = 17.35330 m

∴ 그러므로 정착부의 강선 세트량에 의한 손실은 중앙단면에 영향을 미치지 않는다.

▣ PS 강선과 쉬스 사이에 마찰이 없는 경우

$\Delta f_{ps} = E_p \times \Delta L / L_1$ = 200,000×0.600/1,735.330 = 69.151 MPa

여기에서, Δfps : 정착장치에서의 활동에 의한 PS 강선의 인장응력 감소량(MPa)

E_p : PS 강선의 탄성계수(MPa)

ΔL : PS 강선의 슬립량(mm)

> * DESCRIPTION
> ∴ 일반적으로 PSC 빔에서는 PS강선과 SHEATH사이의 마찰이 있는 것으로 고려하고 있으므로 정착부 세트량에 의한 손실은 중앙단면에서는 없는 것으로 생각되나 안전성을 고려하여 마찰이 없는 경우의 손실량을 적용하는 것이 바람직하다고 판단됨.

4) 콘크리트 탄성수축에 의한 손실량

$\Delta f_{pel} = 0.5(E_p/E_{ci})f_{cir}$

여기에서, $f_{cir} = [f_{ctg'}\{(N-1)/N\}+f_{dog}]$: 정착 직후 주빔의 고정하중과 프리스트레스 힘에 의해 발생되는 긴장재 중심에서의 콘크리트 응력으로 최대 모멘트가 발생하는 단면에서 계산한다.

E_p : PS 강선의 탄성계수(MPa)

E_{ci} : 0.043 $Wc^{1.5}\sqrt{f_{ci}}$ 26830.9 MPa(P/T도입시 콘크리트 탄성계수)

$f_{ctg'}$: 프리스트레스에 의한 PS 강선 도심위치의 응력

f_{dog} : 주 BEAM 자중에 의한 PS 강선 도심위치의 응력

N : PS 강선의 개수(EA 5)

$f_{pti} = f_{pt1-\Delta f_{pf}} - \Delta f_{ps}$ = 1,260 − 136.481 − 69.151 = 1054.4 MPa

$P_{t'} = Nf_{pti}$ = 5×105,436.789×11.845 = 6,244,494 N

$f_{ctg'} = P_{t'}/A_c + P_{t'} \times e_{p2}/Z_{p2}$

= (6,244,494/7,896+6,244,494×94.945/489,142)/20.029 MPa

$f_{dog} = M_D/Z_p$ = 305,134,000/ − 489,141.9/100 − 6.238 MPa

f_{cir} = [20.029×{(5 − 1)/5}+ − 6.238] = 9.785 MPa

Δf_{pel} = 0.5×(200,000.0/26,830.9)×9.785 = 36.469 MPa

5) 프리스트레스 도입 직후의 콘크리트 응력

① 프리스트레스에 의한 콘크리트 응력

$f_{pt} = f_{pt1} - \Delta f_{pf} - \Delta f_{ps} - \Delta f_{pel}$ = 1,260.000 − 136.481 − 69.151 − 36.469

= 1,017.9 MPa ≤ f_a = 1,328.0 MPa ∴ O.K

f_a = 0.7 f_{pu} = 0.7×1,900.0 = 1330.0 MPa 중 작은값

f_a = 0.83 f_{py} = 0.830×1,600.0 = 1,328.0 MPa

P_t = 5×1,017.899×11.845×100 = 6,028,506 N

e_{p2} = 94.945 cm

$Z_{t2} = 413{,}715.0 \text{ cm}^3$ $\qquad\qquad$ $Z_{b2} = 431{,}032.3 \text{ cm}^3$

$f_{ct1} = (P_t / A_c) + P_t(-e_{p2})/Z_{t2}$

$= [(6{,}028{,}506.2/7{,}895.9) + \{6{,}028{,}506.2 \times (-94.945)/413{,}715.0\}]/100$

$= -6.200 \text{ MPa}$

$f_{cb1} = (P_t / A_c) + P_t e_{p2}/Z_{b2}$

$= [(6{,}028{,}506.2/7{,}895.9) + \{6{,}028{,}506.2 \times 94.945/431{,}032.3\}]/100$

$= 20.914 \text{ MPa}$

② 주 빔 자중에 의한 콘크리트 응력 본 계산서

$f_{ct2} = 7.38 \text{ MPa}$ 5.5.2 참조

$f_{cb2} = -7.08 \text{ MPa}$

③ 프리스트레스 도입 직후의 콘크리트 응력 합계

$f_{ct} = f_{ct1} + f_c = -6.20 + 7.38 = 1.18 \text{ MPa}$

$f_{cb} = f_{cb1} + f_c = 20.914 - 7.08 = 13.834 \text{ MPa}$

6) 설계하중 작용시의 응력

① 콘크리트 건조수축에 의한 손실량

$\Delta f_{psh} = 0.8(119 - 1.5H_r)$

여기에서, H_r : 교량 가설위치의 연평균 상대습도(%)

(국내의 평균 상대습도 H_r 70 %)

$\Delta f_{psh} = 0.8 \times (119 - 1.5 \times 70) = 36.4 \text{ MPa}$

② 콘크리트 크리이프에 의한 손실량

$\Delta f_{pcr} = (12 \times f_{cir}) - (7 \times f_{cds})$

여기에서,

f_{cds} : 프리스트레스를 가할 당시에 존재하는 고정하중을 제외한 그 후 모든 고정 하중에 의해 발생하는 긴장재 중심에서의 콘크리트 응력

☞ 외측 BEAM(중앙분리대측)

$f_{cir} = 9.785 \text{ MPa}$(탄성변형 손실량)

$f_{cds} = 4.330 + 2.57 = 6.9 \text{ MPa}$

$\Delta f_{pcr} = (12 \times 9.785) - (7 \times 6.9) = 69.12 \text{ MPa}$

☞ 외측 BEAM(방호울타리측)

$f_{cir} = 9.785 \text{ MPa}$(탄성변형 손실량)

f_{cds} = 4.31+3.08 = 7.39 MPa

Δf_{pcr} = (12×9.785) − (7×7.39) = 65.69 MPa

☞ 내측 BEAM

f_{cir} = 9.785 MPa(탄성변형 손실량)

f_{cds} = 4.420+0.81 = 5.23 MPa

Δf_{pcr} = (12×9.785) − (7×5.23) = 80.81 MPa

③ PS 강선의 릴랙세이션에 의한 손실량

☞ PSC 빔에서는 저릴랙세이션 스트랜드를 사용하는 것으로 고려

$$\Delta f_{pr} = 35 - 0.07\Delta f_{pf} - 0.1\Delta f_{pel} - 0.05(\Delta f_{psh} + \Delta f_{pcr})$$

여기에서,

Δf_{pr} : 고려시점인 0.7 f_{pu} 수준 이하에서 마찰손실에 의한 응력 감소량(MPa)

Δf_{pel} : 콘크리트의 탄성변형에 의한 손실량(MPa)

Δf_{psh} : 콘크리트의 건조수축에 의한 손실량(MPa)

Δf_{pcr} : 콘크리트의 크리이프에 의한 손실량(MPa)

☞ 외측 빔(중앙분리대측)

Δf_{pf} = 136.481 MPa　　Δf_{psh} = 36.4 MPa

Δf_{pel} = 36.469 MPa　　Δf_{pcr} = 69.12 MPa

Δ_{fpr} = 35 − 0.07×136.481 − 0.1×36.469 − 0.05×(36.4+69.12)

= 16.523 MPa

☞ 외측 빔(방호울타리측)

Δf_{pf} = 136.481 MPa　　Δf_{psh} = 36.4 MPa

Δf_{pel} = 36.469 MPa　　Δf_{pcr} = 65.69 MPa

Δf_{pr} = 35 − 0.07×136.481 − 0.1×36.469 − 0.05×(36.4+65.69)

= 16.695 MPa

☞ 내측 BEAM

Δf_{pf} = 136.481 MPa　　Δf_{psh} = 36.400 MPa

Δf_{pel} = 36.469 MPa　　Δf_{pcr} = 80.810 MPa

Δf_{pr} = 35 − 0.07×136.481 − 0.10×36.469 − 0.05×(36.400+80.810)

= 15.939 MPa

7) 유효 프리스트레스 계산

☞ 외측 빔(중앙분리대측)

$f_{pe} = f_{pt} - \Delta f_{psh} - \Delta f_{pcr} - \Delta f_{pr}$ (PC 강선의 유효 인장응력)

$= 1{,}017.899 - 36.400 - 69.120 - 16.523 = 895.9$ MPa

$\eta = f_{pe}/f_{pt} = 895.856/1{,}017.899 = 0.8801$(유효계수)

$f_{cte} = \eta \times f_{ct} = 0.8801 \times -6.2 = -5.457$ MPa(유효 프리스트레스)

$f_{cbe} = \eta \times f_{cb} = 0.8801 \times 20.914 = 18.407$ MPa(유효 프리스트레스)

☞ 외측 빔(방호울타리측)

$f_{pe} = f_{pt} - \Delta f_{psh} - \Delta f_{pcr} - \Delta f_{pr}$ (PS강선의 유효 인장응력)

$= 1{,}017.899 - 36.400 - 65.690 - 16.695 = 899.1$ MPa

$\eta = f_{pe}/f_{pt} = 899.114/1{,}017.899 = 0.8833$(유효계수)

$f_{cte} = \eta \times f_{ct} = 0.8833 \times -6.2 = -5.477$ MPa(유효 프리스트레스)

$f_{cbe} = \eta \times f_{cb} = 0.8833 \times 20.914 = 18.473$ MPa(유효 프리스트레스)

☞ 내측 BEAM

$f_{pe} = f_{pt} - \Delta f_{psh} - \Delta f_{pcr} - \Delta f_{pr}$ (PS강선의 유효 인장응력)

$= 1{,}017.899 - 36.4 - 80.81 - 15.939 = 884.7$ MPa

$\eta = f_{pe}/f_{pt} = 884.750/1{,}017.899 = 0.8692$(유효계수)

$f_{cte} = \eta \times f_{ct} = 0.8692 \times -6.2 = -5.389$ MPa(유효 프리스트레스)

$f_{cbe} = \eta \times f_{cb} = 0.8692 \times 20.914 = 18.179$ MPa(유효 프리스트레스)

4.6.2 휨응력의 합성 및 안정검토

1) 외측 빔(중앙분리대측)

구 분		프리스트레스 도입직후					비 고
		PRESTRESS	빔 자중	합 계	허용응력	안정여부	
주 빔	상 연	−6.2	7.38	1.18	−1.414	O.K	
	하 연	20.914	−7.08	13.834	17.6	O.K	
구 분		설계하중 작용시					비 고
		유효 PS	총 하 중	합 계	허용응력	안정여부	
주 빔	상 연	−5.457	15.4	9.943	−3.162	O.K	
	하 연	18.407	−17.41	0.997	16.0	O.K	
슬 래 브		-	3.27	3.27	10.8	O.K	

2) 외측 빔(방호울타리측)

구 분		프리스트레스 도입직후					비 고
		PRESTRESS	빔 자중	합 계	허용응력	안정여부	
주 빔	상 연	−6.2	7.38	1.18	−1.414	O.K	
	하 연	20.914	−7.08	13.834	17.6	O.K	
구 분		설계하중 작용시					비 고
		유효 PS	총 하 중	합 계	허용응력	안정여부	
주 빔	상 연	−5.477	16.1	10.623	−3.162	O.K	
	하 연	18.473	−18.97	−0.497	16.0	O.K	
슬 래 브		-	4.22	4.22	10.8	O.K	

3) 내측 빔(최대부)

구 분		프리스트레스 도입직후					비 고
		PRESTRESS	빔 자중	합 계	허용응력	안정여부	
주 BEAM	상 연	−6.200	7.380	1.180	−1.414	O.K	
	하 연	20.914	−7.080	13.834	17.6	O.K	
구 분		설계하중 작용시					비 고
		유효 PS	총 하 중	합 계	허용응력	안정여부	
주 BEAM	상 연	−5.389	15.560	10.171	−3.162	O.K	
	하 연	18.179	−17.540	0.639	16.0	O.K	
슬 래 브		-	3.300	3.3	10.8	O.K	

4.6.3 2차응력 계산

1) 크리프에 의한 단면력 계산

① 외측 빔(중앙분리대측)

$m = E_{c1}I_{c1}/(E_{c2}I_{c2})$

$= 28{,}571 \times 49{,}991{,}163\ /(24{,}422 \times 285{,}696) = 204.708$

$B = 1 + \mathrm{m} = 1 + 204.708 = 205.708$

$C = Y_{1'} - mY_2$

$= 116.992 - 204.708 \times 12.0 = -2{,}339.5$

$F = Y_{1'}^2 + \lambda c_1^2 + m\lambda c_2^2 + mY_2^2$

$= 116.992^2 + 49{,}991{,}163/8{,}311 + 204.708 \times 285{,}696/5{,}952$

$+ 204.708 \times 12.0^2 = 59006.5$

P = [(1,260.0+895.9)/2×0.9871×12×5] = 6,384,136

$K = \varphi_\infty/(1+\varphi_\infty) = 0.792$

$K' = \varphi_t/(1+\varphi_\infty) = 0.5$

여기에서, φ_∞ = 3.800(콘크리트 초기재령 $T=\infty$ 까지의 크리프 계수)

φ_t = 2.400(바닥판 합성 후 $T=\infty$ 까지의 크리프 계수)

$N_\varphi = -K'/(C_{2-B}F) \times [P\{B(Y1'e_{p3} - \lambda c_1^{2)-C} e_{p3}\} + M_{d1} \times (C - BY_1')]$

$- K/(C_{2-B}F) \times M_{d2} \times (C - BY_1') = -808,891$ N

$M_\varphi = -K'/(BF - C_2) \times [P\{C(Y_1'e_{p3} - \lambda c_1^2) - Fep_3\} + M_{d1} \times (F - CY_1')]$

$- K/(BF - C_2) \times M_{d2} \times (F - CY_1') = -9,464,779$ N.cm

② 외측 BEAM(방호울타리측)

$m = E_{c1}I_{c1}/(E_{c2}I_{c2})$ = 28,571×49,991,163/(24,422×285,120) = 205.122

B = 1 + m = 1+205.122 = 206.122

$C = Y_1' - mY_2$ = 116.992 − 205.122×12.000 = −2344.5

$F = Y_1'^2 + \lambda c_1^2 + m\lambda c_2^2 + mY_2^2$

= 116.992² + 49,991,163/8,311+205.122×285,120/5,940+205.122×12.000²

= 59,086.0

P = (1,260.0+899.1)/2×0.9871×12×5 = 6,393,784

$K = \varphi_\infty/(1+\varphi_\infty) = 0.792$

$K' = \varphi_t/(1+\varphi_\infty) = 0.500$

여기에서, φ_∞ = 3.8(콘크리트 초기재령 $T=\infty$ 까지의 크리프 계수)

φ_t = 2.4(바닥판 합성 후 $T=\infty$ 까지의 크리프 계수)

$N_\varphi = -K'/(C_2 - BF) \times [P\{B(Y_1'e_{p3} - \lambda c_1^2) - Ce_{p3}\} + M_{d1} \times (C - BY_1')]$

$- K/(C_2 - BF) \times M_{d2} \times (C - BY_1') = -805,185$ N

$M_\varphi = -K'/(BF - C_2) \times [P\{C(Y_1'e_{p3} - \lambda c_{12}) - Fe_{p3}\} + M_{d1} \times (F - CY_1')]$

$- K/(BF - C_2) \times M_{d2} \times (F - CY_1' = -9,418,179$ N·cm

③ 내측 BEAM(최대부)

$m = E_{c1}I_{c1}/(E_{c2}I_{c2})$

= 28,571×49,991,163 /(24,422×282,240) = 207.215

B = 1+ m = 1+207.215 = 208.215

$C = Y_1' - mY_2$ = 116.992 − 207.215×12.0 = −2,369.6

$$F= Y_1'^2 + \lambda c_1^2 + m\lambda c_2^2 + m\,Y_2^2$$

$= 116.992^2+49,991,163/8,311+207.215\times282,240/5,880+207.215\times12.0^2$

$= 59,487.8$

$P = (1,260.0+884.7)/2\times0.9871\times12\times5 = 6,351,248$

$K= \varphi_\infty/(1+\varphi_\infty) = 0.792$

$K' = \varphi_t/(1+\varphi_\infty) = 0.5$

여기에서, $\varphi_\infty = 3.8$(콘크리트 초기재령 $T= \infty$까지의 크리프 계수)

$\varphi_t = 2.4$(바닥판 합성 후 $T = \infty$까지의 크리프 계수)

$$N_\varphi = -K'/(C_2 - BF)\times[P\{B(Y_1'e_{p3} - \gamma c_1^2) - Ce_{p3}\} + M_{d1}\times(C - BY_1')]$$
$$- K/(C_2 - BF)\times M_{d2}\times(C - BY_1') = -825368\ \text{N}$$

$$M_\varphi = -K'/(BF - C_2)\times[P\{C(Y_1'e_{p3} - \lambda c_{12}) - Fe_{p3}\} + M_{d1}\times(F - CY_{1'})]$$
$$- K/(BF - C_2)\times M_{d2}\times(F - CY_1') = -9,682,659\ \text{N}\cdot\text{cm}$$

2) 건조수축에 의한 단면력 계산

① 외측 BEAM(중앙분리대측)

$N_s = \varepsilon_s E_{c1} I_{c1}\times\{B/(BF - C_2)\}\times\{1/(1+\varphi_\infty)\}$

$= 0.0001\times2,857,100\times49,991,163\times\{205.708/(205.708\times59,006.5$

$-2,339.5^2)\}\times\{1/(1+3.800)\} = 91841\ \text{N}$

$M_s = \varepsilon_s E_{c1} I_{c1}\times\{C/(C_2 - BF)\}\times1/(1+\varphi_\infty)\}$

$= 0.00010\times2,857,100\times49,991,163\times\{-2,339.5/(2,339.5^2$

$-205.708\times59,006.5)\}\times\{1/(1+3.8)\} = 1,044,504\ \text{N}$

② 외측 BEAM(방호울타리측)

$N_s = \varepsilon_s E_{c1} I_{c1}\times\{B/(BF - C_2)\}\times\{1/(1+\varphi_\infty)\}$

$= 0.0001\times2,857,100\times49,991,163\times\{206.122/(206.122\times59,086.0$

$-2,344.5^2)\}\times\{1/(1+3.8)\} = 91,787\ \text{N}$

$M_s = \varepsilon_s E_{c1} I_{c1}\times\{C/(C_{2-B}F)\}\times\{1/(1+\varphi_\infty)\}$

$= 0.00010\times2,857,100\times49,991,163\times\{-2,344.5/(2,344.5^2 - 206.122$

$\times59,086.0)\}\times\{1/(1+3.8)\} = 1,044,012\ \text{N}$

③ 내측 BEAM(최대부)

$N_s = \varepsilon_s E_{c1} I_{c1}\times\{B/(BF - C_2)\}\times\{1/(1+\varphi\infty)\}$

$= 0.00010\times2,857,100\times49,991,163\times\{208.215/(208.215\times59,487.8$

$-2,369.6^2)\}\times\{1/(1+3.800)\} = 91500\ \text{N}$

$$M_s = \varepsilon_s E_{c1} I_{c1} \times \{C/(C_2 - BF)\} \times \{1/(1+\varphi_\infty)\}$$
$$= 0.0001 \times 2{,}857{,}100 \times 49{,}991{,}163 \times \{-2{,}369.6/(2{,}369.6^2 - 208.215 \times 59{,}487.8)\} \times \{1/(1+3.8)\} = 1{,}041{,}319\ \text{N}$$

3) 크리프에 의한 2차응력의 계산

① 외측 BEAM(중앙분리대측)

$f_{c2}{}' = -N_\varphi / A_{c2} - \{(M_\varphi - N_\varphi Y_2) \times Y_2{}'/I_{c2}\}$; 바닥판 상연응력

$= -(-808{,}891/5{,}952.0) - \{(-9{,}464{,}779 + 808{,}891 \times 12.0) \times 12.0/285{,}696\} = 1.257\ \text{MPa}$

$f_{c2} = -N_\varphi / A_{c2} + \{(M_\varphi - N_\varphi Y_2) \times Y_2{}'/I_{c2}\}$; 바닥판 하연응력

$= -(-808{,}891/5{,}952.0) + \{(-9{,}464{,}779 + 808{,}891 \times 12.0) \times 12.0/285{,}696\}$

$= 1.461\ \text{MPa}$

$f_{c1}{}' = N_\varphi / Ac_1 + \{(M_\varphi + N_\varphi Y_1{}') \times Y_1/$; 주형의 상연응력

$= (-808{,}891/8{,}310.5) + \{(-9{,}464{,}779 + -808{,}891 \times 117.0) \times 117.0/49{,}991{,}163\} = -3.410\ \text{MPa}$

$f_{c2}{}' = -N_\varphi / A_{c2} - \{(M_\varphi - N_\varphi Y_2) \times Y_2{}'\}$; 주형의 하연응력

$= (-808{,}891/8{,}310.5) + \{(-9{,}464{,}779 + -808{,}891 \times 117.0) \times 103.0/49{,}991{,}163\} = 1.172\ \text{MPa}$

② 외측 BEAM(방호울타리측)

$f_{c2}{}' = -N_\varphi / A_{c2} - \{(M_\varphi - N_\varphi Y_2) \times Y_2{}'/I_{c2}\}$; 바닥판 상연응력

$= -(-805{,}185/5{,}940.0) - \{(-9{,}418{,}179 + 805{,}185 \times 12.0) \times 12.0/285{,}120\}$

$= 1.253\ \text{MPa}$

$f_{c2}{}' = -N_\varphi / A_{c2} - \{(M_\varphi - N_\varphi Y_2) \times Y_2{}'\}$; 바닥판 하연응력

$= -(-805{,}185/5{,}940.0) + \{(-9{,}418{,}179 + 805{,}185 \times 12.0) \times 12.0/285{,}120\}$

$= 1.458\ \text{MPa}$

$f_{c1'} = N_{\varphi/} A_{c1} + \{(M_\varphi + N_{\varphi Y_{1'}}) \times Y_{1/} Ic_1\}$; 주형의 상연응력

$= (-805{,}185/8{,}310.5) + \{(-9{,}418{,}179 + -805{,}185 \times 117.0) \times 117.0/49{,}991{,}163\} = -3.394\ \text{MPa}$

$f_{c2}{}' = -N_\varphi / A_{c2} - \{(M_\varphi - N_\varphi Y_2) \times Y_2{}'\}$; 주형의 하연응력

$= (-805{,}185/8{,}310.5) + \{(-9{,}418{,}179 + -805{,}185 \times 117.0) \times 103.0/49{,}991{,}163\} = 1.166\ \text{MPa}$

③ 내측 BEAM(최대부)

$f_{c2}' = -N_\varphi / A_{c2} - \{(M_\varphi - N_\varphi Y_2) \times Y_2'\}$; 바닥판 상연응력

$= -(-825{,}368/5{,}880.0) - \{(-9{,}682{,}659 + 825{,}368 \times 12.0) \times 12.0/282{,}240\}$

$= 1.309$ MPa

$f_{c2}' = -N_\varphi / A_{c2} - \{(M_\varphi - N_\varphi Y_2) \times Y_2'\}$; 바닥판 하연응력

$= -(-825{,}368/5{,}880.0) + \{(-9{,}682{,}659 + 825{,}368 \times 12.0) \times 12.0/282{,}240\}$

$= 1.498$ MPa

$f_{c1'} = N_\varphi / A_{c1} + \{(M_\varphi + N_\varphi Y_{1'}) \times Y_{1/} I_{c1}\}$; 주형의 상연응력

$= (-825{,}368/8{,}310.5) + \{(-9{,}682{,}659 + -825{,}368 \times 117.0)$

$\times 117.0/49{,}991{,}163\} = -3.480$ MPa

$f_{c2}' = -N_\varphi / A_{c2} - \{(M_\varphi - N_\varphi Y_2) \times Y_2'\}$; 주형의 하연응력

$= (-825{,}368/8{,}310.5) + \{(-9{,}682{,}659 + -825{,}368 \times 117.0)$

$\times 103.0/49{,}991{,}163\} = 1.196$ MPa

4) 건조수축에 의한 2차응력의 계산

① 외측 BEAM(중앙분리대측)

$f_{c2}' = -N_\varphi / A_{c2} - \{(M_\varphi - N_\varphi Y_2) \times Y_2' / I_{c2}\}$; 바닥판 상연응력

$= -(91{,}841/5{,}952.0) - \{(1{,}044{,}504 - 91{,}841 \times 12.0) \times 12.0/285{,}696\}$

$= -0.130$ MPa

$f_{c2}' = -N_\varphi / A_{c2} + \{(M_\varphi - N_\varphi Y_2) \times Y_2' / I_{c2}\}$; 바닥판 하연응력

$= -(91{,}841/5{,}952.0) + \{(1{,}044{,}504 - 91{,}841 \times 12.0) \times 12.0/285{,}696\}$

$= -0.178$ MPa

$f_{c1'} = -N_\varphi / A_{c1} + \{(M_\varphi - N_\varphi Y_2) \times Y_1' / I_{c1}\}$; 주형의 상연응력

$= (91{,}841/8{,}310.5) + \{(1{,}044{,}504 + 91{,}841 \times 117.0) \times 117.0/49{,}991{,}163\}$

$= 0.386$ MPa

$f_{c2'} = -N_\varphi / A_{c1} - \{(M_\varphi - N_\varphi Y_2) \times Y_1' / I_{c1}\}$; 주형의 하연응력

$= (91{,}841/8{,}310.5) + \{(1{,}044{,}504 + 91{,}841 \times 117.0) \times 103.0/49{,}991{,}163\}$

$= -0.132$ MPa

② 외측 BEAM(방호울타리측)

$f_{c2}' = -N_\varphi / A_{c2} - \{(M_\varphi - N_\varphi Y_2) \times Y_2' / I_{c2}\}$; 바닥판 상연응력

$= -(91{,}787/5{,}940.0) - \{(1{,}044{,}012 - 91{,}787 \times 12.0) \times 12.0/285{,}120\}$

$= -0.130$ MPa

$f_{c2}' = -N_\varphi / A_{c2} + \{(M_\varphi - N_\varphi Y_2) \times Y_2' / I_{c2}\}$; 바닥판 하연응력

$= -(91,787/5,940.0) + \{(1,044,012 - 91,787 \times 12.0) \times 12.0/285,120\}$

$= -0.179$ MPa

$f_{c1'} = -N_\varphi / A_{c1} + \{(M_\varphi - N_\varphi Y_2) \times Y_1' / I_{c1}\}$; 주형의 상연응력

$= (91,787/8,310.5) + \{(1,044,012 + 91,787 \times 117.0) \times 117.0/49,991,163\}$

$= 0.386$ MPa

$f_{c2'} = -N_\varphi / A_{c1} - \{(M_\varphi - N_\varphi Y_2) \times Y_1' / I_{c1}\}$; 주형의 하연응력

$= (91,787/8,310.5) + \{(1,044,012 + 91,787 \times 117.0) \times 103.0/49,991,163\}$

$= -0.132$ MPa

③ 내측 빔(최대부)

$f_{c2}' = -N_\varphi / A_{c2} - \{(M_\varphi - N_\varphi Y_2) \times Y_2' / I_{c2}\}$; 바닥판 상연응력

$= -(91,500/5,880.0) - \{(1,041,319 - 91,500 \times 12.0) \times 12.0/282,240\}$

$= -0.132$ MPa

$f_{c2}' = -N_\varphi / A_{c2} + \{(M_\varphi - N_\varphi Y_2) \times Y_2' / I_{c2}\}$; 바닥판 하연응력

$= -(91,500/5,880.0) + \{(1,041,319 - 91,500 \times 12.0) \times 12.0/282,240\}$

$= -0.180$ MPa

$f_{c1'} = -N_\varphi / A_{c1} + \{(M_\varphi - N_\varphi Y_2) \times Y_1' / I_{c1}\}$; 주형의 상연응력

$= (91,500/8,310.5) + \{(1,041,319 + 91,500 \times 117.0) \times 117.0/49,991,163\}$

$= 0.385$ MPa

$f_{c2'} = -N_\varphi / A_{c1} - \{(M_\varphi - N_\varphi Y_2) \times Y_1' / I_{c1}\}$; 주형의 하연응력

$= (91,500/8,310.5) + \{(1,041,319 + 91,500 \times 117.0) \times 103.0/49,991,163\}$

$= -0.132$ MPa

4.6.4 2차응력을 고려한 휨응력의 합성 및 안정검토(설계하중 작용단계)

1) 외측 빔(중앙분리대측)

구 분		설계하중	크리프	건조수축	합 계	허용응력	안정여부	비 고
주 빔	상 연	9.943	−3.410	0.386	6.920	−3.162	O.K	
	하 연	0.997	1.172	−0.132	2.036	16.000	O.K	
슬 래 브		3.270	1.359	−0.154	4.475	10.800	O.K	

2) 외측 빔(방호울타리측)

구 분		설계하중	크리프	건조수축	합 계	허용응력	안정여부	비 고
주 빔	상 연	10.623	−3.394	0.386	7.615	−3.162	O.K	
	하 연	−0.497	1.166	−0.132	0.537	16.000	O.K	
슬 래 브		4.220	1.356	−0.155	5.421	10.800	O.K	

3) 내측 빔(최대부)

구 분		설계하중	크리프	건조수축	합 계	허용응력	안정여부	비 고
주 빔	상 연	10.171	−3.480	0.385	7.076	−3.162	O.K	
	하 연	0.639	1.196	−0.132	1.703	16.000	O.K	
슬 래 브		3.300	1.404	−0.156	4.548	10.800	O.K	

4.7. PS강선의 검토

4.7.1 PS강선의 배치 현황

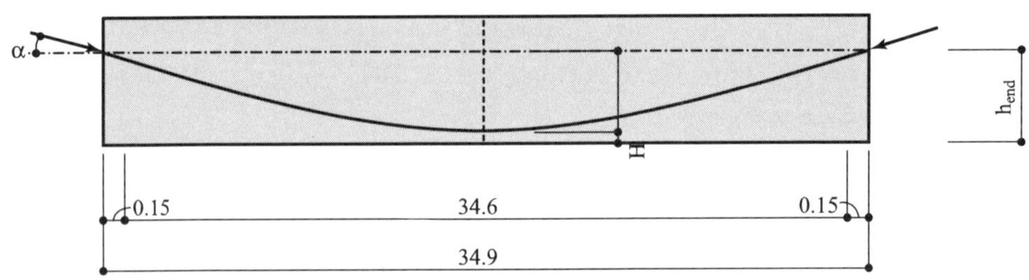

강선번호	높이차이 (m)	강선길이 (m)	a	α		
				Radians	Degrees	Deg − Min − Sec
1	1.7	34.86739	0.0056801	0.194058531	11.118735	11 - 7 - 7.45
2	1.3	34.74552	0.0043436	0.149172593	8.546960	8 - 32 - 49.06
3	1.02	34.68597	0.0034081	0.1173770	6.725209	6 - 43 - 30.75
4	0.62	34.63042	0.0020716	0.071553932	4.099738	4 - 5 - 59.06
5	0.22	34.60374	0.0007351	0.0254280	1.456920	1 - 27 - 24.91
계		173.53304	0.0162384	0.557590139	31.947562	31 - 56 - 51.22
평 균		34.70660719	0.003247686	0.111518028	6.389512	6 - 23 - 22.24

4.7.2 주 BEAM의 중심으로부터의 거리에 따른 BEAM 하단에서의 강선 높이 산정

번호 \ 거리	0.0	3.5	7.0	10.5	14.0	17.3	비고
1	0.20	0.2696	0.4783	0.8262	1.3133	1.90	
2	0.20	0.1332	0.2928	0.5589	0.9313	1.50	
3	0.08	0.1217	0.247	0.4557	0.748	1.10	
4	0.08	0.1054	0.1815	0.3084	0.486	0.70	
5	0.08	0.089	0.116	0.161	0.2241	0.30	

여기에서, $Y = aX^2 + 0.08$(PS 강선 3, 4, 5)

$Y = aX^2 + 0.2$(PS 강선 1, 2)

4.7.3 PS강선의 인장력 계산

1) PS강선과 SHETH사이의 마찰에 의한 영향 : P_{t1}

$$P_t' = f_{pt} \times A_p = 1{,}017.899 \times 11.845 \times 100 = 1{,}205{,}701 \text{ N}$$

$$P_{t1} = P_t' + (f_{pt1 - f_{pt1}}e^{-(K\times+\mu\alpha)}) \times A_p$$

여기에서, f_{pt} : 프리스트레스 도입 직후의 PS강선 응력

K : 0.005/m(파상 마찰계수)

μ : 0.25/Rad(곡률 마찰계수)

강선번호	긴장순서	P_t' (N)	α	강선길이(m)	L/2 (m)	P_{t1} (N)	비 고
1	1	1205701	0.1940585	34.8674	17.4337	1395067	
2	2	1205701	0.1491726	34.7455	17.3728	1379960	
3	3	1205701	0.1173770	34.6860	17.3430	1369242	
4	4	1205701	0.0715539	34.6304	17.3152	1353744	
5	5	1205701	0.0254280	34.6037	17.3019	1338061	

2) 정착부 세트량에 의한 영향 : P_{t2}

$$P_{t2} = A_p \times E_p \times \{\Delta L / (L/2)\}$$

강선번호	긴장순서	강선단면적 A_p(cm^2)	슬립량 ΔL (cm)	강선길이 L/2 (m)	P_{t2} (N)	비 고
1	1	11.845	0.600	17.4337	81531.8	
2	2	11.845	0.600	17.3728	81817.7	
3	3	11.845	0.600	17.3430	81958.2	
4	4	11.845	0.600	17.3152	82089.7	
5	5	11.845	0.600	17.3019	82153.0	

3) 콘크리트의 탄성변형에 의한 영향 : P_{t3}

$\Delta f_{pt} = 2 \times \Delta f_{pel} / (N-1) \times (N-i)$

$P_{t3} = \Delta f_{pt} \times A_p$

여기에서, Δf_{pel} : 콘크리트의 탄성변형에 의한 손실량

N : PS강선 개수(N 5 EA)

i: 긴장순서

A_p : PS 강선의 단면적(mm^2)

강선번호	긴장순서	Δf_{pel} (MPa)	Δf_{pt} (MPa)	A_p (mm^2)	P_{t3} (N)	비 고
1	1	36.469	72.938	1184.5	86395.1	
2	2	36.469	54.704	1184.5	64796.9	
3	3	36.469	36.469	1184.5	43197.5	
4	4	36.469	18.235	1184.5	21599.4	
5	5	36.469	0.000	1184.5	0.0	

4) PS 강연선 인장력의 산정 : P_t

$P_t = P_{t1} + P_{t2} + P_{t3}$

강선번호	긴장순서	P_{t1} (N)	P_{t2} (N)	P_{t3} (N)	P_t (N)	P_t (kN)	비 고
1	1	1395067	81532	86395	1562994	1562.99	
2	2	1379960	81818	64797	1526575	1526.57	
3	3	1369242	81958	43198	1494398	1494.40	
4	4	1353744	82090	21599	1457433	1457.43	
5	5	1338061	82153	0	1420213	1420.21	

4.7.4 PS 강선의 신장량 산정

$\Delta l = (P_t + P_{t'}) \times l / (A_p \times E_p)$

여기에서, P_t : PS 강선의 인장력(N)

$P_{t'}$: $f_{pt} \times A_p$ = 1,017.899×11.845×100 = 1,205,701 N

강선번호	긴장순서	강선단면적 $A_p(cm^2)$	P_t (N)	$P_{t'}$ (N)	l (cm)	Δl (cm)	비 고
1	1	11.845	1562994	1205701	1743.369	20.375	
2	2	11.845	1526575	1205701	1737.276	20.037	
3	3	11.845	1494398	1205701	1734.299	19.767	
4	4	11.845	1457433	1205701	1731.521	19.465	
5	5	11.845	1420213	1205701	1730.187	19.178	

4.8. 처짐의 검토

4.8.1 하중에 의한 처짐

☞ 경간중앙의 최대 휨모멘트를 적용하여 계산함.

$\Delta\delta = 5ML^2\ /(48\ E_cI)$

여기에서, M : 경간 중앙부 최대 휨 모멘트

L : 경간장 L = 34.0 m(받침과 받침사이의 거리)

E_c : PSC 빔의 탄성계수

I : 검토단면의 단면2차 모멘트(중앙부 값 적용)

$E_{cb} = 0.03\,W^{1.5}\sqrt{f_{ck}} + 7{,}700$

$= 28{,}571.0$ MPa(PSC 빔 콘크리트 탄성계수)

☞ 프리스트레스에 의한 처짐

$\Delta\delta = -Pe_1L^2/(8E_cI) - 5Pe_2L^2/(48E_cI)$

여기에서, P : 프리스트레스 힘(도입 또는 유효 프리스트레스, N)

e_1 : -2.255 cm(지점부에서의 편심거리, +하향)

e_2 : 97.2 cm(지점부와 중앙부에서의 긴장재간 상대높이+하향)

1) 외측 빔(중앙분리대측)

하 중 의 종 류	M	E	I	$\Delta\delta$ (m)	비 고
PSC 빔 자중	3051.34	28571	46441578	0.02769	
합성전 고정하중	2398.52	28571	49991163	0.02022	
합성후 고정하중	1893.66	28571	102752510	0.00777	
도입직후의 프리스트레스	-	28571	46441578	-0.05170	
유효 프리스트레스	-	28571	46441578	-0.04550	

$P_t = f_{pt} \times \Sigma A_p =$ 1,017.899×11.845×5EA×100 = 6,028,506 N

$P_e = f_{pe} \times \Sigma A_p =$ 895.856×11.845×5EA×100 = 5,305,707 N

2) 외측 빔(방호울타리측)

하중의 종류	M	E	I	$\Delta\delta$ (m)	비 고
PSC 빔 자중	3051.34	28571	46441578	0.02769	
합성전 고정하중	2390.87	28571	49991163	0.02016	
합성후 고정하중	2271.77	28571	102686802	0.00932	
도입직후의 프리스트레스	-	28571	46441578	−0.05170	
유효 프리스트레스	-	28571	46441578	−0.04566	

P_e = 1,017.899×11.845×5EA×100 = 6,028,506 N

P_e = 899.114×11.845×5EA×100 = 5,325,002 N

3) 내측 빔(최대부)

하중의 종류	M	E	I	$\Delta\delta$ (m)	비 고
PSC 빔 자중	3051.34	28571	46441578	0.02769	
합성전 고정하중	2451.8	28571	49991163	0.02067	
합성후 고정하중	593.74	28571	102354175	0.00244	
도입직후의 프리스트레스	-	28571	46441578	−0.05170	
유효 프리스트레스	-	28571	46441578	−0.04493	

P_e = 1,017.899×11.845×5EA×100 = 6,028,506 N

P_e = 884.750×11.845×5EA×100 = 5,239,931 N

4.8.2 크리이프에 의한 처짐

바닥판 콘 $\Phi_c = 2.6$

프리캐스 $\Phi_t = 1.6$

1) 외측 빔(중앙분리대측)

① 바닥판 콘크리트를 치기전에 일어나는 처짐

$$\Delta\delta_{\Phi 1} = (\Phi_c - \Phi_t) \times (\Delta\delta_{do} + \Delta\delta_{\pi})$$

$$= (2.6-1.6)\times(0.028+-0.052) = -0.02401 \text{ m}$$

② 바닥판 콘크리트를 친 후에 일어나는 처짐

$$\Delta\delta_{\Phi 2} = \Phi_t \times (\Delta\delta_{do} + \Delta\delta_{d1} + \Delta\delta_{d2} + \Delta\delta_{pe})$$

$$= 1.6\times(0.028+0.02+0.008+-0 = 0.01629 \text{ m}$$

2) 외측 빔(방호울타리측)

① 바닥판 콘크리트를 치기전에 일어나는 처짐

$$\Delta\delta_{\Phi 1} = (\Phi_c - \Phi_t) \times (\Delta\delta_{do} + \Delta\delta_{\pi})$$

$$= (2.600 - 1.600) \times (0.028 - 0.052) = -0.02401\ \mathrm{m}$$

② 바닥판 콘크리트를 친 후에 일어나는 처짐

$$\Delta\delta_{\Phi 2} = \Phi_t \times (\Delta\delta_{do} + \Delta\delta_{d1} + \Delta\delta_{d2} + \Delta\delta_{pe})$$

$$= 1.600 \times (0.028 + 0.02 + 0.009 + 0) = 0.01841\ \mathrm{m}$$

3) 내측 BEAM(최대부)

① 바닥판 콘크리트를 치기전에 일어나는 처짐

$$\Delta\delta_{\Phi 1} = (\Phi_c - \Phi_t) \times (\Delta\delta_{do} + \Delta\delta_{\pi})$$

$$= (2.600 - 1.6) \times (0.028 - 0.052) = -0.02401\ \mathrm{m}$$

② 바닥판 콘크리트를 친 후에 일어나는 처짐

$$\Delta\delta_{\Phi}2 = \Phi_t \times (\Delta\delta_{do} + \Delta\delta_{d1} + \Delta\delta_{d2} + \Delta\delta_{pe})$$

$$= 1.6 \times (0.028 + 0.021 + 0.002 + 0) = 0.00938\ \mathrm{m}$$

4.8.3 처짐의 합계

처짐 검토 단계		처짐량(m)	비 고	VERIFY
프리스트레스 도입 직후	중앙분리대	0.02401	$\Delta\delta_t = \Delta\delta_{do} + \Delta\delta_{pi}$	
	방호울타리	−0.02401		
	내측주형	−0.02401		
바닥판 타설 직후	중앙분리대	−0.02779	$\Delta\delta_{tc} = \Delta\delta_{do} + \Delta\delta_{pi} + \Delta\delta_{d1} + \Delta\delta_{\Phi 1}$	
	방호울타리	−0.02785		
	내측주형	−0.02734		
고정하중 작용시	중앙분리대	0.00246	$\Delta\delta_d = \Delta\delta_{do} + \Delta\delta_{d1} + \Delta\delta_{d2} + \Delta\delta_{pe} + \Delta\delta_{\Phi 1} + \Delta\delta_{\Phi 2}$	
	방호울타리	0.00591		
	내측주형	−0.00876		
활하중 처짐 검토	중앙분리대	0.00653	$\Delta\delta_1$(구조해석 결과 참조) $\Delta\delta_1 a = L/800 = 0.04250\ M$	O.K
	방호울타리	0.00909		O.K
	내측주형	0.01136		O.K

4.9. 계수하중 상태에서의 강도 및 사용성 검토

4.9.1 계수하중강도 검토 및 PS강재의 제한 검토 방법

1) PS강재의 응력 f_{ps}의 계산

▶ PS강재가 부착되는 부재

$f_{ps} = f_{pu}[1-(\gamma_p/\beta_1)\times\{\rho_p \times f_{pu}/f_{ck} + d/d_p(\rho\times f_y/f_{ck})\}]$

▶ PS강재가 부착되지 않은 부재

$f_{ps} = f_{pe}+105$

여기에서, $f_{pe} \geq 0.5\ f_{pu}$

▶ PS강재가 부착되고 인장철근이 휨강도에 기여하지 않는 경우

$f_{ps} = f_{pu}\{1-(\gamma_p/\beta_1)\times \rho_p \times f_{pu}/f_{ck})\}$

여기에서,

f_{pu} : PS강재의 계수강도 1900 MPa(SWPC 7B 강연선)

f_y : 인장철근의 항복강도 300 MPa(SD－40, 고강)

f_{ck} : 콘크리트의 압축강도 40 MPa(PS 콘크리트 사용)

γ_p : 긴장재의 항복비에 따른 계수

응력제거 스트랜드 : 0.4

저릴랙세이션 강재 : 0.28 ☞ PSC 빔은 저릴랙세이션 강재 사용

강봉 : 0.55

∴ 본 교량에는 저릴랙세이션 스트랜드를 이용하므로 항복비 계수는 0.280을 적용함.

ρ_p : 긴장강재비($A_p/B\times d$)

ρ : 인장 철근비

ρ' : 압축 철근비

β_1 : 중립축 거리에 대한 등가직사각형 분포깊이의 비

ω : 인장철근의 강재지 = $\rho f_y/f_{ck}$

ω' : 압축철근의 강재지 = $\rho' f_y/f_{ck}$

2) PS 부재 휨강도의 산정

▶ 중립축이 플랜지내에 있는 경우(직사각형 보)

$\phi M_n = \phi[\ A_p\ f_{ps}\ d_p\ \{1-0.59\times(\rho_p\times f_{pe}/f_{ck})\}\ ]$

▶ 중립축이 플랜지내에 있지 않은 경우(T 형 보, $a > Tf$)

$\phi M_n = \phi[A_{pw}\ f_{ps}\ d_p\ \{1-0.59\times((A_{pw}f_{ps})\ /(b_o d_p f_{ck}))\}+0.85\ f_{ck}(b-b_o)$
$t\,(d_p-0.5\,\mathrm{t})]$

여기에서,

A_p : 긴장재의 단면적

f_{ps} : 공칭강도에 대해 산출된 긴장재의 응력

d_p : 압축연단에서 긴장재 도심까지의 거리

ρ_p : 긴장강재비($A_p/B\times d$)

f_{ck} : 콘크리트의 압축강 40.0 kgf/cm^2(PS 콘크리트 사용)

$A_{pw} = A_p - A_{pf}$ 플랜지를 갖는 단면의 복부가 극한 압축강도에 도달하는데 필요한 강재량

$A_{pf} = 0.85\ f_{ck}(b-bo)\ t\,/f_{ps}$: 플랜지를 갖는 단면의 플랜지가 극한 압축강도에 도달하는데 필요한 강재량

t : 플랜지의 두께

b : 플랜지의 폭

b_o : WEB의 폭

ϕ : 휨 설계시의 강도 감소 계수 0.85

$a_1 = A_p\ f_{ps}\,/(0.85\ f_{ck}\ b)$(직사각형보의 등가 직사각형 깊이)

$a_2 = A_{pw}\ f_{ps}\,/(0.85\ f_{ck}\ bo)$(T형보의 등가 직사각형 깊이)

∴ $M_u < \phi M_n$인 경우 O.K

3) PS강재량 검토(최대 강재량의 제한)

▶ 직사각형 단면

$Q_p = \rho_p f_{ps/f_{ck}} \le 0.36\ \beta$ ∴ O.K → 저보강 PSC 빔, 연성파괴

▶ T형 단면

$Q_p = A_{pw} f_{ps}/(b_o d_f \le 0.360\beta_1$ ∴ O.K → 저보강 PSC 빔, 연성파괴

∴ 만약 강재지수가 0.360 β 보다 큰 경우 휨강도를 아래 값보다 크지 않게 취해야 한다.

▶ 직사각형 단면

$\phi M_n = \phi[(0.36\ \beta-0.08\ \beta_2)\ f_{ck}\ b\ d_{p2}\ ]$

▶ T형 단면

$\phi M_n = \phi[(0.36\ \beta-0.08\ \beta_2)\ f_{ck}\ b\ d_{p2}+0.85\ f_{ck}(b-b_o)\ t\,(d_p-0.5\,\mathrm{t})]$

4) PS강재량 검토(최소 강재량의 제한, $\Phi M_n \geq 1.2$ Mcr)

$$M_{cr} = I/y_t \times (1.59\sqrt{f_{ck}} + f_{pe} - f_d)$$

여기에서,

I : 단면2차 모멘트

y_t : 중립축에서 인장측 연단까지의 거리

f_{pe} : 유효 프리스트레스에 의한 인장측 연단에서의 압축응력

f_d : 사용고정하중에 의해 발생하는 단면의 휨응력(부재의 자중만 포함)

4.9.2 설계지점에 대한 계수하중 강도 검토

1) 외측 빔(중앙분리대측)

▣ f_{ps} 계산

M_u = 1.3 M_d+2.15 M_l = 1.3×7,343.520+2.15×1,753.200 = 13,316.0 kN-m

b = 212.04 cm(압축 플랜지의 폭, "5.1.설계제원의 산정" 편 참조)

d_p = 220.0+24.0−12.8 = 231.2 cm

A_p = 0.9871×12×5 = 59.226 cm^2

ρ_p = 59.226 /(212.040×231.2) = 0.001208

γ_p = 0.28(저 릴랙세이션 스트랜드 적용)

β_1 = 0.766

☞ PS강재가 부착되고 인장철근이 휨강도에 기여하지 않는 경우로 계산

$f_{ps} = f_{pu}\{1 - (\gamma_p/\beta_1) \times \rho_p \times f_{pu}/f_{ck})\}$

= 1,900.0×[1−(0.28/0.766)×0.001208×1,900.0/40.0] = 1860.15 MPa

▣ 콘크리트 응력 사각형 깊이(a)

$a = A_p f_{ps}/(0.85 f_{ck} b)$

= 59.226×1,860.15/(0.85×40.0×212.0)

= 15.281 cm < T_{top} = 24.0 cm ∴ 직사각형 단면

∴ 그러므로 a값을 그대로 적용하고 직사각형 단면의 휨강도를 계산하면 된다.

▣ 콘크리트 부재 단면저항모멘트의 산정

◈ 부재 계수강도 검토부(직사각형 단면)

$\phi M_n = \phi[\ A_p\ f_{ps}\ d_p\ \{1 - 0.59 \times (\rho_p \times f_{ps}/f_{ck})\}\ ]$

= 0.85×[59.226×1,860.15×231.2×{1−0.59×(0.00121×1,860.15/40.0)}]

= 20,932.9 kN-m > M_u = 13316.0 kN-m ∴ O.K

▣ 최대강재량의 제한 검토

◈ PS강재량 검토(최대 강재량의 제한) – 직사각형 단면

$Q_p = \rho_p f_{ps}/f_{ck} = 0.001208\times1{,}860.15/40.0 = 0.0562 < 0.36$ ∴ O.K

▣ PS강재량 검토(최소 강재량의 제한, $\phi M_n \ge 1.2\ M_{cr}$)

$M_{cr} = I/y_t\times(0.5\sqrt{f_{ck}} + f_{pe} - f_d)$

여기에서,

$I_c = 102{,}752{,}510\ \text{cm}^4$ $y_t = 151.998\ \text{cm}$ $f_e = 18.407\ \text{MPa}$

$M_{cr} = 102{,}752{,}510/151.998\times\{0.5\times\sqrt{40.0}+18.407\}$

$= 14{,}581.1$ kN-m(안전측의 설계를 위해 빔자중에 의한 응력은 무시함)

$\phi M_n/M_{cr} = 20{,}932.9/14{,}581.096 = 1.436 > 1.2$ ∴ O.K

2) 외측 빔(방호울타리측)

▣ f_{ps} 계산

$M_u = 1.3\ M_d + 2.15\ M_l = 1.3\times7{,}713.980+2.15\times2{,}431.820$

$= 15{,}256.6$ kN-m

$b = 211.613$ cm(압축 플랜지의 폭, "5.1.설계제원의 산정"편 참조)

$d_p = 220.0+24.0-12.8 = 231.2$ cm

$A_p = 0.9871\times12\times5 = 59.226\ \text{cm}^2$

$\rho_p = 59.226/(211.613\times231.2) = 0.001211$

$\gamma_p = 0.28$(저 릴랙세이션 스트랜드 적용)

$\beta_1 = 0.85$

☞ PS강재가 부착되고 인장철근이 휨강도에 기여하지 않는 경우로 계산

$f_{ps} = f_{pu}\{1-(\gamma_p/\beta_1)\times\rho_P\times(f_{pu}/f_{ck})\}$

$= 1{,}900.0\times[1-(0.280/0.850)\times0.001211\times1{,}900.0/40.0]$

$= 1{,}864.00$ MPa

▣ 콘크리트 응력 사각형 깊이(a)

$a = A_p\ f_{ps}/(0.85\ f_{ck}\ b)$

$= 59.226\times1{,}864.0/(0.85\times40.0\times211.6)$

$= 15.344\ \text{cm} < T_{top} = 24.0\ \text{cm}$ ∴ 직사각형 단면

∴ 그러므로 a값을 그대로 적용하고 직사각형 단면의 휨강도를 계산하면 된다.

▣ 콘크리트 부재 단면저항모멘트의 산정

◈ 부재 계수강도 검토부(직사각형 단면)

$\phi M_n = \phi[\, A_p\ f_{ps}\ d_p\ \{1-0.59\times(\rho_P \times f_{pe}/f_{ck})\}\,]$

$= 0.85\times[59.226\times1,864.00\times231.2\times\{1-0.59\times(0.00121\times1,864.00/40.0)\}]$

$= 20,972.9$ kN-m $> M_u = 15,256.6$ kN-m $\quad\therefore$ O.K

▣ 최대강재량의 제한 검토

◈ PS강재량 검토(최대 강재량의 제한) – 직사각형 단면

$Q_p = \rho_p f_{ps}/f_{ck}$

$= 0.001211\times1,864.00/40.0$

$= 0.0564 < 0.36 \quad\therefore$ O.K

▣ PS강재량 검토(최소 강재량의 제한, $\phi M_n \geq 1.2\ M_{er}$)

$M_{cr} = I/y_t \times(0.5\sqrt{f_{ck}}+f_{pe}-f_d)$

여기에서,

$I_c = 102,686,802$ cm^4 $y_t = 151.937$ cm $f_e = 18.473$ MPa

$M_{cr} = 102,686,802/151.937\times\{0.50\times\sqrt{40.0}+18.473\}$

$= 14,622.2$ kN-m(안전측의 설계를 위해 빔자중에 의한 응력은 무시함)

$\phi M_n/M_{cr} = 20,972.9/14,622.2001.434 > 1.2 \quad\therefore$ O.K

3) 내측 BEAM 최대부

▣ f_{ps} 계산

$M_u = 1.3\ Md+2.15\ M_l$ $1.30\times6,096.88+2.15\times3,054.67 = 14,493.5$ kN-m

$b = 209.475$ cm(압축 플랜지의 폭, "5.1.설계제원의 산정"편 참조)

$d_p = 220.0+24.0-12.8 = 231.2$ cm

$A_p = 0.9871\times12\times5 = 59.226$ cm^2

$\rho_p = 59.226/(209.475\times231.2) = 0.001223$

$\gamma_p = 0.28$(저 릴랙세이션 스트랜드 적용)

$\beta_1 = 0.850$

☞ PS강재가 부착되고 인장철근이 휨강도에 기여하지 않는 경우로 계산

$f_{ps} = f_{pu}\ \{1-(\gamma_p/\beta_1)\times\rho_p\times f_{pu}/f_{ck})\}$

$= 1,900.0\times[1-(0.280/0.850)\times0.001223\times1,900.0/40.0\,] = 1,863.64$ MPa

▣ 콘크리트 응력 사각형 깊이(a)

$a = A_p\ f_{ps}/(0.85\ f_{ck}\ b)$

$= 59.226\times1,863.64/(0.850\times40.0\times209.5)$

$= 15.498$ cm $<$ $T_{top} = 24.0$ cm $\therefore$ 직사각형 단면

$\therefore$ 그러므로 a값을 그대로 적용하고 직사각형 단면의 휨강도를 계산하면 된다.

▣ 콘크리트 부재 단면저항모멘트의 산정

◈ 부재 계수강도 검토부(직사각형 단면)

$\phi M_n = \phi[A_p\ fp_s\ d_p\ \{1-0.59\times(\rho_P \times f_{pe}/f_{ck})\}\ ]$

$= 0.85\times[59.226\times1{,}863.64\times231.2\times\{1-0.59\times(0.00122\times1{,}863.64/40.0)\}]$

$= 20{,}961.9$ kN-m $> M_u = 14{,}493.5$ kN-m $\therefore$ O.K

▣ 최대강재량의 제한 검토

◈ PS강재량 검토(최대 강재량의 제한) – 직사각형 단면

$Q_p = \rho_p\, f_{ps}/f_{ck}$

$= 0.001223\times1{,}863.64/40.0 = 0.057 < 0.36$ $\therefore$ O.K

▣ PS강재량 검토(최소 강재량의 제한, $\phi M_n \ \geq 1.2\ M_{cr}$)

$M_{cr} = I/y_t \times (0.5\sqrt{f_{ck}} + f_{pe} - f_d)$

여기에서,

$I_c = 102{,}354{,}175\text{cm}^4$ $y_t = 151.629$ cm $f_e = 18.179$ MPa

$M_{cr} = 102{,}354{,}175/151.629\times\{0.50\times\sqrt{40.0}+18.179\}$

$=$ 14,406.0 kN-m(안전측의 설계를 위해 빔자중에 의한 응력은 무시함)

$\phi M_n/M_{cr} = 20{,}961.9/14{,}406.0 = 1.455 > 1.2$ $\therefore$ O.K

4.10. 전단에 대한 검토

4.10.1 전단검토 방법

1) 전단강도의 산정(ϕV_n)

$V_u \leq \phi V_n = \phi(V_c + V_s)$

여기에서, V_u : 계수 전단력

V_n : 공칭전단강도

V_c : 콘크리트가 부담하는 전단강도

V_s : 철근이 부담하는 전단강도

2) 콘크리트가 부담하는 전단강도(V_c)

$V_c = Min(V_{ci}, V_{cw})$

$V_{ci} = 0.05\ \sqrt{f_{ck}}\ b_w d + V_d + V_i M_{cr} / M_{max}$

여기에서, V_d : 사용고정하중에 의해 발생하는 단면의 전단력(부재의 자중만 포함)

V_i : M_{max}와 동시에 일어나는 단면의 계수 전단력

M_{max} : 고려하고 있는 단면에서의 계수 모멘트

M_{cr} : 외부 작용하중에 의한 휨 균열모멘트

$= I/y_t \times (0.5\sqrt{f_{ck}} + f_{pe} - f_d)$

I : 단면2차 모멘트

y_t : 중립축에서 인장측 연단까지의 거리

f_{pe} : 유효 프리스트레스에 의한 인장측 연단에서의 압축응력

f_d : 사용고정하중에 의해 발생하는 단면의 휨응력(부재의 자중만 포함)

$V_{cw} = (0.29\sqrt{f_{ck}} + 0.3\ f_{pc})\ b_w\ d + V_P$

여기에서, f_{pc} : 단면중심에서의 프리스트레스에 의한 압축응력

V_p : 단면의 유효 프리스트레스 힘의 수직분력(≒ 0.0)

3) 전단철근이 부담하는 전단강도(V_s)

$V_s = (V_u - \rho V_c)/\phi = f_y\ d/s\ 2/3\ \sqrt{f_{ck}}\ \ b_w\ d$

∴ 최소 전단철근($V_u \geq 1/2\ \phi V_c$인 경우 적용)

$A_{vmin} = 0.35\ b_w\, s/f_y$ 이상 배근

4.10.2 전단검토

1) 외측 빔(중앙분리대측)

☞ 전단력이 가장 크게 발생하는 지점부에서 검토

① 계수 전단력(V_u)의 산정

V_u = 1.3×고정하중 전단력+2.15×활하중 전단력

= 1.3×(387.53+275.17+222.96)+2.150×219.41

= 1623.09 kN

② 콘크리트가 부담하는 전단강도 V_c의 산정

☞ V_c는 V_{ci} 또는 V_{cw} 중에서 작은 값으로 함. 단, $0.45\sqrt{f_{ck}}\,bd$ 보다 작아서는 안된다.

$V_{ci} = 0.05\sqrt{f_{ck}}\,b_w d + V_d + V_i M_{cr}/M_{\max}$ = 105392.1 kN

여기서,

$M_{cr} = I/y_t\,(0.5 f_{ck} + f_{pe} - f_d)$

$= 46,441,578\sqrt{107.745} \times (0.50 \times \sqrt{40} + 18.407 + 0.016)$

= 9,303.796 kN-m

y_t = 107.745 cm(중립축에서 인장연까지의 거리)

$f_d = M_d/I \times y_t = -674,000/46,441,578 \times 107.745 = -0.016$ MPa

f_{pe} = 18.407 MPa(유효프리스트레스에 의한 단면하연응력)

I = 46,441,578 cm^4(빔의 순단면 고려시 단면2차 모멘트)

M_d = −6.740 kN - m(하중계수를 고려치 않은 고정하중 모멘트)

V_d = 387.530 kN(주 빔에 의한 전단력)

b_o = 22.0 cm(WEB의 순폭원)

d = 220.0 − 110.0 = 110.0 cm

계산값이 0.8H보다 작으므로 duse = 176.0 cm

V_i = 1.3×(275.17+222.96)+2.150×219.41 = 1,119.301 kN

$M_{\max}$ = 1.3×(−1.38−1.33)+2.15×47.82 = 99.290 kN-m

☞ $0.14 \times \sqrt{40} \times 22.0 \times 176.0 = 342.8$ kN

< 105392.1 kN이다. 따라서 V_{ci} = 105,392.1 kN 사용

$V_{cw} = (0.29\sqrt{f_{ck}} + 0.30 f_{pc})\ b_w \mathrm{d} + V_p$

$= (0.29 \times \sqrt{40} + 0.30 \times 6.72) \times 22.0 \times 176.0 + 590,466$ = 2,081.193 kN

여기서, $f_{pc} = P_e/A_c$ = 53,058.0/7,895.9 = 6.72 MPa

V_p : 유효인장력(P_e)의 수직분력

$= P_e \times \sin \alpha$ = 53,058.0 × Sin(6.3895°) = 590.466 kN

= 105,392.1 kN > V_{cw} = 2,081.193 kN이므로

∴ V_c = 2,081.193 kN을 사용한다.

③ 전단보강의 검토

ϕV_c = 0.8×2,081.1 = 1,664.954 kN > 1,623.090 kN

1/2 ϕV_c = 1/2×1,664.954 = 832.477 kN < 1,623.090 kN

∴ 최소전단철근을 배치하여 보강하여야 한다.

전단철근 교육방향 간격 S = 200 mm

$A_v = (V_u - \phi V_c)S/(\phi f_y \times d)$

$= (1{,}623.090 - 1{,}664.954) \times 1{,}000 \times 200.0/(0.800 \times 300.000 \times 1{,}760.0)$

$= -19.822\ \text{mm}^2$

$A_{vmin} = (0.35\ \text{b}\ \text{S})/f_y = 51.333\ \text{mm}^2$

$A_{vALL} = 51.333\ \text{mm}^2$

$A_{vUSE} = D\ 16 - 2\ \text{EA} = 397.2\ \text{mm}^2$(사용 철근량)

$A_{vUSE} = 397.2\ \text{mm}^2 > A_{vALL} = 51.333\ \text{mm}^2 \quad \therefore$ O.K

$S = 1{,}547.532\ \text{mm} > S_{use} = 200.0\ \text{mm} \quad \therefore$ O.K

2) 외측 빔 (방호울타리측)

☞ 전단력이 가장 크게 발생하는 지점부에서 검토

① 계수 전단력(V_u)의 산정

V_u = 1.3×고정하중 전단력+2.150×활하중 전단력

= 1.3×(387.53+274.32+267.47)+2.15×304.33

= 1,862.426 kN

② 콘크리트가 부담하는 전단강도(V_c)의 산정

☞ V_c는 V_{ci} 또는 V_{cw} 중에서 작은 값으로 함. 단, $0.45\sqrt{f_{ck}}\,bd$ 보다 작아서는 안된다.

$V_{ci} = 0.05\sqrt{b_w}\,d + V_d + V_i M_{cr}/M_{\max} = 92{,}268.5\ \text{kN}$

여기서,

$M_{cr} = I/y_t(0.5\sqrt{f_{ck}} + f_{pe} - f_d)$

$= 46{,}441{,}578/107.745 \times (0.5 \times \sqrt{40} + 18.473 + 0.017) = 9{,}332.934\ \text{kN-m}$

y_t = 107.745 cm(중립축에서 인장연까지의 거리)

$f_d = M_d/I \times y_t = -743{,}000/46{,}441{,}578 \times 107.745 = -0.017\ \text{MPa}$

f_{pe} = 18.473 MPa(유효프리스트레스에 의한 단면하연응력)

I = 46,441,578 cm^4(BEAM의 순단면 고려시 단면2차 모멘트)

M_d = −7.43 kN-m(하중계수를 고려치 않은 고정하중 모멘트)

V_d = 387.53 kN(주 BEAM에 의한 전단력)

b_o = 22.0 cm(WEB의 순폭원)

$d = 220.0 - 110.0 = 110.0\ \text{cm}$

계산값이 0.80 H 보다 작으므로 d_{use} = 176.0 cm

V_i = 1.3×(274.32+267.47)+2.15×304.33 = 1,358.637 kN

M_{max} = 1.3×(−1.81−1.590)+2.15×66.33 = 138.190 kN-m

☞ 0.14× $\sqrt{40}$ ×22.0×176.0 = 342.8 kN

< 92,268.5 kN이다. 따라서 V_{ci} = 92,268.5 kN 사용

$V_{cw} = (0.29 \sqrt{f_{ck}} + 0.30 f_{pc})\ b_w\ d + V_p$

= (0.29× $\sqrt{40}$ +0.3×6.744)×22.0×176.0+592,614 = 2,086.2 kN

여기서, $f_{pc} = P_e/A_c$ = 53,250.9/7,895.9 = 6.744 MPa

V_p : 유효인장력(Pe)의 수직분력

= P_e×sin α= 53,250.9×Sin(6.3895°) = 592.614 kN

V_{ci} = 92,268.5 kN > V_{cw} = 2,086.2 kN이므로

∴ V_c = 2,086.2 kN을 사용한다.

③ 전단보강의 검토

ϕV_c = 0.8×2,086.2 = 1,668.960 kN < 1,862.426 kN

1/2 ϕVc = 1/2×1,668.960 = 834.480 kN < 1,862.426 kN

∴ 전단력에 의해 산출되는 철근량 이상을 전단철근으로 배치하여야 한다.

전단철근 교축방향 간격 S = 200 mm

$A_v = (V_u - \phi V_c)S/(\phi X f_y \times d)$

= (1,862.426−1,668.960)×1000×200.0/(0.800×300.000×1,760.0)

= 91.603 mm^2

A_{vmin} = (0.35 b S)/f_y = 51.333 mm^2

A_{vALL} = 91.603 mm^2

A_{vUSE} = D 16−2 EA = 397.2 mm^2 (사용 철근량)

A_{vUSE} = 397.2 mm^2 > A_{vALL} = 91.603 mm^2 ∴ O.K

S = 867.221 mm > S_{use} = 200.0 mm ∴ O.K

3) 내측 빔(최대부)

☞ 전단력이 가장 크게 발생하는 지점부에서 검토

① 계수 전단력(V_u)의 산정

V_u = 1.3×고정하중 전단력+2.15×활하중 전단력

= 1.3×(387.53+271.12+69.91)+2.15×382.33 = 1,769.138 kN

② 콘크리트가 부담하는 전단강도(V_c)의 산정

☞ V_c는 V_{ci} 또는 V_{cw} 중에서 작은 값으로 함. 단, 0.45 $\sqrt{f_{ck}}\ bd$ 보다 작아서는

안된다.

$V_{ci} = 0.05\sqrt{f_{ck}}b_o d + V_d + (V_i M_{cr})/M_{max} = 66{,}032.5$ kN

여기서,

$M_{cr} = I/y_t(0.5\sqrt{f_{ck}} + f_{pe} - f_d)$

$= 46{,}441{,}578/107.745\times(0.5\times\sqrt{40}+18.179-0.012) = 9{,}203.900$ kN-m

$y_t = 107.745$ cm(중립축에서 인장연까지의 거리)

$f_d = M_{d/I}\times y_t = -512{,}000/46{,}441{,}578\times107.745 = -0.012$ MPa

$f_{pe} = 18.179$ MPa(유효프리스트레스에 의한 단면하연응력)

$I = 46{,}441{,}578\ \text{cm}^4$(빔의 순단면 고려시 단면2차 모멘트)

$M_d = -5.12$ kN-m(하중계수를 고려치 않은 고정하중 모멘트)

$V_d = 387.53$ kN(주 빔에 의한 전단력)

$b_o = 22.0$ cm(WEB의 순폭원)

$d = 220.0-110.0 = 110.0$ cm

계산값이 0.8H보다 작으므로 $d_{use} = 176.0$ cm

$V_i = 1.3\times(271.12+69.91)+2.150\times382.33 = 1{,}265.349$ kN

$M_{max} = 1.3\times(-1.51+0.42)+2.15\times83.33 = 177.743$ kN-m

☞ $0.14\times\sqrt{40}\times22.0\times176.0 = 342.8$ kN $<$ 66,032.5 kN이다.

따라서 66,032.5 kN 사용

$V_{cw} = (0.29\sqrt{f_{ck}} + 0.3 f_{pc})\times b_w d + V_p$

$= (0.29\times\sqrt{40}+0.3\times6.636)\times22.0\times176.0+583{,}146 = 2{,}064.2$ kN

여기서, $f_{pc} = P_e/A_c = 52{,}400.2/7{,}895.9 = 6.636$ MPa

V_p : 유효인장력(P_e)의 수직분력 $= P_e\times\sin\alpha$

$= 52{,}400.2\times\text{Sin}(6.3895^\circ) = 583.146$ kN

$V_{ci} = 66{,}032.5$ kN $> V_{cw} = 2064.2$ kN이므로

∴ $V_c = 2{,}064.2$ kN을 사용한다.

③ 전단보강의 검토

$\phi V_c = 0.8\times2{,}064.2 = 1{,}651.36$ kN $< 1{,}769.138$ kN

$1/2\phi V_c = 1/2\times1{,}651.36 = 825.68$ kN $< 1{,}769.138$ kN

∴ 전단력에 의해 산출되는 철근량 이상을 전단철근으로 배치하여야 한다.

전단철근 교축방향 간격 = 200 mm

$A_v = (V_u - \phi V_c)S/(\phi f_y\times d)$

$= (1{,}769.138 - 1{,}651.36) \times 1{,}000 \times 200.0/(0.8 \times 300.0 \times 176.0)$

$= 55.766\ mm^2$

$A_{vmin} = (0.35\ b\ S)/f_y\ \ 51.333\ mm^2$

$A_{vALL} = 55.766\ mm^2$

$A_{vUSE} = D\ 16 - 2\ EA = 397.200\ cm^{2}$(사용 철근량)

$A_{vUSE} = 397.2\ mm^2 > A_{vALL} = 55.766\ mm^2$ $\therefore$ O.K

$S = 1{,}424.53\ mm > S_{use} = 200.0\ mm$ $\therefore$ O.K

4.11. 수평전단에 대한 설계(주 빔과 바닥판의 결합 안정성)

4.11.1 외측 빔(중앙분리대측)

$V_a = 222{,}960.0$ N(합성 후 고정하중에 의해 접합면에 발생하는 전단력)

$V_l = 219{,}410.0$ N(합성 후 활하중에 의해 접합면에 발생하는 전단력)

$V_t = \alpha \times \Delta T \times E \times A$(온도차이에 의해 접합면에 발생하는 전단력)

$= 0.00001 \times 5.0 \times 24{,}421.9 \times 248.0 \times 24.0 = 726{,}795.7$ N

$\tau_a = 222{,}960/\{76.0 \times (244.0 - 139.0)\} = 0.281$ MPa

$\tau_l = 219{,}410/\{76.0 \times (244.0 - 139.0)\} = 0.277$ MPa

$\tau_{cs} = N_\varphi + N_s/(ab) = -808{,}891 + 91{,}841/(76.0 \times 248.0) = 0.38$ MPa

$\tau_l = V_t/(ab) = 726{,}795.7/(76.0 \times 248.0) = 0.386$ MPa

☞ 응력의 조합

L.C 1 : $1.3\ \tau_a + 2.15\ \tau_l = 0.961$ MPa

L.C 2 : $1.3\ \tau_a + 1.3\ \tau_t + 1.3\ \tau_{cs} = 1.721$ MPa

설계 전단 MAX(L.C 1, L.C 2) = 1.721 MPa

$\tau_a = 2.45$ MPa(조건 : 최소전단연결재,접촉면 청결, 0.7 cm 깊이로 표면 Chipping

$\tau_d = 1.721\ MPa < \tau_{a'} = 1.96\ MPa$ $\therefore$ O.K

☞ 시방규정에 따라 접촉면을 청결하고 부유물이 없게끔 하며, 대략 0.7 cm 깊이로 표면을 Chipping한 후 최소 전단연결재 이상을 사용함.

전단철근 200 mm로 가정함.

$\phi_v\ V_c = 2.45 \times \{76.0 \times (244.0 - 139.594)\} \times 0.8 = 1555.2$ kN

$V_u = 1.721 \times \{76.0 \times (244.0 - 139.594)\} = 1{,}365.6$ kN

$V_s = (V_u - \phi_v V_c)/\phi_v = (1{,}365.6 - 1{,}555.2)/0.8 = -237.000$ kN

$A_v = (V_u - \phi_v V_c)\ S/(\phi_v \times f_y \times d)$

$= (1,365.6 - 1,555.2) \times 1,000 \times 200 / (0.8 \times 300 \times 1,044.06)$

$= -151.332\ mm^2$(전단력에 의해 산정된 필요량)

$A_{vmin} = (0.35\ \ b\ \ S)/f_y = 177.333\ mm^2$ (최소전단철근 필요량)

$A_{vALL} = D\ 16 - 2\ EA = 397.2\ mm^2$ (사용 철근량)

$A_{vUSE} = 397.2\ mm^2 > A_{vALL} = 177.333\ mm^2$ ∴ O.K

$S = 447.97\ mm > S_{use} = 200.0\ mm$ ∴ O.K

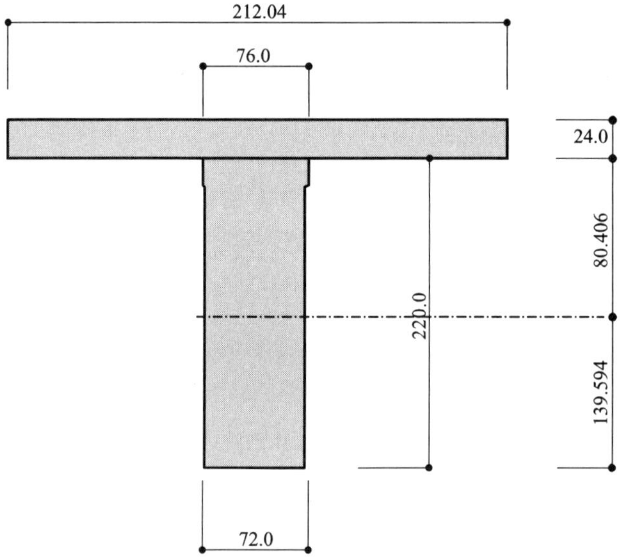

4.11.2 외측 빔(방호울타리측)

$V_a = 267,470.0$ N(합성 후 고정하중에 의해 접합면에 발생하는 전단력)

$V_l = 304,330.0$ N(합성 후 활하중에 의해 접합면에 발생하는 전단력)

$V_t = \alpha \times \Delta T \times E \times A$(온도차이에 의해 접합면에 발생하는 전단력)

$= 0.00001 \times 5.0 \times 24,421.9 \times 247.500 \times 24.000 = 72,5330.4$ N

$\tau_a = 267,470/\{76.0 \times (244.0 - 139.0) = 0.337$ MPa

$\tau_l = 304,330/\{76.0 \times (244.0 - 139.0) = 0.383$ MPa

$\tau_{cs} = N_\phi + N_s / (a\ \ b)$ 본 계산서

$= -805,185 + 91,787/(76.0 \times 247.5) = 0.379$ MPa

$\tau_1 = V_t/(a\ \ b)$

$= 725,330.4/(76.0 \times 247.5) = 0.386$ MPa

☞ 응력의 조합

L.C 1 : 1.3 τ_a+2.15 τ_l = 1.262 MPa

L.C 2 : 1.3 τ_a+1.3 τ_l+1.3 τ_{cs} = 1.931 MPa

설계 전단 MAX(L.C 1, L.C 2) = 1.931 MPa

τ_a = 2.45 MPa(조건 : 최소전단연결재, 접촉면 청결, 0.7 cm 깊이로 표면 Chipping

τ_d = 1.931 MPa < $\tau_a{}'$ = 1.96 MPa ∴ O.K

☞ 시방규정에 따라 접촉면을 청결하고 부유물이 없게끔 하며, 대략 0.7 cm 깊이로 표면을 Chipping한 후 최소 전단연결재 이상을 사용함.

전단철근 200 mm로 가정함.

$\phi_v V_c = 2.45\times\{76.0\times(244.0-139.55)\}\times0.8 = 1555.9$ kN

$V_u = 1.931\times\{76.0\times(244.0-139.55)\} = 1532.9$ kN

$V_s = (V_u-\phi_v V_c)/\phi_v = (1{,}532.9-1{,}555.9)/0.8 = -28.750$ kN

$A_v = (V_u-\phi_v V_c)\ S/(\phi_v\times f_y\times d)$

$= (1{,}532.9-1{,}555.9)\times1{,}000\times200.0/(0.8\times300\times1{,}044.5)$

$= -18.35$ mm^2(전단력에 의해 산정된 필요량)

$A_{vmin} = (0.35\ b\ S)/f_y$ 177.333 mm^2(최소전단철근 필요량)

$A_{vUSE} = D\ 16-2$ EA = 397.2 mm^2(사용 철근량)

$A_{vUSE} = 397.2$ mm^2 > $A_{vALL} = 177.333$ mm^2 ∴ O.K

$S = 447.97$ mm > $S_{use} = 200.0$ mm ∴ O.K

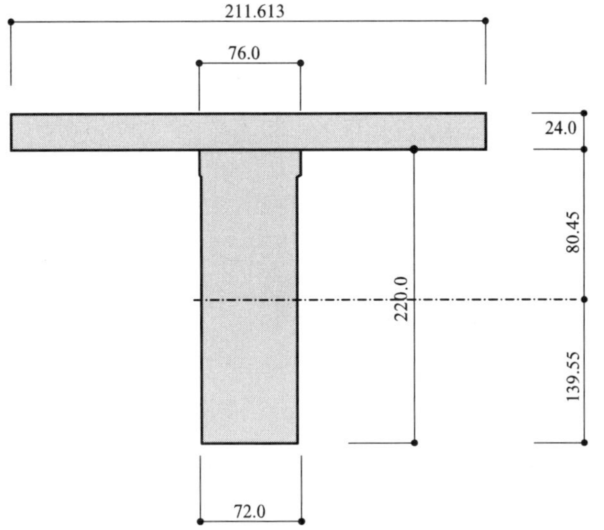

4.11.3 내측 BEAM(최대부)

V_a = 69,910.0 N(합성 후 고정하중에 의해 접합면에 발생하는 전단력)

V_l = 382,330.0 N(합성 후 활하중에 의해 접합면에 발생하는 전단력)

$V_t = a\text{X}\ \Delta T \times \text{E} \times \text{A}$(온도차이에 의해 접합면에 발생하는 전단력)

$= 0.00001 \times 5.0 \times 24{,}421.9 \times 245.000 \times 24.000$

$= 718003.9$ N

$\tau_a = 69{,}910/\{76.0 \times (244.0 - 139.3) = 0.088$ MPa

$\tau_1 = 382{,}330/\{76.0 \times (244.0 - 139.0)\} = 0.481$ MPa

$\tau_{cs} = \text{N}_\phi + N_s/(a\ b)$ 본 계산서

$= -825{,}368 + 91{,}500/(76.0 \times 245.0) = 0.394$ MPa

$\tau_1 = V_t/(a\ b)$

$= 718{,}003.9/(76.0 \times 245.0) = 0.386$ MPa

☞ 응력의 조합

L.C 1 : 1.3 τ_a+2.15 τ_1 = 1.149 MPa

L.C 2 : 1.30 τ_a+1.30 τ_1+1.30 τ_{cs} = 1.754 MPa

설계 전단 MAX(L.C 1, L.C 2) = 1.754 MPa

τ_a = 2.450 MPa(조건 : 최소전단연결재, 접촉면 청결, 0.7 cm 깊이로 표면 Chipping)

$\tau_d = 1.754$ MPa $< \tau_a' = 1.960$ MPa ∴ O.K

☞ 시방규정에 따라 접촉면을 청결하고 부유물이 없게끔 하며, 대략 0.7cm 깊이로 표면을 Chipping한 후 최소 전단연결재 이상을 사용함.

전단철근 200 mm로 가정함.

$\phi_v\ V_c = 2.450 \times \{76.00 \times (244.000 - 139.326)\} \times 0.800 = 1559.2$ kN

$V_u = 1.754 \times \{76.00 \times (244.000 - 139.326)\} = 1395.3$ kN

$V_s = (V_u - \phi_v V_c)/\phi_v = (1{,}395.3 - 1{,}559.2)/0.8 = -204.9$ kN

$A_v = (V_u - \phi_v V_c)\ S/(\phi_v \times f_y \times d)$

$= (1{,}395.3 - 1{,}559.2) \times 1{,}000 \times 200/(0.8 \times 300 \times 1{,}046.740)$

$= -130.484\ \text{cm}^2$(전단력에 의해 산정된 필요량)

$A_{vmin} = (0.35\ b\ S)/f_y = 177.333\ \text{mm}^2$ (최소전단철근 필요량)

$A_{vUSE} = D\ 16 - 2\ \text{EA} = 397.2\ \text{mm}^2$ (사용 철근량)

$A_{vUSE} = 397.2\ \text{mm}^2 > A_{vALL} = 177.333\ \text{mm}^2$ ∴ O.K

$S = 447.97\ \text{mm} > S_{use} = 200.0\ \text{mm}$ ∴ O.K

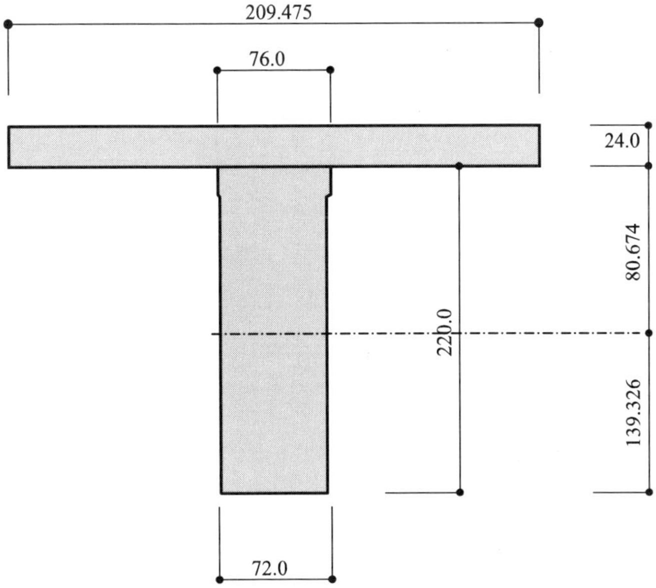

4.12. PSC 빔 정착부 검토

4.12.1 설 계 조 건

1) 콘크리트

f_{ck} = 40.0 MPa f_{ci} = 32.0 MPa

2) SPIRAL BAR(SD 30)

A_s = 1.986 cm^2 f_{ta} = 180.0 MPa

3) 정착판 규정

$B \times H$ = 28.0×28.0 = 784.0 cm^2

4) 정착구 공 15.5 cm

PS STRAND

KS D 7002, SWPC 712 Strand Φ12.7 mm−5 CABLE

A = 9871.0 mm^2(STRAND 1개소당 단면적)

5) 긴장력 SUMMARY TABLE

구 분	긴장력 P_j (kN)	초기 PRESTRESS P_i (kN)	유효 PRESTRESS P_e (kN)
CABLE 1	1562.994	1262.674	1097.516
CABLE 2	1526.575	1233.253	1071.944
CABLE 3	1494.398	1207.259	1049.349
CABLE 4	1457.433	1177.397	1023.393
CABLE 5	1420.213	1147.328	997.258

▣ 초기 PRESTRESS(P_i)

P_i = 긴장력(P_j)×즉시 손실율

즉시 손실 1,017.90/1,260.0×100 = 80.786%

▣ 유효 PRESTRESS(P_e)

P_i = 초기 PRESTRESS(P_i)×PS 유효계수

η = 0.8692(내 · 외측 빔중 유효계수가 최소인 경우만 고려)

4.12.2 지압응력 검토

1) 허용 지압응력

☞ 긴장재 정착 후

$$f_{api} = 0.7\ f_{ci}\sqrt{\{(A_{b'}/A_b) - 0.2\}} \le 1.1 f_{ci}$$

☞ 프리스트레스 손실 발생 후

$$f_{api} = 0.5\ f_{ck}\ \sqrt{(A_{b'}/A_{b})}\ \le\ 0.9\ f_{ck}$$

여기에서, f_{ci}: 프리스트레스 도입시의 콘크리트 압축강도

f_{ck} : 재령 28일 콘크리트 압축강도

A_b : 정착판의 실 단면적

$A_{b'}$: 정착판의 도심과 일치하는 정착판의 단면적을 부재단부에 가장 크게 그렸을 때의 그 도형의 면적(상사 단면적)

2) 검토(긴장력이 가장 큰 1,2 긴장재만 검토)

$A_{b1'}$ = 40.0×40.0 = 1,600.0 cm^2

$A_{b2'}$ = 40.0×40.0 = 1,600.0 cm^2

☞ 정착판의 유효 단면적 $A_e = 784.0 - \pi/4 \times 15.5^2 = 595.308$ cm^2

① 제1긴장재

☞ 긴장재 정착 후 $0.7\ f_{ci}\left(\sqrt{(A_{b'}/A_b)}\right)-0.2$

$f_{api} = 0.7\sqrt{(A_{b'}/A_b)} - 0.2 \ \leq 1.1\ f_{ci}$ 예전계산식으로 적용함

$= 0.7 \times 32.0 \times \sqrt{(1{,}600.0/784.0) - 0.2}$

$= 30.392$ MPa $<$ 35.2 MPa이므로

$f_{api} = 30.392$ MPa을 사용하여야 한다.

$f_{b1} = P_{j1}/A_e = 1{,}562.994/595.3 = 26.255$ MPa

$f_{b1} = 26.255$ MPa $< f_{api} = 30.392$ MPa $\quad\therefore$ O.K

☞ 프리스트레스 손실 발생 후

$= 0.5\ f_{ck}\ \sqrt{(A_{b'}/A_b)} \ \leq 0.9\ f_{ck}$ 변경식 확인요망

$= 0.5 \times 40.0 \times \sqrt{(1{,}600.0/784.0)}$

$= 28.571$ MPa $<$ 36.0 MPa이므로

$f_{api} = 28.571$ MPa을 사용하여야 한다.

$f_{b1} = P_{e1}/A_e = 1{,}098/595.308 = 18.436$ MPa

$f_{b1} = 18.436$ MPa $< f_{api} = 28.571$ MPa $\quad\therefore$ O.K

② 제2긴장재

☞ 긴장재 정착 후

$f_{api} = 0.7\ \ f_{ci}\sqrt{(A_{b'}/A_b)} - 0.200 \leq 1.100\ f_{ci}$

$= 0.7 \times 32.0 \times \sqrt{(1{,}600.0/784.0)} - 0.2\}$

$= 30.392$ MPa $<$ 35.2 MPa 이므로

$f_{api} = 30.392$ MPa을 사용하여야 한다.

$f_{b1} = P_{j1}/A_e = 1{,}526.575/595.3 = 25.643$ MPa

$f_{b1} = 25.643$ MPa $< f_{api} = 30.392$ MPa $\quad\therefore$ O.K

☞ 프리스트레스 손실 발생 후

$f_{api} = 0.5\ \ f_{ck}\sqrt{(A_{b'}/A_b)} \leq \ 0.9 f_{ck}$

$= 0.5 \times 40.0 \times \sqrt{(1{,}600.0/784.0)}$

$= 28.571$ MPa $<$ 36.0 MPa이므로

$f_{api} = 28.571$ MPa을 사용하여야 한다.

$f_{b1} = P_{e1}/A_e = 1{,}071.944/595.3 = 18.007$ MPa

$f_{b1} = 18.007$ MPa $<$ $fa_{pi} = 28.571$ MPa $\quad\therefore$ O.K

4.12.3 정착부 보강철근 검토

1) 검토기준

교좌장치가 설치되는 위치나 PS강재의 긴장단 부근과 같이 집중하중이 작용하는 위치에서는 응력양상이 매우 복잡하다. 집중하중점에서는 국부적으로 매우 높은 압축응력이 발생하며, 응력의 전개과정에서 하중의 직각방향으로 국부적인 인장응력이 발생하여 하중과 평행한 균열을 유발시키기도 한다. 이와 같이 집중하중점 직하에서 하중과 평행한 방향의 균열이 발생하는 구역을 bursting zone이라고 한다. 국부적인 응력의 불안정 현상은 St. Venant법칙에 따라 단면의 유효깊이에 도달하면 안정되며, 단면전체가 균일한 압축응력을 받게 된다.

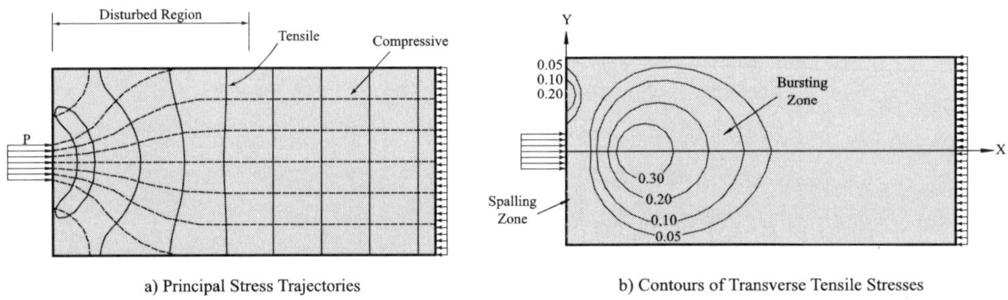

집중하중점 하에서의 응력분포도

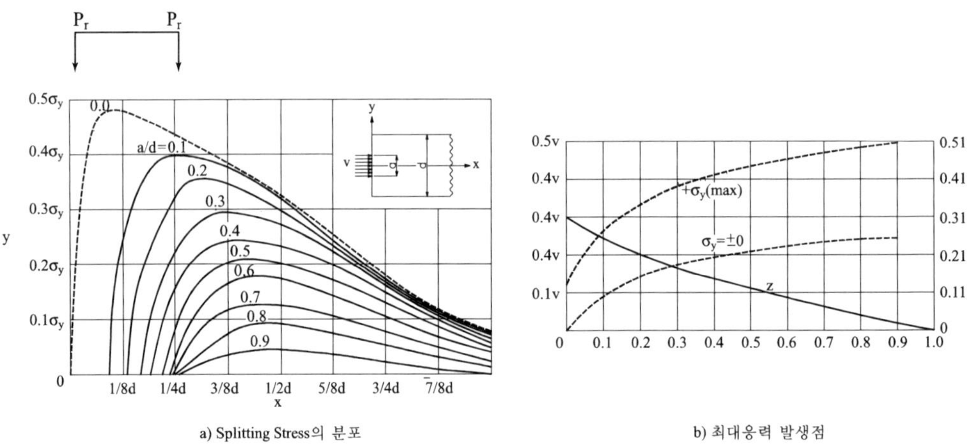

응력의 분포 및 최대응력 발생점

하중직각방향으로 발생하는 인장력(splitting force)의 크기와 최대값의 발생위치는 집중하중의 재하폭(bearing plate의 크기)과 단면의 유효깊이의 비에 따라 결정된다.

Splitting Force Z 0.3 V(1－a/d)(FIP Rec.－Leonhardt 公式)

2) SPIRAL BAR의 계산

① 참고문헌

▣ FIP Recommendation, "Practical Design of Reinforced and Prestress Concrete Structures" – Thomas Telford Limited Lendon, 1984 [Page 27]

▣ 도로교 설계기준 – 건설교통부, 2005

▣ 콘크리트 구조 설계기준 – 건설교통부, 2005

② 설계조건

P_o = 1262.674 kN(정착구 1개소당의 초기 긴장력)

A_{cd} = 28 cm×28 cm = 784.0 cm^{2}(정착구의 총 단면적)

A_{c1} = 40 cm×40 cm = 1,600.0 cm^{2}(정착구의 상사 단면적)

f_{cd} = Design Value of Concrete Compressive Strength

= 콘크리트 설계 기준 강도(f_c)/1 40.0/1.5 = 26.667 MPa

f_{cf} = 40.0 MPa(콘크리트의 재령 28일 강도, 설계기준 강도)

f_y = 300.0 MPa(철근의 항복강도)

③ SPIRAL BAR의 필요 여부 판별

$F_{sdr} = 1.35\times f_\pi \times A_p = 1.35\times 1{,}066\times 11.8452 = 1{,}704.643$ kN

$F_{rdu} = A_{cd} f_{cd}\sqrt{(A_{cl}/A_{cd})} = 784.0\times 26.667\times\sqrt{(1{,}600/784)}$

$= 2{,}986.7$ kN $< 3.3\times 26.667\times 784.0 = 6{,}899.3$ kN

∴ 그러므로 국부 저항력 값 F_{rdr} = 2,986.7 kN을 사용한다.

$F_{sdr} = 1{,}704.643$ kN $< F_{rdr} = 2{,}986.7$ kN

∴ 국부 작용력이 저항력보다 작게 산정되므로 SPRIAL BAR에 의한 보강이 필요 없다.

여기에서, F_{sdr} : 국부 작용력의 설계값(Design Value of Local Acting Force)

F_{rdr} : 국부 저항력의 설계값(Design Value of Local Resistin Force)

f_π : 초기 프리스트레스(P_o/A_p) = 1,066.0 MPa

A_p : 설계 부재의 강선 단면적(덕트 1개소 내에 배치되는 강연선 단면적) = 11.845 cm^2

3) BURSTING BAR의 계산

① 참고문헌

▣ BSI, Code of Practice for The Structural Use of Concrete, CP – 110, 1972 [PART 1,2]

▣ FIP Recommendation, "Practical Design of Reinforced and Prestress Concrete Structures" – Thomas Telford Limited Lendon, 1984 [Page 27]

▣ 도로교 설계기준 – 건설교통부, 2005

▣ 콘크리트 구조 설계기준 – 건설교통부, 2005

② 설계조건

Y_o = 20.0 cm(정착구 상사단면적의 일변길이의 1/2)

Y_{po} = 14.0 cm(재하면적의 1/2, 정착구 트럼펫 면적의 1/2)

P_o = 1,562.994 kN(정착구 1개소당의 도입 긴장력)

f_y = 300.0 MPa(철근의 항복강도)

☞ 단부 블록에서 BURSTING 인장력에 대한 설계치(BSI Code. 참조)

Y_{po}/Y_o	0.2	0.3	0.4	0.5	0.6	0.7
F_{bst}/P_o	0.23	0.23	0.2	0.17	0.14	0.11

③ BURSTING BAR의 계산

▣ BSI CODE에 의한 검토

$Y_{po}/Y_o = 14.0/20.0 = 0.7 \leq 0.7$이므로

$Y_{po}/Y_o = 0.7$을 사용함.

$F_{bst}/P_o = 0.11$을 채택함.

$F_{bst} = 0.11 \times 1{,}562{,}994 = 171{,}929$ N(BURSTING 인장력)

$A_{s(req)} = F_{bst}/\{f_y \times 0.87 \times 171{,}929/(300 \times 0.870)\} = 658.732\ \text{mm}^2$

▣ FIP Recommendation에 의한 검토(Leonhardt의 공식)

$F_{bsr} = 0.3\ F_{sdu}(1 - \text{a/d})$

$= 0.3 \times 2{,}110{,}042 \times (1 - 28.0/40.0)$

$= 189{,}903.7$ N

$F_{sdr} = 1.35\ P_o\ 1.350 \times 1{,}562{,}994 = 2{,}110{,}042$ N

$a = 2 \times Y_{po} = 28.0$ cm

$d = 2 \times Y_o\ 40.0$ cm

$A_{s(req)} = F_{bst} \sqrt{(\times 0.87189{,}904/(300 \times 0.87)} = 727.6\ \text{mm}^2$

④ BURSTING BAR의 배치 및 적정성 검토

1) FIP Rec.에 따라 BURSTING BAR를 산정.

$A_{s(req)} = 727.6\ \text{mm}^2$

$A_s(\text{all}) = 727.6 \times 5$ CABLE $= 3{,}638.0\ \text{mm}^2$(전체분에 대한 철근량)

사용한 $A_{s(use)} = 4{,}170.6\ \mathrm{mm}^2$ D 16 mm − 21EA

$\therefore\ A_{s(use)} > A_{s(req)}$이므로 사용한 철근은 적정하다.

☞ 단, 빔단부 1면당 교축방향으로 주 빔의 높이인 2.2 m까지 100 mm간격으로 배근함.

5. CROSS BEAM의 설계

5.1. TYPE-1(단부 CROSS BEAM)

1) 단면가정

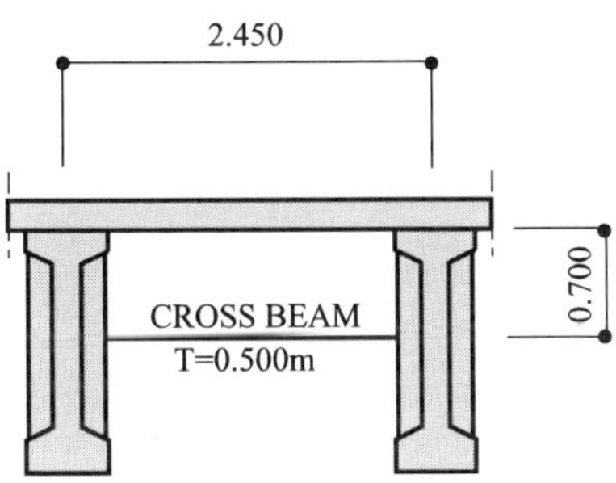

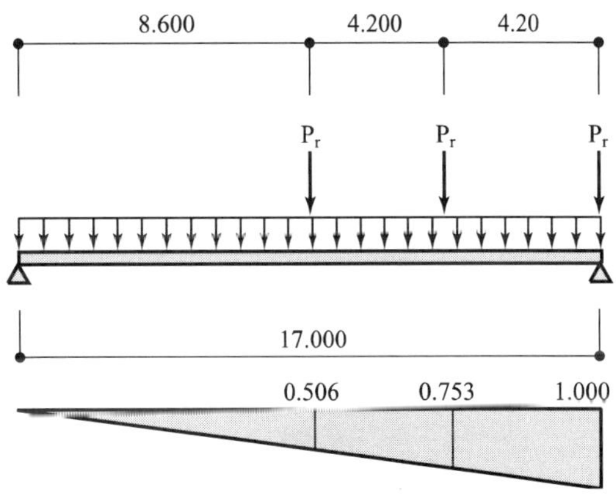

슬래브 = 0.240 m

CONC' W = 2500 kgf/m³

포장 T = 0.050 m

포장 W = 2350 kgf/m³

P_f = 24 kN

P_r = 96 kN

2) 고정하중의 산정

교면포장 :	0.050×2,350×1,690/2,450	=	810.510 Pa
슬 래 브 :	0.240×2,500×1,690/2,450	=	4138.776 Pa
	Σ	=	4949.286 Pa
A	= 1.000×17.000/2	=	8.500 m
횡빔자중 :	0.500×0.700×2,500×2.230/2.450	=	7964.286 Pa
W_d	= 4,949.286×8.500 + 7,964.286×1.000	=	50.033 kN/m
M_d	= $50.033\times2.450^2/24$	=	12.513 kN.m

3) 활하중의 산정

① 하중의 산정

$i = 15/(40+L) = 0.353 > i_{max} = 0.300$이므로

$i = 0.300$을 사용한다.

$P_{l+i} = 96\times(1.000+0.753)\times1.300+24\times0.506\times1.300 = 234.551$ kN.m

② 휨 모멘트

CROSS BEAM 경간장 : 2.450 − 0.220 = 2.230 m 이므로

모멘트 산정을 위한 재하가능 윤하중 수 : 1 EA

∴ BEAM 중앙에서 하중재하점까지의 거리

X_1 = 0.000 m	→	Y_1 = 1.000		M_1 = 65.381 kN.m	
X_2 = m	→	Y_2 =		M_2 = kN.m	
		ΣY = 1.000		M_{l+i} = 65.381 kN.m	

4) 단면 설계 부재력의 산정

$M_u = 1.300\,M_d + 2.150\,M_{l+i} = 156.836$ kN.m

5) 단면의 검토

$M_u = 156.836$ kN.m　　$d_c = 60.000$ mm

$H = 700.000$ mm　　$b = 500.000$ mm

$d = 640.000$ mm　　$f_y = 300$ MPa

$f_{ck} = 27$ MPa　　$\Phi_m = 0.850$

$a = A_s f_y / \Phi f_{ck} b = 0.026 A_s$

$A_s = M_u / \Phi f_y (d - a/2)$

$= 980.534\ mm^2$

$a = 980.534\times300 / (0.850\times27\times500) = 25.635$ mm

$A_{s1\text{-}1} = 0.25\times\sqrt{27} / 300\times500\times640 = 1385.641\ mm^2$

$A_{s1\text{-}2} = 1.4 / 300\times500\times640 = 1493.333\ mm^2$

$A_{s2} = 0.002\times500\times640 = 640.000\ mm^2$

$A_{s3} = 4/3\times A_s = 1307.379\ mm^2$

∴ $A_{s(use)} = 1307.379\ mm^2$

단위	철근직경	개수	철근단면적	적합유무
mm	25	3	1520.100	O.K

$a = 1{,}520.100\times300/(0.850\times27\times500) = 39.741$ mm

*** 사용 철근비의 검토

$K_1 = 0.850$

$\rho_b = \{(K_1\ 0.850\ f_{ck}) / f_y\} \times \{600 / (600 + f_y)\}$

$= \{(0.850 \times 0.850 \times 27) / 300\} \times \{600 / (600 + 300)\}$

$= 0.04335$ (균형 철근비)

$\rho_{max} = 0.750\rho_b = 0.03251$ (최대 철근비)

$\rho_{min} = 1.4/f_y = 0.00467$ (최소 철근비)

$\rho_{use} = A_s/(Bd) = 0.00475$ (사용 철근비)

$\therefore\ \rho_{min} < \rho_{use} < \rho_{max}$ CASE $\therefore$ O.K

*** 휨 응력의 검토

$\Phi M_n = \Phi\ A_s\ f_y\ (d - a/2)$

$= 0.850 \times 1{,}520.100 \times 300 \times (640.000 - 39.741 / 2) / 10^6$

$= 240.378$ kN.m $> M_u = 156.836$ kN.m $\therefore$ O.K

5.2. TYPE – 2 (중앙부 CROSS BEAM)

1) 단면가정

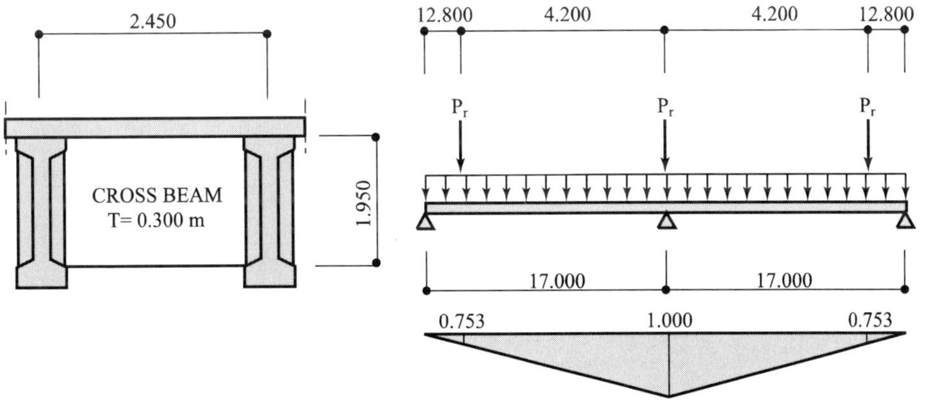

슬래브T = 0.240 m

CONC' W = 2500 kgf/m^3

포장 T = 0.050 m

포장 W = 2350 kgf/m^3

P_f = 24 kN

P_r = 96 kN

2) 고정하중의 산정

교면포장 : $0.050 \times 2{,}350 \times 1.690\ /\ 2.450 = 810.510$ Pa

슬 래 브 : $0.240 \times 2{,}500 \times 1.690\ /\ 2.450 = 4138.776$ Pa

$\sum = 4949.286$ Pa

A $= 1.000 \times 17.000\ /\ 2 \times 2 = 17.000$ m

횡빔자중 : $0.300 \times 1.950 \times 2{,}500 \times 2.230\ /\ 2.450 = 13311.7$ Pa

$W_d = 4{,}949.286 \times 17.000 + 13{,}311.7 \times 1.000 = 97.450$ kN/m

$M_d = 97.5 \times 2.450^2 / 24 = 24.373$ kN.m

3) 활하중의 산정

① 하중의 산정

$i = 15 / (40 + L) = 0.353 > i_{max} = 0.300$ 이므로

$i = 0.300$ 을 사용한다.

$P_{l+i} = 24 \times 0.753 \times 1.300 + 96 \times (1.000 + 0.753) \times 1.300$

$= 242.259$ kN.m

② 휨 모멘트

CROSS BEAM 경간장 : $2.450 - 0.220 = 2.230$ m 이므로

모멘트 산정을 위한 재하가능 윤하중 수 : 1 EA

∴ BEAM 중앙에서 하중재하점까지의 거리

$X_1 = 0.000$ m → $Y1 = 1.000$ $M_1 = 67.530$ kN.m

$X_2 =$ m → $Y2 =$ $M_2 =$ kN.m

$\sum Y = 1.000$ $M_{l+i} = 67.530$ kN.m

4) 단면 설계 부재력의 산정

$M_u = 1.300\, M_d + 2.150\, M_{l+i} = 176.874$ kN.m

5) 단면의 검토

$M_u = 176.874$ kN.m $d_c = 60.000$ mm

$H = 1950.000$ mm $b = 300.000$ mm

$d = 1890.000$ mm $f_y = 300$ MPa

$f_{ck} = 27$ MPa $\Phi_m = 0.850$

$a = A_s f_y / \Phi f_{ck} b = 0.044\ A_s$

$A_s = M_u / \Phi\ f_y (d - a/2)$

$= 368.578\ mm^2$

$a = 368.578\times300\ /\ (0.850\times27\times300) = 16.060\ mm$

$A_{s1\text{-}1} = 0.25\times\sqrt{27}\ /\ 300\times300\times1{,}890 = 2455.182\ mm^2$

$A_{s1\text{-}2} = 1.4\ /\ 300\times300\times1{,}890 = 2646.000\ mm^2$

$A_{s2} = 0.002\times300\times1{,}890 = 1134.000\ mm^2$

$A_{s3} = 4/3\times A_s = 491.437\ mm^2$

$\therefore\ A_s(use) = 491.437\ mm^2$

단위	철근직경	개수	철근단면적	적합유무
mm	25	2	1013.400	O.K

$a = 1{,}013.400\times300\ /\ (0.850\times27\times300) = 44.157\ mm$

*** 사용 철근비의 검토

$K_1 = 0.850$

$\rho_b = \{(K_1\ 0.850\ f_{ck})\ /\ f_y\}\times\{600\ /\ (600+f_y)\}$

$= \{(0.850\times0.850\times27)\ /\ 300\}\times\{600\ /\ (600+300)\}$

$= 0.04335$ (균형 철근비)

$\rho_{max} = 0.750\ \rho_b = 0.03251$ (최대 철근비)

$\rho_{min} = 1.4\ /\ f_y = 0.00467$ (최소 철근비)

$\rho_{use} = A_s\ /\ (Bd) = 0.00179$ (사용 철근비)

$\therefore\ \rho_{use} < \rho_{min}$ CASE $\qquad\therefore$ O.K

*** 휨 응력의 검토

$\Phi M_n = \Phi A_s f_y (d-a/2)$

$= 0.850\times1{,}013.400\times300\times(1{,}890.000-44.157\ /\ 2)\ /\ 10^6$

$= 482.703\ kN.m > M_u = 176.874\ kN.m$ $\qquad\therefore$ O.K

6. 지진에 대한 안전성 검토

; 본교량은 단경간 교량으로 내진설계는 시행하지 않아도 무방하다. 그러나 지진가속도계수 (A)에 의한 고정하중의 수평력을 교량받침이 견딜 수 있는가에 대한 검토가 필요하고, 지진변위에 의한 낙교에 대하여 검토하여야 한다.

6.1. 지진수평력에 대한 교량받침의 안전성 검토

6.1.1 고정하중의 산정 (각 지점의 고정하중 반력)

1) 교대 "1"

※SHOE 1 :	R_d =	923.615	kN
SHOE 2 :	R_d =	665.000	kN
SHOE 3 :	R_d =	767.190	kN
SHOE 4 :	R_d =	775.300	kN
SHOE 5 :	R_d =	639.990	kN
SHOE 6 :	R_d =	968.424	kN
	Σ =	4739.519	kN

2) 교대 "2""

※ SHOE 1 :	R_d =	923.594	kN
SHOE 2 :	R_d =	665.000	kN
SHOE 3 :	R_d =	767.180	kN
SHOE 4 :	R_d =	776.300	kN
SHOE 5 :	R_d =	639.990	kN
SHOE 6 :	R_d =	968.445	kN
	Σ =	4740.509	kN

3) 지진수평력의 산정

$R_{d(total)}$ = 4,739.519 + 4,740.509 = 9480.028 kN

지진 구역 계수 = 0.110 1등급

위 험 도 계 수 = 1.400 (국도로서 주간선 도로 → 재현주기 1000년)

지 반 계 수 = 1.200 (지반종류 Ⅱ로 선정, 조밀한 토사 및 연암지반)

A = 0.110 × 1.400 = 0.154

H_e = 9,480.028 × 0.154 × 1.200 = 1751.909 kN (각 축별 작용수평력)

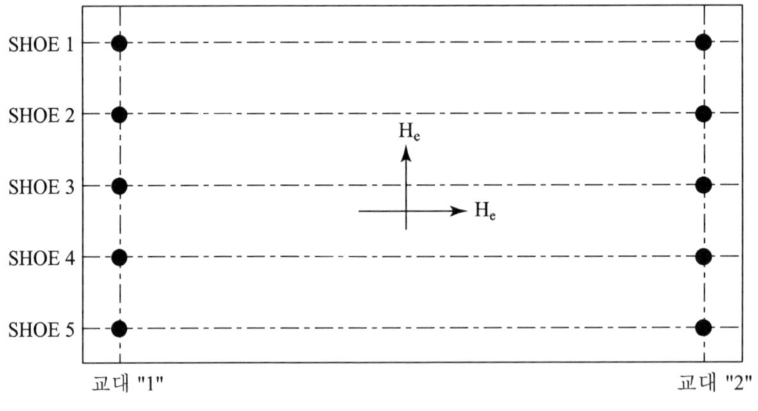

* DESCRIPTION

∴ 일반적으로 P.S.C BEAM에서는 탄성받침을 사용하며 탄성받침은 평상시에는 고정 및 가동받침으로 구분되나 지진과 같은 HISTERIC FORCE하에서는 받침의 종류에 관계없이 모두 반고정단 (받침의 스프링 강성에 의해 비선형 지지) 역할을 하므로 지진수평력에 대해 모든 받침이 유효한 것으로 봄.

6.1.2 교좌장치 저항 수평력의 산정

구분	위치		종류		저항수평력	허용수평력	작용수평력	안정여부
교축방향	교대 "1"	SHOE 1	반고정	1750(105T)	264.000	2640.000	1751.909	O.K
		SHOE 2	반고정	1750(105T)	264.000			
		SHOE 3	반고정	1750(105T)	264.000			
		SHOE 4	반고정	1750(105T)	264.000			
		SHOE 5	반고정	1750(105T)	264.000			
	교대 "2"	SHOE 1	반고정	1750(105T)	264.000			
		SHOE 2	반고정	1750(105T)	264.000			
		SHOE 3	반고정	1750(105T)	264.000			
		SHOE 4	반고정	1750(105T)	264.000			
		SHOE 5	반고정	1750(105T)	264.000			
교직방향	교대 "1"	SHOE 1	반고정	1750(105T)	264.000	2640.000	1751.909	O.K
		SHOE 2	반고정	1750(105T)	264.000			
		SHOE 3	반고정	1750(105T)	264.000			
		SHOE 4	반고정	1750(105T)	264.000			
		SHOE 5	반고정	1750(105T)	264.000			
	교대 "2"	SHOE 1	반고정	1750(105T)	264.000			
		SHOE 2	반고정	1750(105T)	264.000			
		SHOE 3	반고정	1750(105T)	264.000			
		SHOE 4	반고정	1750(105T)	264.000			
		SHOE 5	반고정	1750(105T)	264.000			

☞ 위와 같이 탄성받침 사용시 지진시 수평력에 대해 안전함.

6.2. 지진에 의한 최소받침 지지길이 (지진변위에 의한 낙교의 검토)

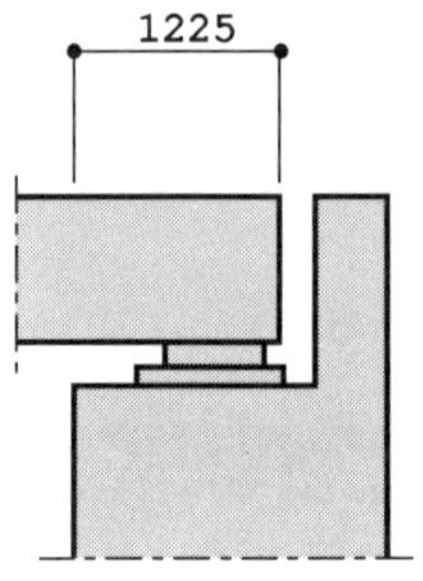

1) 최소 받침 지지길이 검토

L = 35.000 m (인접 신축이음까지의 거리 또는 교량 단부까지의 거리)

H = 0.000 m (기둥 또는 교각의 평균높이, 단경간 교량은 0)"

θ = 80.000°(받침선과 교축직각방향의 사잇각)

$N_{min} = (200 + 1.67L + 6.66H)\ (1 + 0.000125\ \theta^2)$

$= (200 + 1.67 \times 35.000 + 6.66 \times 0.000) \times (1 + 0.000125 \times 80.000^2)$

$= 465.210$ mm $< N_{use} = 1225$ mm ∴ O.K

7. 신축량 계산

7.1. 단경간

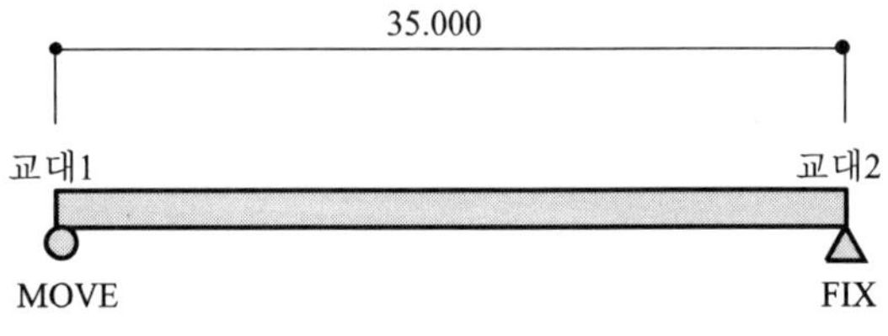

7.2. 온도변화에 의한 신축량

$\Delta L_t = 0.4 \times L = 0.4 \times 35.000 = 14.000$ mm

7.3. 건조수축에 의한 신축량

ΔL_s = 0.1 × L = 0.1 × 35.000 = 3.500 mm

7.4. 크리이프에 의한 이동량

ΔL_c = 0.2 × L = 0.2 × 35.000 = 7.000 mm

7.5. 여유 신축량

ΔL_e = 0.14 L + 10.0 (mm)

ΔL_e = 0.140 × 35.000 + 10.000 = 14.900 mm

* DESCRIPTION

∴ 도로교 설계기준에서는 산정된 이동량에 설치여유량 ±10mm, 부가여유량 ±20mm를 적용하도록 하였으나 교량의 규모를 고려할 시 이 여유량은 너무 안전측의 개념으로 판단되어 한국도로공사 발간 [도로설계요령]의 내용을 참조하여 신축여유량을 산정하였음.

7.6. 이동량의 합계

▣ 신축길이 L = 35.000 m

온노변화 0.4×L	건조수축 0.1×L	크리이프 0.2×L	여유량 0.14×L	신축량 합 계	신축장치 규 격	설계유간	최대허용 신 축 량
14.000	3.500	7.000	14.900	39.400	M/C 4G	80.000	교대 A1

☞ 신축이음장치는 MonoCell 4G를 사용하고 유간은 중간값으로 설계하였으며, 시공시 신축이음장치의 형식변경시 감독원의 승인을 득한 후 변경할 수 있다.

8. 주철근 조립도

1) 포항방향

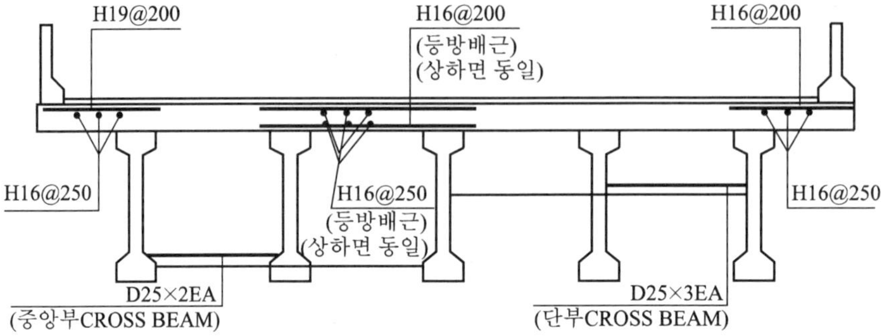

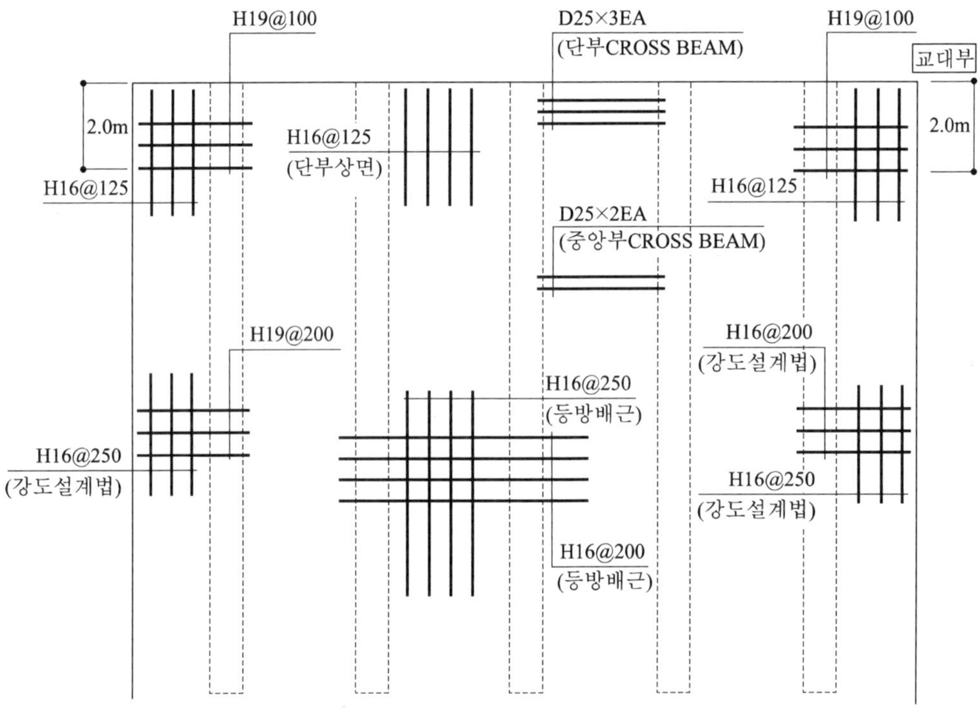

2) 신항만 방향

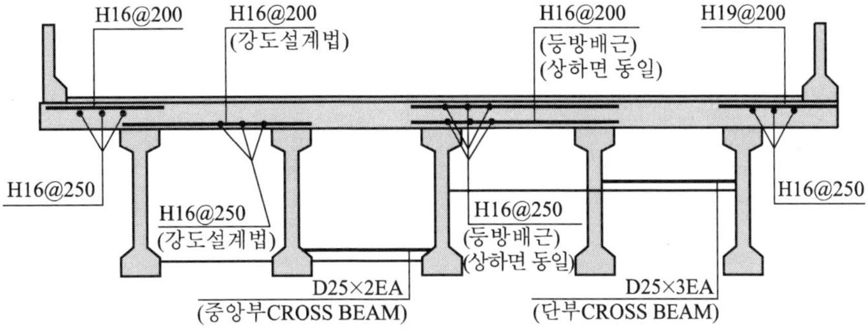
H16@200
H16@200
(강도설계법)
H16@200
(등방배근)
(상하면 동일)
H19@200
H16@250
H16@250
(강도설계법)
H16@250
(등방배근)
(상하면 동일)
H16@250
D25×2EA
(중앙부CROSS BEAM)
D25×3EA
(단부CROSS BEAM)

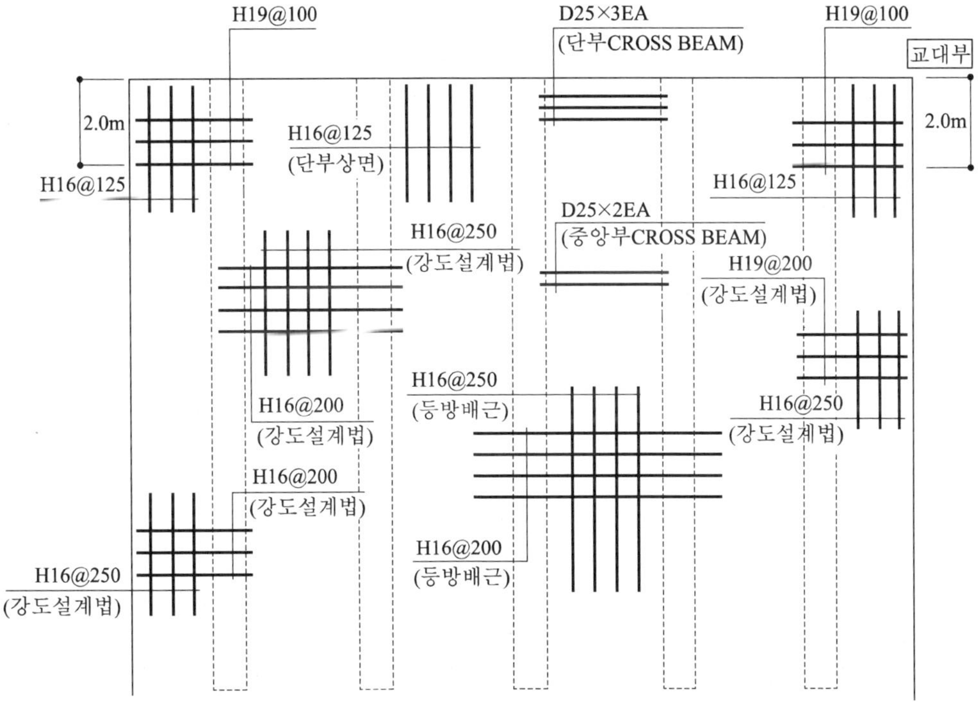
H19@100
D25×3EA
(단부CROSS BEAM)
H19@100
교대부
2.0m
H16@125
(단부상면)
2.0m
H16@125
H16@125
D25×2EA
(중앙부CROSS BEAM)
H16@250
(강도설계법)
H19@200
(강도설계법)
H16@250
(등방배근)
H16@200
(강도설계법)
H16@250
(강도설계법)
H16@200
(강도설계법)
H16@200
(등방배근)
H16@250
(강도설계법)

찾아보기

· **윤우현** 가천대학교 토목환경공학과 교수(공학박사, 구조기술사)
· **최재진** 공주대학교 건설환경공학부 교수(공학박사)
· **최연왕** 세명대학교 토목공학과 교수(공학박사)
· **김기형** 여주대학교 토목과 교수(공학박사, 토목품질시험기술사)
· **정지승** 동양대학교 철도토목학과 교수(공학박사, 토목구조기술사)
· **안영수** (주)하경엔지니어링 구조무 전무이사(토목구조기술사)
· **신영각** (주)경동엔지니어링 구조부 상무이사(토목구조기술사)
· **박정배** (주)삼보기술단, 해외사업부 전무이사(토목구조기술사)
· **민대홍** (주)다음기술단 사장(공학박사, 토목구조기술사)

프리스트레스트 콘크리트의 설계와 시공 정가 17,000원

인 쇄 2007년 9월 1일 초판 1쇄
발 행 2015년 9월 10일 2 판 2쇄
저 자 윤우현·최재진·최연왕·김기형·정지승
안영수·신영각·박정배·민대홍
발행인 정우용
발행처 도서출판 **동화기술**
경기도 파주시 광인사길 201(문발동, 파주출판도시)
Tel (031)955-4211~6 donghwae@kornet.net
Fax (031)955-4217 www.donghwapub.co.kr
(등록) 1977년 12월 19일/9-16호

Printed in Korea
ISBN 978-89-425-1687-2